新工科人才培养系列丛书·人工智能

Linux 人工智能开发实例

廖建尚　孙瑞泽　韩　颖　编著

电子工业出版社
Publishing House of Electronics Industry
北京·BEIJING

内 容 简 介

本书是一本介绍 Linux 知识和应用技术的书籍，包含嵌入式 Linux 系统概述和 6 个典型案例：音频分析系统 Linux 开发案例、城市环境采集 Linux 开发案例、网络视频安防监控系统 Linux 开发案例、智能家居网关 Linux 开发案例、智能车牌识别 Linux 开发案例和 AI 人脸识别 Linux 开发案例。本书深入浅出地介绍了 Linux 知识和相关理论，以及相关领域的案例开发实践，将理论学习与实践结合起来。每个案例均附上完整的开发代码和配套 PPT，读者可以在源代码的基础上快速进行二次开发。

本书既可作为高等院校相关专业的教材或教学参考书，也可供相关领域的工程技术人员查阅，还可供人工智能开发、嵌入式系统开发、物联网系统开发爱好者阅读。

未经许可，不得以任何方式复制或抄袭本书之部分或全部内容。
版权所有，侵权必究。

图书在版编目（CIP）数据

Linux 人工智能开发实例 / 廖建尚，孙瑞泽，韩颖编著. —北京：电子工业出版社，2022.10
（新工科人才培养系列丛书. 人工智能）
ISBN 978-7-121-44331-2

Ⅰ.①L… Ⅱ.①廖… ②孙… ③韩… Ⅲ.①Linux 操作系统—程序设计 Ⅳ.①TP316.85

中国版本图书馆 CIP 数据核字（2022）第 172203 号

责任编辑：满美希（manmx@phei.com.cn）
印　　刷：河北鑫兆源印刷有限公司
装　　订：河北鑫兆源印刷有限公司
出版发行：电子工业出版社
　　　　　北京市海淀区万寿路 173 信箱　邮编 100036
开　　本：787×1 092　1/16　印张：18.5　字数：474 千字
版　　次：2022 年 10 月第 1 版
印　　次：2022 年 10 月第 1 次印刷
定　　价：79.00 元

凡所购买电子工业出版社图书有缺损问题，请向购买书店调换。若书店售缺，请与本社发行部联系，联系及邮购电话：（010）88254888，88258888。
质量投诉请发邮件至 zlts@phei.com.cn，盗版侵权举报请发邮件至 dbqq@phei.com.cn。
本书咨询联系方式：（010）88254590，manmx@phei.com.cn。

前　　言

近年来，人工智能、物联网、移动互联网、大数据和云计算等信息技术迅速发展，慢慢改变了社会的生产方式，大大提高了生产效率和社会生产力。国家出台了多项信术技术的推动和鼓励措施与发展策略。其中，《国家新一代人工智能标准体系建设指南》（简称《指南》）提出建设目标：到 2021 年，明确人工智能标准化顶层设计，研究标准体系建设和标准研制的总体规则，明确标准之间的关系，指导人工智能标准化工作的有序开展，完成关键通用技术、关键领域技术、伦理等 20 项以上重点标准的预研工作；到 2023 年，初步建立人工智能标准体系，重点研制数据、算法、系统、服务等重点急需标准，并率先在制造、交通、金融、安防、家居、养老、环保、教育、医疗健康、司法等重点行业和领域推进，建设人工智能标准试验与验证平台，提供公共服务能力。《指南》还提出了国家新一代人工智能标准体系的建设思路、建设内容，并附上了人工智能标准研制方向明细。《指南》为人工智能技术和相关产业的发展指出了一条明确的路径，表明我国在推动人工智能应用方面的坚定决心，相信人工智能的应用会越来越普及。本书详细阐述了 Linux 相关理论基础和开发技术，提出了案例式和任务式驱动的开发方法，旨在大力推动嵌入式和人工智能技术领域人才的培养。

运用 Linux 开发技术的人工智能应用的数量繁多，本书介绍了 6 个典型案例：音频分析系统 Linux 开发案例、城市环境采集 Linux 开发案例、网络视频安防监控系统 Linux 开发案例、智能家居网关 Linux 开发案例、智能车牌识别 Linux 开发案例和 AI 人脸识别 Linux 开发案例。本书详细分析了 Linux 技术在相关领域的应用，理论知识点清晰，并为每个知识点附上实践案例，带领读者掌握 Linux 开发技术。

第 1 章　简述嵌入式系统的特点、组成和发展过程，介绍嵌入式 Linux 操作系统，以及 Linux 技术在嵌入式和人工智能领域的应用。

第 2 章　分析 Linux 技术在音频分析系统中的应用。①系统总体设计与 Linux 驱动开发：先进行系统总体设计分析，分析点阵屏和 OLED Linux 驱动开发，并实现显示模块驱动开发与测试。②音频分析系统开发：介绍音频频谱分析和功能开发，音频处理功能开发和上位机控制应用开发，并实现音频分析显示开发实践。

第 3 章　分析 Linux 技术在城市环境采集中的应用。①系统总体设计与 Linux 驱动开发：先进行系统总体设计分析，接着介绍嵌入式 Web 服务器应用、Boa 服务器的移植与测试、CGI 开发技术，实现嵌入式 Web 服务器应用开发。②城市扬尘监测系统开发：依次介绍软件界面框架分析、TVOC Linux 驱动开发、LED Linux 驱动开发、PWM Linux 驱动开发、扬尘检测功能设计，实现扬尘检测系统开发实践。

第 4 章　分析 Linux 技术在网络视频安防监控系统中的应用。①系统总体设计与 Linux 驱动开发：先进行系统总体设计分析，接着介绍 mjpg-streamer 功能架构、mjpg-streamer 开发调试和 mjpg-streamer 视频采集程序设计，并实现基于 USB 摄像头的网络安防监控。②视频安防监控报警功能开发：先进行软件界面框架分析，接着介绍配置信息保存功能设计、燃气传感器 Linux 驱动开发、报警管理功能设计、报警拍照功能设计，并实现视频安防系统开发实践。

第 5 章　分析 Linux 技术在智能家居网关中的应用。①Linux 网关服务框架：介绍物联网网关、智云物联平台和平台开发调试工具，实现智能网关组网与测试开发实践。②Linux 智能网关设计：依次介绍 Linux 智能网关系统分析、协议解析服务设计、地址缓存服务设计和数据处理服务设计，实现 Linux 智能网关本地服务设计开发实践。③Linux 网关远程服务设计：包括 Linux 智能网关远程服务设计总体介绍，TCP 网络服务设计，MQTT 数据服务设计和 Linux 网关协议设计，实现 Linux 网关远程服务设计开发实践。

第 6 章 分析 Linux 技术在智能车牌识别中的应用。①系统总体设计与 OpenCV 开发框架：先进行系统总体设计分析，再简述 OpenCV 技术，分析 OpenCV 开发环境和 OpenCV 常用接口，并实现 OpenCV 视频流采集开发实践。②车牌识别功能开发：介绍车牌识别原理，分析卷积神经网络技术、车牌识别开源库、图像与视频文件识别程序设计，实现视频车牌识别开发实践。③基于 Flask 的车牌识别功能开发：介绍 Flask 应用框架，进行 Flask 安装与测试和 Flask 应用分析，实现 Flask 视频车牌识别开发实践。

第 7 章 分析 Linux 技术在 AI 人脸识别中的应用。①系统总体设计与 Linux 驱动开发：先进行系统总体设计分析，再简述人脸识别开发平台和 Web 应用框架——Django，实现 AI 人脸识别应用框架设计。②AI 人脸识别功能开发：介绍人脸注册与人脸识别接口，分析人脸注册与人脸识别功能程序和闸机控制功能，实现人脸识别功能开发。

本书特色有：

（1）理论知识与案例实践相结合。将常见 Linux 技术和生活中实际案例结合起来，便于读者边学习理论知识边开发，快速深刻掌握短距离无线通信技术。

（2）案例开发。未用传统的理论学习方法，选取生动的案例将理论与实践结合起来，通过理论学习和开发，帮助读者快速入门。本书提供配套 PPT 资源，读者可由浅入深地掌握 Linux 技术。

（3）提供综合性项目。综合性项目为读者提供软硬件系统的开发方法，有需求分析、项目架构、软硬件设计等方法，读者在书中所提供案例的基础上可以快速进行二次开发，方便将其转化为各种比赛和创新创业的案例。本书也可以作为工程技术开发人员和科研工作人员进行工程设计和科研项目开发的参考资料。

本书既可作为高等院校相关专业师生的教学、自学参考书，也可供相关领域的工程技术人员查阅。对于物联网开发爱好者，本书也是一本简单实用的工具书。

本书在编写过程中，借鉴和参考了国内外专家、学者、技术人员的相关研究成果，笔者尽可能按学术规范予以说明，但难免有疏漏之处，在此谨向有关作者表示深深的敬意和谢意。如有疏漏，请通过出版社与笔者联系。

本书得到了广东省自然科学基金项目（2018A030313195）、广东省高校重点科研项目（2020ZDZX3084）的资助。感谢中智讯（武汉）科技有限公司在本书编写过程中提供的帮助，特别感谢电子工业出版社在本书出版过程中给予的大力支持。

本书涉及的知识面广，由于笔者水平和时间精力限制，书中疏漏之处在所难免，敬请广大读者和专家不吝赐教。

目 录

第1章 嵌入式 Linux 系统概述 (1)
　1.1　嵌入式系统概述 (1)
　1.2　嵌入式 Linux 技术 (3)
　　1.2.1　Linux 简介 (3)
　　1.2.2　Linux 发行版本 (3)
　　1.2.3　嵌入式 Linux 技术的特点 (4)
　　1.2.4　嵌入式技术的应用 (4)

第2章 音频分析系统 Linux 开发案例 (7)
　2.1　系统总体设计与 Linux 驱动开发 (7)
　　2.1.1　系统总体设计 (7)
　　2.1.2　开发平台 (8)
　　2.1.3　点阵屏 Linux 驱动开发 (10)
　　2.1.4　OLED Linux 驱动开发 (24)
　　2.1.5　开发实践：显示模块驱动开发与测试 (37)
　　2.1.6　小结 (40)
　　2.1.7　思考与拓展 (40)
　2.2　音频分析系统开发 (40)
　　2.2.1　频谱分析显示功能开发 (40)
　　2.2.2　音频处理功能开发 (43)
　　2.2.3　上位机控制应用开发 (47)
　　2.2.4　开发实践：音频分析显示 (57)
　　2.2.5　小结 (61)
　　2.2.6　思考与拓展 (62)

第3章 城市环境采集 Linux 开发案例 (63)
　3.1　系统总体设计与 Linux 驱动开发 (63)
　　3.1.1　系统总体设计 (63)
　　3.1.2　嵌入式 Web 服务器应用 (65)
　　3.1.3　Boa 服务器的移植与测试 (66)
　　3.1.4　CGI 开发技术 (68)
　　3.1.5　开发实践：嵌入式 Web 服务器应用 (70)
　　3.1.6　小结 (75)

3.1.7　思考与拓展 ……………………………………………………………………（75）
3.2　城市扬尘监测系统开发 ……………………………………………………………………（75）
　　3.2.1　软件界面框架分析 ……………………………………………………………………（75）
　　3.2.2　TVOC Linux 驱动开发 ………………………………………………………………（76）
　　3.2.3　LED Linux 驱动开发 …………………………………………………………………（79）
　　3.2.4　PWM Linux 驱动开发 ………………………………………………………………（86）
　　3.2.5　扬尘检测功能设计 ……………………………………………………………………（93）
　　3.2.6　开发实践：扬尘检测系统 ……………………………………………………………（99）
　　3.2.7　小结 …………………………………………………………………………………（103）
　　3.2.8　思考与拓展 …………………………………………………………………………（104）

第 4 章　网络视频安防监控系统 Linux 开发案例 ………………………………………（105）

4.1　系统总体设计与 Linux 驱动开发 …………………………………………………………（105）
　　4.1.1　系统总体设计 ………………………………………………………………………（105）
　　4.1.2　mjpg-streamer 功能架构 ……………………………………………………………（106）
　　4.1.3　mjpg-streamer 开发调试 ……………………………………………………………（109）
　　4.1.4　mjpg-streamer 视频采集程序设计 …………………………………………………（110）
　　4.1.5　开发实践：基于 USB 摄像头的网络视频监控 …………………………………（112）
　　4.1.6　小结 …………………………………………………………………………………（114）
　　4.1.7　思考与拓展 …………………………………………………………………………（114）
4.2　视频安防监控报警功能开发 ………………………………………………………………（114）
　　4.2.1　软件界面框架分析 …………………………………………………………………（114）
　　4.2.2　配置信息保存功能设计 ……………………………………………………………（115）
　　4.2.3　燃气传感器 Linux 驱动开发 ………………………………………………………（117）
　　4.2.4　报警管理功能设计 …………………………………………………………………（123）
　　4.2.5　报警拍照功能设计 …………………………………………………………………（131）
　　4.2.6　开发实践：视频安防监控系统 ……………………………………………………（133）
　　4.2.7　小结 …………………………………………………………………………………（137）
　　4.2.8　思考与拓展 …………………………………………………………………………（137）

第 5 章　智能家居网关 Linux 开发案例 …………………………………………………（139）

5.1　Linux 网关服务框架 ………………………………………………………………………（139）
　　5.1.1　物联网网关 …………………………………………………………………………（139）
　　5.1.2　智云物联平台 ………………………………………………………………………（140）
　　5.1.3　平台开发调试工具 …………………………………………………………………（141）
　　5.1.4　开发实践：智能网关的组网与测试 ………………………………………………（142）
　　5.1.5　小结 …………………………………………………………………………………（151）
　　5.1.6　思考与拓展 …………………………………………………………………………（151）
5.2　Linux 智能网关设计 ………………………………………………………………………（151）

  5.2.1　Linux 智能网关系统分析 …………………………………………………（151）
  5.2.2　协议解析服务设计 ……………………………………………………………（152）
  5.2.3　地址缓存服务设计 ……………………………………………………………（165）
  5.2.4　数据处理服务设计 ……………………………………………………………（176）
  5.2.5　开发实践：Linux 智能网关本地服务设计 ……………………………………（185）
  5.2.6　小结 ……………………………………………………………………………（189）
  5.2.7　思考与拓展 ……………………………………………………………………（189）
 5.3　Linux 网关远程服务设计 ……………………………………………………………（189）
  5.3.1　Linux 网关远程服务设计总体介绍 …………………………………………（189）
  5.3.2　TCP 网络服务设计 ……………………………………………………………（193）
  5.3.3　MQTT 数据服务设计 …………………………………………………………（200）
  5.3.4　Linux 网关协议设计 …………………………………………………………（209）
  5.3.5　开发实践：Linux 网关远程服务设计 ………………………………………（215）
  5.3.6　小结 ……………………………………………………………………………（224）
  5.3.7　思考与拓展 ……………………………………………………………………（224）

第 6 章　智能车牌识别 Linux 开发案例 ……………………………………………（225）

 6.1　系统总体设计与 OpenCV 开发框架 …………………………………………………（225）
  6.1.1　系统总体设计 …………………………………………………………………（225）
  6.1.2　OpenCV 技术简介 ……………………………………………………………（226）
  6.1.3　OpenCV 开发环境 ……………………………………………………………（227）
  6.1.4　OpenCV 常用接口 ……………………………………………………………（229）
  6.1.5　开发实践：OpenCV 视频流采集 ……………………………………………（232）
  6.1.6　小结 ……………………………………………………………………………（235）
  6.1.7　思考与拓展 ……………………………………………………………………（235）
 6.2　车牌识别功能开发 ……………………………………………………………………（235）
  6.2.1　车牌识别原理 …………………………………………………………………（235）
  6.2.2　卷积神经网络技术 ……………………………………………………………（236）
  6.2.3　车牌识别开源库 ………………………………………………………………（238）
  6.2.4　图像与视频文件识别程序设计 ………………………………………………（245）
  6.2.5　开发实践：视频车牌识别 ……………………………………………………（247）
  6.2.6　小结 ……………………………………………………………………………（250）
  6.2.7　思考与拓展 ……………………………………………………………………（250）
 6.3　基于 Flask 的车牌识别功能开发 ……………………………………………………（250）
  6.3.1　Flask 应用框架简介 …………………………………………………………（250）
  6.3.2　Flask 安装与测试 ……………………………………………………………（251）
  6.3.3　Flask 应用分析 ………………………………………………………………（252）
  6.3.4　开发实践：基于 Flask 的视频车牌识别 ……………………………………（259）
  6.3.5　小结 ……………………………………………………………………………（263）

  6.3.6 思考与拓展 ··（263）

第 7 章 AI 人脸识别 Linux 开发案例 ···（265）

 7.1 系统总体设计与 Linux 驱动开发 ··（265）

  7.1.1 系统总体设计 ··（265）

  7.1.2 人脸识别开发平台 ··（267）

  7.1.3 Web 应用框架——Django ···（268）

  7.1.4 开发实践：搭建 AI 人脸识别应用框架 ··（271）

  7.1.5 小结 ···（273）

  7.1.6 思考与拓展 ··（273）

 7.2 AI 人脸识别功能开发 ···（274）

  7.2.1 人脸注册与人脸识别接口 ··（274）

  7.2.2 人脸注册与人脸识别功能程序分析 ··（277）

  7.2.3 闸机控制功能分析 ··（278）

  7.2.4 开发实践：人脸识别功能开发 ··（279）

  7.2.5 小结 ···（285）

  7.2.6 思考与拓展 ··（285）

参考文献 ··（287）

第1章 嵌入式 Linux 系统概述

本章简述嵌入式系统的特点、组成和发展过程，介绍嵌入式 Linux 操作系统，以及 Linux 技术在嵌入式和人工智能中的应用。

1.1 嵌入式系统概述

随着计算机技术的飞速发展和嵌入式微处理器的出现，计算机应用出现了历史性的变化，逐渐形成计算机系统的两大分支：嵌入式系统和通用计算机系统。

嵌入式系统早期曾被称为嵌入式计算机系统或隐藏式计算机。随着半导体技术及微电子技术的快速发展，嵌入式系统得以风靡式发展，性能不断提高，以致出现一种观点，即嵌入式系统通常是基于 32 位微处理器设计的，往往带操作系统，本质上是瞄准高端领域和应用。然而，随着嵌入式系统应用的普及，这种高端应用系统和之前广泛存在的单片机系统间的本质联系，使嵌入式系统与单片机毫无疑问地联系在了一起。

1. 嵌入式系统的特点

嵌入式系统是先进的计算机技术、半导体技术、电子技术与各个行业的具体应用相结合的产物。这决定了它是技术密集、资金密集、知识高度分散、不断创新的集成系统。同时，嵌入式系统又是针对特定的应用需求而设计的专用计算机系统，也决定了其具有自己的特点。

不同嵌入式系统具有一定的差异。一般来说，嵌入式系统有以下特点：

（1）软/硬件资源有限，过去只在个人计算机（PC）中安装的软件现在也出现在复杂的嵌入式系统中。

（2）集成度高、可靠性高、功耗低。

（3）有较长的生命周期，通常与所嵌入的宿主设备具有相同的使用寿命。

（4）软件程序存储（固化）在存储芯片上，开发者通常无法改变。

（5）是计算机技术、半导体技术、电子技术和各个行业的应用相结合的产物。

（6）一般来说，并非总是独立的设备，而是作为某个更大型计算机系统的辅助系统。

（7）通常都与真实物理环境相连，是激励系统。激励系统处在某一状态，等待着输入或激发信号,从而完成计算并输出更新的状态。

2. 嵌入式系统的组成

嵌入式系统一般由硬件系统和软件系统两大部分组成。其中,硬件系统包括处理器、外设和必要的外围电路;软件系统包括嵌入式操作系统和软件运行环境。

➢ 硬件系统

(1)处理器。处理器是嵌入式系统硬件系统的核心,早期嵌入式系统的处理器由微处理器(甚至是仅包含几个芯片的微处理器)来担任,而如今嵌入式系统的处理器一般采用 IC(集成电路)芯片形式,可以是 ASIC(专用集成电路)或者 SoC(系统级芯片)中的一个核。核是 VLSI(超大规模集成电路)上功能电路的一部分。嵌入式系统的处理器主要有以下几种:嵌入式微处理器(EMPU)、嵌入式微控制器(MCU,又称单片机)、嵌入式数字信号处理器(EDSP)、嵌入式片上系统。

① 嵌入式微处理器。嵌入式微处理器(Embedded Microprocessor Unit,EMPU)以通用计算机中的标准 CPU 为微处理器,并将其装配在专门设计的电路板上,仅保留与嵌入式应用有关的母板功能,构成嵌入式系统。与通用计算机相比,其系统体积和功耗大幅度减小,而工作温度的范围、抗电磁干扰能力、系统的可靠性等方面均有提高。

在嵌入式微处理器中,微处理器是整个系统的核心,通常由 3 部分组成:控制单元、算术逻辑单元和寄存器。图 1.1 为嵌入式微处理器示意图。

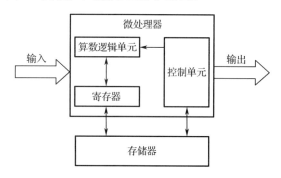

图 1.1 嵌入式微处理器示意图

② 嵌入式微控制器。嵌入式微控制器(Microcontroller Unit,MCU)又称单片机。它以某一种微处理器为核心,芯片内部集成有一定容量的存储器(ROM/EPROM、RAM)、I/O 接口(串行接口、并行接口)、定时器/计数器、看门狗、脉宽调制输出、A/D 转换器、D/A 转换器、总线、总线逻辑等。与嵌入式微处理器相比,嵌入式微控制器的最大特点是单片化、体积小、功耗低、可靠性较高。嵌入式微控制器是目前嵌入式系统工业的主流。

③ 嵌入式数字信号处理器。嵌入式数字信号处理器(Embedded Digital Signal Processor,EDSP)对系统结构和指令进行了特殊设计,使其适合执行 DSP 算法,编译效率高,指令执行速度也较快。在数字滤波、FFT、谱分析等方面,DSP 算法已广泛应用于嵌入式领域,DSP 应用正从在单片机中以普通指令实现 DSP 功能,过渡到采用 EDSP 实现相应功能。

④ 嵌入式片上系统。嵌入式片上系统是集系统性能于一块芯片上的系统级芯片。它通常含有一个或多个微处理器 IP 核(CPU),根据需求也可增加一个或多个 DSP IP 核、相应的外

围特殊功能模块，以及一定容量的存储器（RAM、ROM）等，并针对应用所需的性能将其设计集成在芯片上，成为系统操作芯片。其主要特点是嵌入式系统能够运行于各种不同类型的微处理器上，兼容性好，操作系统的内核小、效果好。

（2）外设。外设包括存储器、I/O 接口等辅助设备。尽管 MCU 已经包含了大量外设，但对于需要更多 I/O 接口和更大存储能力的大型系统来说，还需要连接额外的 I/O 接口和存储器，用于扩展其他功能和提高性能。

> 软件系统

（1）嵌入式操作系统（Embedded Operating System，简称：EOS）是指用于嵌入式系统的操作系统。嵌入式操作系统通常包括与硬件相关的底层驱动软件、系统内核、设备驱动接口、通信协议、图形界面、标准化浏览器等。嵌入式操作系统负责嵌入式系统的全部软、硬件资源的分配、任务调度，控制、协调并发活动。它必须体现其所在系统的特征，能够通过装卸某些模块来达到系统所要求的功能。目前在嵌入式领域广泛使用的操作系统有嵌入式实时操作系统 μC/OS-II、嵌入式 Linux、Windows Embedded、VxWorks 等，以及应用在智能手机和平板电脑上的 Android、iOS 等。

（2）软件运行环境，狭义上讲是指软件运行所需要的硬件支持；广义上也可以说是一个软件运行所要求的各种条件，包括软件环境和硬件环境。比如各种操作系统所需要的硬件支持是不一样的，对 CPU、内存等的要求也是不一样的。而许多应用软件不仅要求硬件条件的支持，还需要软件环境的支持，通俗讲就是 Windows 系统支持的软件，Linux 系统不一定支持，苹果系统的软件只能在苹果设备上运行，如果这些软件想跨平台运行，必须修改软件本身，或者模拟它所需要的软件环境。

1.2 嵌入式 Linux 技术

1.2.1 Linux 简介

Linux 是一种类 Unix 操作系统，是一个基于 POSIX 和 Unix 的多用户、多任务、支持多线程和多 CPU 的操作系统，支持 32 位和 64 位硬件，继承了 Unix 以网络为核心的设计思想，是一种性能稳定的多用户网络操作系统，特点如下：

（1）由众多微内核组成，源代码完全开源；

（2）继承了 Unix 的特性，具有非常强大的网络功能，支持所有的因特网协议，包括 TCP/IPv4、TCP/IPv6 和链路层拓扑程序等，可以利用 Unix 的网络特性开发出新的协议栈；

（3）系统工具链完整，通过简单操作就可以配置出合适的开发环境，可以简化开发过程，减少开发中仿真工具的障碍，使系统具有较强的移植性。

1.2.2 Linux 发行版本

在 Linux 内核的发展过程中，各种 Linux 发行版本推动了 Linux 的应用的发展，从而让更多的人开始关注 Linux。Linux 的各种发行版本使用的是同一个 Linux 内核，因此在内核层不存在什么兼容性问题，每种版本有不一样的感觉，只在发行版本的最外层才有所体现。几种常用的 Linux 发行版本介绍如下。

（1）Red Hat Linux。

Red Hat（红帽）公司的产品主要包括 RHEL（Red Hat Enterprise Linux）和 CentOS（RHEL 的社区克隆版本）、Fedora Core（由 Red Hat 桌面版发展而来）。

（2）Ubuntu Linux。

Ubuntu Linux 基于 Debian Linux 发展而来，界面友好，容易上手，对硬件的支持非常全面，适合作为桌面系统。

（3）SuSE Linux。

SuSE Linux 以 Slackware Linux 为基础，于 1994 年发行了第一版，2004 年被 Novell 公司收购后，成立 OpenSUSE 社区，推出社区版本 OpenSUSE。SuSE Linux 可以与 Windows 系统交互，拥有界面友好的安装过程和图形管理工具。

（4）Gentoo Linux。

Gentoo Linux 最初由 Daniel Robbins 创建，首个稳定版本发布于 2002 年。

1.2.3 嵌入式 Linux 技术的特点

Linux 自身的许多特点使其适合被应用到嵌入式系统。这是 Linux 作为嵌入式的优势：①开放源代码，众多 Linux 爱好者是 Linux 开发者的强大技术支持；②内核小、效率高，内核的更新速度很快，可以定制，系统内核最小只有约 134KB；③免费开源，价格极具竞争力。

此外，Linux 还有着嵌入式操作系统所需要的很多其他特色：适用于多种 CPU 和多种硬件平台，是一个跨平台系统，性能稳定，具备可裁剪性，对于开发者和使用者来说都很容易操作，对最常用的 TCP/IP 协议有最完备的支持。

1.2.4 嵌入式技术的应用

自 20 世纪 70 年代微处理器诞生后，将计算机技术、半导体技术和微电子技术等融合在一起的专用计算机系统，即嵌入式系统，即被广泛应用于家用电器、航空航天、工业、医疗、汽车、通信、信息技术等领域。各种各样的嵌入式系统在应用数量上已远远超过通用计算机。从日常生活、生产到社会的各个角落，可以说，嵌入式系统无处不在。与人们生活紧密相关的几个应用领域如下。

（1）消费类电子产品。嵌入式系统在消费类电子产品应用领域的发展最为迅速，而且在这个领域中的嵌入式微处理器的需求量也是最大的。由嵌入式系统构成的消费类电子产品已经成为生活中必不可少的一部分，如智能冰箱、流媒体电视等信息家电产品，以及智能手机、PDA、数码相机、MP3、MP4 等。

（2）智能仪器仪表类产品。这类产品可能离日常生活有点距离，但是对于开发人员来说，却是实验室里的必备工具，如网络分析仪、数字示波器、热成像仪等。通常这些嵌入式设备中都有一个应用微处理器和一个运算微处理器，可以完成数据采集、分析、存储、打印、显示等功能。

（3）信息通信类产品。这些产品多数应用于通信机柜设备，如路由器、交换机、家庭媒体网关等，在民用市场使用较多的莫过于路由器和交换机。基于网络应用的嵌入式系统也非常多，目前市场发展较快的是远程监控系统等在监控领域中的应用系统。

(4) 过程控制类应用。过程控制类应用主要是指在工业控制领域中的应用,包括对生产过程中各种动作流程的控制,如流水线检测、金属加工控制、汽车电子等。汽车工业在中国已取得了飞速发展,汽车电子在这个大发展的背景下迅速成长。现在,一辆汽车中往往包含上百个嵌入式系统,它们通过总线相连,实现对汽车各部分的智能控制。车载多媒体系统、车载 GPS 系统等,也都是典型的嵌入式系统应用。

(5) 航空航天类应用。不仅在低端的民用产品中,在航空航天这样的高端应用中同样也需要大量的嵌入式系统,如火星探测器、火箭发射主控系统、卫星信号测控系统、飞机的控制系统、探月机器人等。在我国的探月工程中,"嫦娥三号"的探月工程车就是最好的证明。

(6) 生物微电子类应用。在指纹识别、生物传感器数据采集等应用中也广泛采用了嵌入式系统。环境监测已经成为人类必须面对的问题,随着技术的发展,将来在空气、河流中可以用大量的微生物传感器实时监测环境状况,而且还可以把这些数据实时地传送到环境监测中心,以监测整个生活环境,避免发生更深层次的环境污染。这也许就是将来围绕在人们生存环境周围的一个无线环境监测传感器网络。

(7) 嵌入式人工智能系统应用。深度学习功能已经广泛应用于许多嵌入式视觉系统。所有这些应用程序的共同点是会生成大量数据,并且经常涉及非工业场景,如自动驾驶。相关车辆已经配备了许多传感器和摄像头,可以从当前的交通状况中收集数据。集成视觉软件借助深度学习算法实时分析数据流。基于深度学习的嵌入式视觉技术也被用于智能城市环境中,在城市某些基础设施中,如街道交通、照明和电力供应,以实现数字网络化,以便为居民提供特殊服务。此外,嵌入式人工智能技术也被广泛应用于智能家居系统,例如,数字语音助手和机器人真空吸尘器。

图 1.2 为广泛的人工智能应用。

图 1.2 广泛的人工智能应用

第2章 音频分析系统 Linux 开发案例

本章分析 Linux 技术在音频分析系统中的应用,包含以下两部分。

(1)系统总体设计与 Linux 驱动开发:先进行系统总体设计分析,分析点阵屏和 OLED 显示屏的 Linux 驱动开发,并实现显示模块驱动开发与测试。

(2)音频分析系统开发:包括频谱分析显示和功能开发,音频处理功能开发和上位机控制应用开发,并实现音频分析显示。

2.1 系统总体设计与 Linux 驱动开发

2.1.1 系统总体设计

1. 系统需求分析

声音频谱分析是考虑人耳对不同频率成分的声音感受不同,进而通过傅里叶变换等获得其准确频谱特性的技术。声音频谱分析是后续声学分析的基础,在声学测量、噪声污染、健康医疗、降噪减噪、故障诊断、国防建设等领域都具有重要的应用。

本项目从理论分析到硬件及算法设计,介绍了基于嵌入式系统的音频分析系统的实现过程,提出了一套精度较高、运算量较小、实时性较好、可操作性较强的声学频谱分析方案。

本项目的功能需求分析如表 2.1 所示。

表 2.1 本项目的功能需求分析

功 能	需 求 分 析
音频采集功能	通过边缘计算网关上的麦克风实时采集音频数据
音频频谱分析功能	对采集到的音频数据进行频谱分析
频谱实时动态显示功能	通过扩展板的点阵屏与 OLED 显示屏动态显示频率变化
Android 应用控制功能	通过 Android 应用程序对系统功能进行切换与硬件测试

2．系统硬件与软件结构

音频分析系统的硬件主要由边缘计算网关和 ARM 扩展模块构成，通过边缘计算网关上的麦克风实时采集音频数据，采集的数据经过分析处理后，由 ARM 扩展模块显示频谱变化，Android 手机可以对设备进行相关的功能切换与控制，系统硬件结构图如图 2.1 所示。

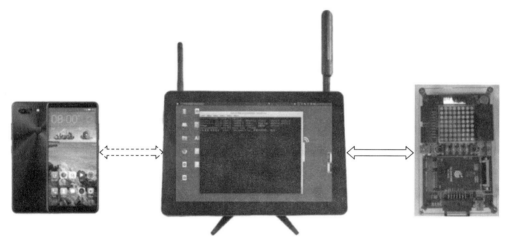

图 2.1　系统硬件结构图

音频分析系统的软件结构框图如图 2.2 所示。

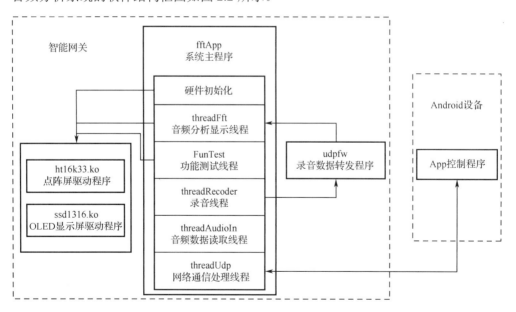

图 2.2　音频分析系统的软件结构框图

2.1.2　开发平台

边缘计算网关采用工业级铝合金一体屏设计，内含 AI 嵌入式边缘计算处理器 RK3399，

4G+16G 内存配置，10 寸高清电容屏，运行 Ubuntu、Android 多操作系统，如图 2.3 所示。

图 2.3　边缘计算网关

边缘计算网关能够提供丰富的外设接口，易于功能扩展，方便开发调试，外设接口如图 2.4 所示。

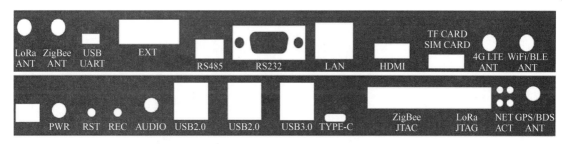

图 2.4　边缘计算网关的外设接口

智能边缘计算网关系统启动界面如图 2.5 所示，启动后进入 Ubuntu 操作系统界面。

图 2.5　智能边缘计算网关系统启动界面

本项目在开发时需要连接 ARM 扩展模块，首先从 ARM 扩展模块上拆下 STM32 核心板，然后将 ARM 扩展模块与边缘计算网关的 EXT 接口连接，连接图如图 2.6 所示。

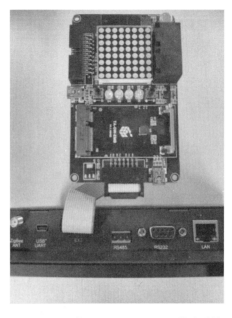

图 2.6　边缘计算网关与 ARM 扩展模块连接图

ARM 扩展模块的结构框架如图 2.7 所示。

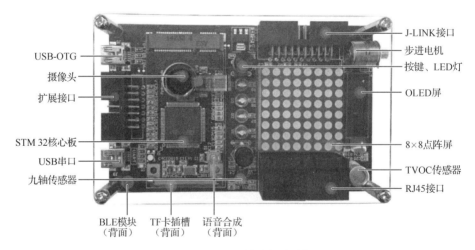

图 2.7　ARM 扩展模块的结构框架

2.1.3　点阵屏 Linux 驱动开发

1. 点阵屏硬件原理

扩展板上的点阵屏需要通过 HT16K33 驱动芯片进行控制驱动。HT16K33 是一款存储器映射和多功能 LED 控制驱动芯片。该芯片支持最大 128 点的显示模式（16SEG×8COM），以及最大 13×3 的按键矩阵扫描电路。HT16K33 的软件配置特性使其适用于多种 LED 应用，包括 LED 模块和显示子系统。HT16K33 通过双向 I²C 接口可与大多数微控制器进行通信。点阵屏与 HT16K33 驱动芯片如图 2.8 所示。

图 2.8　点阵屏与 HT16K33 驱动芯片

显示存储器–RAM 结构：

（1）16×8 位静态 RAM 用于存储 LED 显示数据：如果对 RAM 中的某一位写"1"，则相对应的 LED ROW 点亮；如果写"0"，则相对应的 LED ROW 熄灭。

（2）RAM 地址与行输出一一对应，一个 RAM 字中的每个位与纵列输出一一对应。当采用不同 COM 时，RAM 与 LED ROW 的映射关系如表 2.2 所示。

表 2.2　RAM 与 LED ROW 的映射关系

COM	LED ROW0～7	LED ROW8～15
COM0	00H	01H
COM1	02H	03H
COM2	04H	05H
COM3	06H	07H
COM4	08H	09H
COM5	0AH	0BH
COM6	0CH	0DH
COM7	0EH	0FH

I²C 总线显示数据传输格式如表 2.3 所示。

表 2.3　I²C 总线显示数据传输格式

I²C 数据字节	D7	D6	D5	D4	D3	D2	D1	D0
LED ROW	7	6	5	4	3	2	1	0
	15	14	13	12	11	10	9	8

2. 点阵屏 Linux 驱动程序

Linux 内核和芯片提供商为 I²C 设备的驱动程序提供了 I²C 驱动的框架，以及框架底层与硬件相关的代码。I²C 驱动架构如图 2.9 所示。

接下来的工作就是针对挂载在 I^2C 总线上的设备编写所需的驱动程序。这里的设备是指硬件接口外挂设备，而非硬件接口本身（SoC 硬件接口本身的驱动可以理解为总线驱动）。

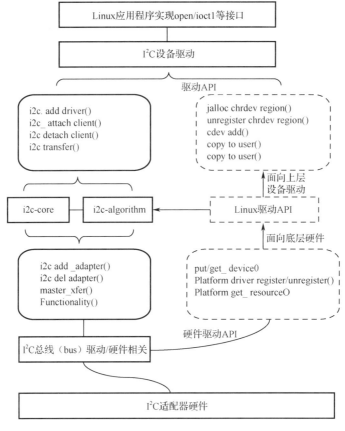

图 2.9 I^2C 驱动架构

由 I^2C 驱动架构可以看出，Linux 内核对 I^2C 架构抽象了一个叫作核心层（core）的中间件，它分离了设备驱动（device driver）和硬件控制的实现细节，核心层不仅为上层设备驱动提供封装后的内核注册函数，还为底层硬件提供注册接口，核心层起到了承上启下的作用。

开发 I^2C 驱动有 4 个步骤：前两个步骤属于 I^2C 总线驱动，后两个步骤属于 I^2C 设备驱动。具体开发过程如下：

（1）提供 I^2C 适配器的硬件驱动，探测，初始化 I^2C 适配器，驱动 CPU 控制的 I^2C 适配器从硬件上产生。

（2）提供 I^2C 控制的 algorithm，用具体适配器的 xxx_xfer 函数填充 i2c_algorithm 的 master_xfer 指针，并把 i2c_algorithm 指针赋给 i2c_adapter 的 algo 指针。

（3）实现 I^2C 设备驱动中的 i2c_driver 接口，用具体 yyy 的 yyy_probe、yyy_remove、yyy_suspend、yyy_resume 函数指针和 i2c_device_id 设备 ID 表赋给 i2c_driver 的 probe、remove、suspend、resume 和 id_table 指针。

（4）实现 I^2C 设备所对应类型的具体驱动，i2c_driver 只是实现设备与总线的挂接。

1）I²C 设备注册

在设备注册阶段主要是定义一些结构体和使用一些 API 函数。

（1）在 Linux 驱动中，I²C 系统主要包含以下几个成员。

```
struct i2c_board_info   info;        //定义板级信息
struct i2c_adapter      *adapter;    //I²C 适配器
struct i2c_client       *client;     //I²C 设备的设备声明，可以理解为 device
```

（2）板级信息里应该包含 I²C 的地址和设备名。代码示例如下。

```
#define DEVICE_NAME      "ht16k33"
#if DEVICE_RS
#define DEV_I2C_BUS      2
#define DEV_I2C_ADDRESS  (0xE0>>1)
struct i2c_board_info    info;
memset(&info, 0, sizeof (struct i2c_board_info));
info.addr = DEV_I2C_ADDRESS;
strcpy(info.type, DEVICE_NAME);
```

（3）i2c_get_adapter 函数说明：获取 adapter 总线上相应的 I²C 设备，函数的参数是设备号，代码示例如下。

```
#define DEV_I2C_BUS      2
adapter = i2c_get_adapter(DEV_I2C_BUS);
    if (adapter == NULL) {
        return -ENODEV;
    }
```

（4）i2c_new_device 函数原型：

```
i2c_new_device(struct i2c_adapter *adap, struct i2c_board_info const *info)
```

代码示例如下。

```
client = i2c_new_device(adapter, &info);
    i2c_put_adapter(adapter);
    if (client == NULL) {
        return -ENODEV;
    }
```

i2c_new_device 函数作用：I²C 适配器静态增加新的 I²C 设备，根据 i2c_board_info 静态设备声明信息，把 I²C 适配器和新增的 I²C 设备关联起来，这里用了 I²C 总线 2，地址是 (0x78>>1)，这就组成了一个客户端。

i2c_get_adapter 和 i2c_new_device 函数配合使用示例如下：

```
adapter = i2c_get_adapter(DEV_I2C_BUS);
if (adapter == NULL) {
  return -ENODEV;
}
client = i2c_new_device(adapter, &info);
```

```
i2c_put_adapter(adapter);
if (client == NULL) {
   return -ENODEV;
}
```

2）I^2C 读写接口

（1）设备读写的实现。

设备读写函数分为两类：一类是写命令函数；另一类是写数据函数。它们都是通过 i2c_master_send 函数来实现的。

（2）i2c_master_send 函数。

函数原型如下。

```
int i2c_master_send(struct i2c_client *client,const char *buf ,int count)
```

代码示例如下。

```
i2c_master_send(new_client, write_data, 2);
//向 new_client 发送 write_data 内数据，先发送命令，再发送数据，2 表示发送数据的字节数。
```

（3）写命令函数是通过调用 i2c_master_send 函数实现的，函数调用示例如下。

```
static int ht16k33_write_command(char c)
{
    return i2c_master_send(i2c_dev, &c, 1);
}
```

写命令函数示例如下。

```
ht16k33_write_command(0x40);
```

（4）写数据函数也是通过调用 i2c_master_send 函数实现的，函数调用示例如下。

```
static int ht16k33_write_cmd_data(char c, char d)
{
    char v[] = {c, d};
    return i2c_master_send(i2c_dev, v, 2);
}
```

数据刷新函数示例如下。

```
static int ht16k33_flush(void)
{
    int r;
    char buf[17];
    buf[0] = 0;
    memcpy(buf+1, led_buf, 16);
    r = i2c_master_send(i2c_dev, buf, 17);
    printk(KERN_ERR"w r %d\n", r);
    return r;
}
```

点阵屏驱动程序的源代码如下。

```c
/*头文件*/
#include<linux/init.h>
#include<linux/module.h>
#include<linux/sched.h>
#include<linux/kernel.h>
#include <asm/uaccess.h>
#include <linux/gpio.h>
#include <linux/cdev.h>
#include <linux/fs.h>
#include <linux/device.h>
#include <linux/i2c.h>
#include <linux/device.h>
#include <asm/device.h>
#include <linux/workqueue.h>
#include <linux/delay.h>
#include <linux/jiffies.h>
#define DEVICE_RS   1
#define USE_DEVFS   0

#define dbg(a...)    printk(a)
#define DEVICE_NAME   "ht16k33"
#if DEVICE_RS
#define DEV_I2C_BUS         2
#define DEV_I2C_ADDRESS    (0xE0>>1)
//I²C 设备注册
static int dev_i2c_register(void)
{
    struct i2c_board_info   info;
    struct i2c_adapter    *adapter;
    struct i2c_client  *client;
    memset(&info, 0, sizeof (struct i2c_board_info));
    info.addr = DEV_I2C_ADDRESS;
    strcpy(info.type, DEVICE_NAME);

    adapter = i2c_get_adapter(DEV_I2C_BUS);
    if (adapter == NULL) {
        return -ENODEV;
    }
    client = i2c_new_device(adapter, &info);
    i2c_put_adapter(adapter);
    if (client == NULL) {
        return -ENODEV;
    }

    dbg(DEVICE_NAME":dev register devices ok\n");
```

```c
        return 0;
}

#endif
#define CMD_SYS_ON        0x21
#define CMD_ROW_INT(x)    (0xA0|(x))
#define CMD_LED_ON        0x81
#define CMD_LED_OFF       0x80
#define CMD_BRIGHTNESS(x) (0xE0|(x))

static char led_buf[16];
static struct i2c_client *i2c_dev;
static int ht16k33_write_command(char c)
{
    return i2c_master_send(i2c_dev, &c, 1);
}

static int ht16k33_flush(void)
{
    int r;
    char buf[17];
    buf[0] = 0;
    memcpy(buf+1, led_buf, 16);
    r = i2c_master_send(i2c_dev, buf, 17);
    printk(KERN_ERR"w r %d\n", r);
    return r;
}


ssize_t buffer_read(struct file *f, struct kobject *k, struct bin_attribute *a,char *buf, loff_t of, size_t len)
{
    //char cmd = 0;
    int r;
    char txbuf[1] = {0};
    char rxbuf[16] = {0};
    struct i2c_msg msg[2] = {
        [0] = {
            .addr = i2c_dev->addr,
            .flags = 0,     //W_FLG,
            .len = sizeof(txbuf),
            .buf = txbuf,
        },
        [1] = {
            .addr = i2c_dev->addr,
            .flags = I2C_M_RD,
            .len = sizeof(rxbuf),
            .buf = rxbuf,
```

```c
        },
    };

        r = i2c_transfer(i2c_dev->adapter, msg, ARRAY_SIZE(msg));
        printk(KERN_ERR"xxxxh i2c r %d\n", r);
        memcpy(buf, rxbuf, 16);
        return len;
}
ssize_t buffer_write(struct file *f, struct kobject *k, struct bin_attribute *a,
                        char *buf, loff_t of, size_t len)
{
        if (len > a->size) len = a->size;
        memcpy(led_buf, buf, len);
        ht16k33_flush();
        return len;
}
static int brightness = 16;
ssize_t brightness_show(struct device *dev, struct device_attribute *attr,char *buf)
{
        return snprintf(buf, PAGE_SIZE, "%d\n", brightness);
}
ssize_t brightness_store(struct device *dev, struct device_attribute *attr,const char *buf, size_t count)
{
        int new = simple_strtol(buf, NULL, 0);
        if (new >= 0 && new <= 16 && brightness!=new) {
                if (brightness == 0 && new != 0) {
                        ht16k33_write_command(CMD_LED_ON);
                }
                brightness = new;
                if (brightness > 0) {
                        ht16k33_write_command(CMD_BRIGHTNESS(brightness-1));
                } else {
                        ht16k33_write_command(CMD_LED_OFF);
                }
        }
        return count;
}

static  DEVICE_ATTR_RW(brightness);
static  BIN_ATTR_RW(buffer, 16);

#if USE_DEVFS
static int dev_open(struct inode *inode, struct file *filp)
{
        dbg(DEVICE_NAME":dev open\r\n");

        return 0;
```

```c
}
static ssize_t dev_read(struct file * filp, char *buf, size_t len, loff_t* off)
{
    dbg(DEVICE_NAME":dev read\r\n");
    return 0;
}
static int dev_release(struct inode *inode, struct file *filp)
{
    dbg(DEVICE_NAME":dev release\r\n");
    return 0;
}
static dev_t dev = 0;
static struct cdev dev_c;
static struct class *cdev_class;
static struct file_operations dev_fops = {
    open:dev_open,
    read:dev_read,
    release:dev_release,
};
#endif

static int dev_i2c_probe(struct i2c_client *client, const struct i2c_device_id *id)
{
    int ret;

    dbg(DEVICE_NAME":dev_i2c_probe()\r\n");
    i2c_dev = client;
    //check device is connect ok!
    memset(led_buf, 0, sizeof led_buf);
    brightness = 16;

    ht16k33_write_command(CMD_SYS_ON);
    msleep(10);
    ht16k33_write_command(CMD_ROW_INT(0));
    ht16k33_flush();
    ht16k33_write_command(CMD_BRIGHTNESS(brightness-1));
    ht16k33_write_command(CMD_LED_ON);

    ret = device_create_bin_file(&client->dev, &bin_attr_buffer);
    if (ret < 0) {
        printk(DEVICE_NAME":error create bin file\r\n");
        return -1;
    }
    ret = device_create_file(&client->dev, &dev_attr_brightness);
    if (ret < 0) {
        printk(DEVICE_NAME":error create brightness file\r\n");
        return -1;
```

```c
    }
#if USE_DEVFS
    //char device process
    ret = alloc_chrdev_region(&dev, 0, 1, DEVICE_NAME);
    if (ret < 0) {
        printk(DEVICE_NAME":error alloc chrdev region()\n");
        return -1;
    }
    cdev_init(&dev_c, &dev_fops);
    ret = cdev_add(&dev_c, dev, 1);
    if (ret < 0) {
        printk(DEVICE_NAME":error cdev init\n");
        unregister_chrdev_region(dev, 1);
        return -1;
    }
    cdev_class = class_create(THIS_MODULE, DEVICE_NAME);
    if(IS_ERR(cdev_class)) {
        printk(DEVICE_NAME":error cannot create a cdev_class\n");
        cdev_del(&dev_c);
        unregister_chrdev_region(dev, 1);
        cdev_class = NULL;
        return -1;
    }
    device_create(cdev_class,NULL, dev, 0, DEVICE_NAME);
#endif
    return 0;
}

static int dev_i2c_remove(struct i2c_client *client)
{
    dbg(DEVICE_NAME":dev_i2c_remove()\r\n");
    device_remove_file(&client->dev, &dev_attr_brightness);
    device_remove_bin_file(&client->dev, &bin_attr_buffer);
    ht16k33_write_command(CMD_LED_OFF);
#if USE_DEVFS
    device_destroy(cdev_class, dev);
    class_destroy(cdev_class);
    cdev_del(&dev_c);
    unregister_chrdev_region(dev, 1);
#endif
    return 0;
}
static const struct i2c_device_id dev_i2c_id[] = {
    { DEVICE_NAME, 0, },
    { }
};
```

```c
static struct i2c_driver dev_i2c_driver = {
    .driver = {
        .name   = DEVICE_NAME,
        .owner  = THIS_MODULE,
    },
    .probe      = dev_i2c_probe,
    .remove     = dev_i2c_remove,
    .id_table   = dev_i2c_id,
};

static int __init dev_init(void)
{
    int ret;

    dbg(DEVICE_NAME":dev_init()\r\n");
#if DEVICE_RS
    dev_i2c_register();
#endif
    ret = i2c_add_driver(&dev_i2c_driver);
    if (ret < 0) {
        printk("dev error: i2c_add_driver\n");
        goto e1;
    }
    return ret;
e1:
    return -1;
}

static void __exit dev_exit(void)
{
    dbg(DEVICE_NAME":dev_exit()\r\n");
    i2c_del_driver(&dev_i2c_driver);
#if DEVICE_RS
    i2c_unregister_device(i2c_dev);
#endif
}

MODULE_LICENSE("GPL");
MODULE_DESCRIPTION(DEVICE_NAME" driver");

module_init(dev_init);
module_exit(dev_exit);
```

3．点阵屏 Linux 应用程序

点阵屏驱动主要实现对硬件设备的基本控制，由应用层调用底层硬件驱动提供的接口，

实现对设备的控制。

点阵屏应用程序中函数的参数说明及函数功能说明如表 2.4 所示。

表 2.4 点阵屏应用程序中函数的参数说明及函数功能说明

函 数 名 称	参 数 说 明	函 数 功 能
void led8x8Init(void)	无	点阵屏初始化
static void dumRam(void)	无	点阵屏显示 RAM 数组内容
void led8x8Brightness(int b)	b:亮度值	点阵屏亮度控制
void led8x8Point(int x, int y, int st)	x:行坐标　y:列坐标	点阵屏设置指定坐标数据
void led8x8Draw(char *buf)	buf:显示缓冲区	点阵屏 RAM 数组从缓冲区取值
void led8x8Clear(void)	无	点阵屏清屏
void led8x8Flush(void)	无	点阵屏刷新显示内容

led8x8.c 程序的源代码如下。

```c
#include <stdio.h>
#include <string.h>
#include <errno.h>
#include <stdlib.h>
#include <sys/types.h>
#include <sys/stat.h>
#include <fcntl.h>
#include <unistd.h>

#define DEVDIR "/sys/bus/i2c/devices/i2c-2/2-0070"
static unsigned short ram[8];

#if 0
static void dumRam(void)
{
    printf("\033[H");
    for(int i=0; i<8; i++) {
        for (int j=0; j<8; j++) {
            if (ram[i] & (1<<j)){
                printf("*");
            } else {
                printf(" ");
            }
        }
        printf("\r\n");
    }
}
#else
static void dumRam(void)
{
```

```c
}
#endif
void led8x8Brightness(int b)
{
    char buf[128];
    snprintf(buf, 128, "echo \"%d\" > "DEVDIR"/brightness", b);
    system(buf);
}
void led8x8Point(int x, int y, int st)
{
    if (x>=0 && x<8){
        if (y>=0 && y<8) {
            ram[7-x] = ram[7-x] & ~(1<<(7-y));
            if (st != 0) {
                ram[7-x] = ram[7-x] | (1<<(7-y));
            }
        }
    }
}
void led8x8Draw(char *buf)
{
    for (int i=0; i<8; i++) {
        ram[i] = buf[i];
    }
}
void led8x8Clear(void)
{
    memset(ram, 0, sizeof ram);
}
void led8x8Flush(void)
{
    int fd = open(DEVDIR"/buffer", O_WRONLY);
    if (fd >= 0) {
        write(fd, ram, sizeof ram);
        close(fd);
    }
    dumRam();
}
void led8x8Init(void)
{
    if (0 == access("ht16k33.ko",F_OK)){
        int ret = system("lsmod | grep ht16k33");
        if (ret != 0) {
            system("insmod ht16k33.ko");
        }
    }
    memset(ram, 0, sizeof ram);
    led8x8Flush();
}
```

点阵屏应用功能函数的功能和流程分析如下：
① 通过 led8x8Init 函数初始化点阵屏硬件；
② 通过 led8x8Face(i)函数设置要显示的第 i 类笑脸坐标数据；
③ 通过 led8x8Flush 函数点阵屏刷新显示内容；
④ 通过 sleep(2)函数休眠 2 秒；
⑤ i 值在 faces 数组有效范围内加 1；
⑥ 返回到步骤②循环执行；

led8x8Test.c 测试程序的源代码如下。

```c
#include <unistd.h>
#include <math.h>
#include "led8x8.h"
#include "utils.h"
#include <stdlib.h>
//将各种笑脸形态的数据保存到数组中
static short faces[][8] = {
    {0x00, 0x66,0x66, 0x00,0x00, 0x7e,0x00,0x00},
    {0x00, 0x66,0x66, 0x00,0x00, 0x3c,0x42,0x3c},
    {0x42, 0xe7,0x42, 0x00,0x00, 0x3c,0x42,0x3c},
    {0x00, 0x66,0x66, 0x00,0x00, 0x3c,0x24,0x00},
    {0x00, 0xE7,0x21, 0x00,0x00, 0x42,0x3c,0x00},
    {0x00, 0xE7,0x42, 0x00,0x00, 0x42,0x3c,0x00},
    {0x00, 0xE7,0x84, 0x00,0x00, 0x42,0x3c,0x00},
    {0x00, 0x42,0xa5, 0x00,0x00, 0x24,0x18,0x00},
};

void led8x8Face(int i)
{
    if (i<sizeof faces / sizeof faces[0]) {
        //led8x8Draw((char*)faces[i]);
        for (int j=0; j<8; j++) {
            for (int k=0; k<8; k++) {
                led8x8Point(k,j, faces[i][j]&(1<<k));
            }
        }
    }
}

int main()
{
    int i=0;
    led8x8Init();
    while (1){
        led8x8Face(i);
        led8x8Flush();
        sleep(2);
```

```
                    i = (i+1)%(sizeof faces / sizeof faces[0]);
        }
        return 0;
}
```

2.1.4 OLED Linux 驱动开发

1. OLED 的基本结构和发光原理

OLED 的研究始于 20 世纪 50 年代。1953 年,安德烈·贝纳诺斯等人在对蒽单晶施加直流高压(400V)时观察到蓝色发光现象。随后,人们相继发明了三层及多层结构器件,通过在主体有机材料中掺杂客体来控制器件的发光颜色这是 OLED 发展的第一个里程碑。

OLED 发展的第二个里程碑是研制出聚合物有机电致发光器件。1990 年,英国剑桥大学的伯勒斯等人提出了以高分子为基础的 OLED,成功地利用旋涂方法将有机共轭高分子材料制成薄膜,制备出了单层结构的聚合物有机电致发光器件,让实现大规模、工艺流程简单、低成本的有机电致发光器件成为可能。1992 年,艾伦·黑格等人首次利用塑料作为器件的衬底制备出了可以弯曲的柔性 OLED 显示器,进一步拓宽了 OLED 的应用领域。

1)基本结构

OLED 器件由基板、阴极、阳极、空穴注入层(HIL)、电子注入层(EIL)、空穴传输层(HTL)、电子传输层(ETL)、电子阻挡层(EBL)、空穴阻挡层(HBL)、发光层(EML)等部分构成,如图 2.10 所示。

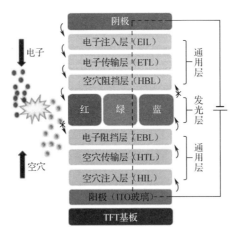

图 2.10 OLED 基本结构

基板是整个器件的基础,所有功能层都需要蒸镀到器件的基板上,通常采用玻璃作为器件的基板。阳极与器件外加驱动电压的正极相连,阳极中的空穴在外加驱动电压的驱动下向器件中的发光层移动,阳极需要在器件工作时具有一定的透光性,使得器件内部发出的光能够被外界观察到,阳极最常使用的材料是氧化铟锡(ITO)。

空穴注入层可以使来自阳极的空穴顺利地注入空穴传输层;空穴传输层负责将空穴传输到发光层;电子阻挡层会把来自阴极的电子阻挡在器件的发光层界面处,从而增大器件发光层界面处电子的浓度。

OLED 器件的结构可分为单层结构、双层结构、三层结构和多层结构。单层结构只包含基板、阳极、阴极和发光层,由于 OLED 器件中的材料对电子和空穴有不同的传输能力,因此会使电子和空穴在发光层界面处的浓度差别很大,导致 OLED 器件的发光效率较低。

双层结构是指发光层除了具有使电子和空穴先通过再结合形成激子,然后通过激子退激发光的作用,还具有传输电子或传输空穴的作用。

三层结构是指器件结构中一般包含阴极、电子传输层、发光层、空穴传输层、阳极和基板。三层结构的 OLED 器件具有更高的电子和空穴传输能力,发光效率也更高。

多层结构是指 OLED 器件除了具有三层结构所具有的功能层,还具有电子注入层、空穴注入层、电子阻挡层和空穴阻挡层。由于更多功能层的加入,OLED 器件的发光效率更高。但由于器件的厚度增加,因此需要更高的驱动电压才能使其正常工作。

2)发光原理

OLED 是一种在外加驱动电压下可主动发光的器件,无须背光源。

OLED 的基本驱动原理:OLED 器件中的电子和空穴在外加驱动电压的驱动下,从器件的两极向中间的发光层移动,到达发光层后,在库仑力的作用下,电子和空穴进行再结合形成激子,激子的产生会活化发光层的有机材料,进而使得有机分子最外层的电子突破最高占有分子轨道(HOMO)能级和最低未占有分子轨道(LUMO)能级之间的能级势垒,从稳定的基态跃迁到极不稳定的激发态,处于激发态的电子状态极不稳定,会通过内转换回到 LUMO 能级。

如果电子从 LUMO 能级直接跃迁到稳定的基态,则器件发出荧光;如果电子先从 LUMO 能级跃迁到三重激发态,然后从三重激发态跃迁到稳定的基态,则器件发出磷光。

详细发光原理:OLED 器件的发光原理如图 2.11 所示。当在器件的阴极和阳极施加驱动电压时,来自阴极的电子和来自阳极的空穴会在驱动电压的驱动下由器件的两端向器件的发光层移动,到达器件发光层的电子和空穴会进行再结合,从而激活发光层中有机分子的能量,使得有机分子的电子状态从稳定的基态跃迁到能量较高的激发态;处于激发态的电子很不稳定,所以电子会从能量较高的激发态回到基态,能量以光、热等形式释放,形成发光现象。

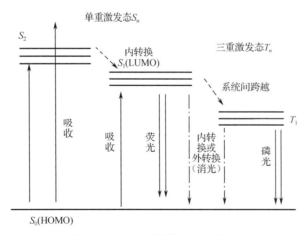

图 2.11 OLED 器件的发光原理

OLED 器件的发光过程可分为电子和空穴的注入、电子和空穴的传输、电子和空穴的再结合、激子的退激发光等 4 个步骤。

(1)电子和空穴的注入。处于阴极的电子和阳极中的空穴,在外加驱动电压的驱动下向器件的发光层移动，在移动的过程中，若器件包含电子注入层和空穴注入层，则电子和空穴需要克服阴极与电子注入层，以及阳极与空穴注入层之间的能级势垒，由电子注入层和空穴注入层向电子传输层和空穴传输层移动。

（2）电子和空穴的传输。在外加电压的驱动下，来自阴极的电子和来自阳极的空穴分别移动到电子传输层和空穴传输层，电子传输层和空穴传输层分别将电子和空穴移动到发光层的界面；同时，电子传输层和空穴传输层分别将来自阳极的空穴和来自阴极的电子阻挡在器件发光层的界面，使其累积更多的电子和空穴。

（3）电子和空穴的再结合。当电子和空穴达到一定数目时，两者会进行再结合，并在发光层产生激子。

（4）激子的退激发光。激子会活化器件发光层中的有机分子，使有机分子最外层的电子从基态跃迁到激发态，由于处于激发态的电子极其不稳定，会向基态跃迁，在跃迁的过程中会有能量以光的形式被释放出来，从而实现了器件发光。

2．OLED 器件的驱动方式

OLED 器件的驱动方式分为被动式驱动（无源驱动）和主动式驱动（有源驱动）。

1）无源驱动

无源驱动分为静态驱动和动态驱动。

（1）静态驱动：在静态驱动的 OLED 器件上，一般采用共阴极连接方式，有机电致发光像素的阴极是连在一起引出的，阳极是分立引出的。若要驱动器件发光，只要让恒流源的电压与阴极的电压之差大于驱动电压，正向导通后器件将发光；若要器件不发光，将阳极接在一个负电压上，反向截止后器件不能发光。

当图像变化比较多时，会出现交叉效应，为了避免这种现象的发生，需要采用交流驱动的形式。静态驱动一般用于段式显示屏的驱动。

（2）动态驱动：在动态驱动时，器件的两个电极被做成矩阵结构，水平一组显示像素相同性质的电极共用，纵向一组显示像素相同性质的另一电极共用。如果器件可分为 N 行和 M 列，行和列分别对应发光像素的阴极和阳极。在实际驱动时，要逐行点亮或者逐列点亮像素，一般采用逐行扫描的方式点亮像素。

2）有源驱动

有源驱动的每个像素都配备了具有开关功能的低温多晶硅薄膜晶体管（TFT），且每个像素都配备了一个电荷存储电容，外围驱动电路和显示阵列集成在同一个玻璃基板上。由于 LCD 采用电压驱动，OLED 依赖电流驱动，所以与 LCD 相同的 TFT 结构无法用于 OLED，还需要能让足够电流通过的、导通阻抗较低的小型驱动 TFT。

有源驱动属于静态驱动，可进行 100%的负载驱动，且不受扫描电极数的限制，可以独立对每个像素进行选择性调节。

有源驱动无占空比问题，易于实现高亮度和高分辨率，由于有源驱动可以对红色像素和蓝色像素相对独立地进行灰度调节，因此更有利于 OLED 彩色化实现。

3．OLED 硬件

本项目采用的 SSD1306 是一个单片 OLED/PLED 驱动芯片，可以驱动有机/聚合发光二极管点阵图形显示系统，由 128 列和 64 行组成，专为共阴极 OLED 面板设计。

SSD1306 中嵌入了对比度控制器、显示 RAM 和晶振，从而减少了外部器件和功耗，有 256 级亮度控制。在 SSD1306 中，数据/命令的发送有三种接口可供选择：6800/8000、I^{2}C 或 SPI。本节采用 I^{2}C 接口，驱动命令与功能如表 2.5 所示。

表 2.5 驱动命令与功能

序 号	命令（H）	功 能	描 述
1	81 A[7:0]	设置对比度	双字节命令选择 256 级对比度中的一种，对比度随着赋值的增加而增加（RESET=7Fh）
2	A[4:5]	整体显示开启状态	A4h、X[0]=0b：恢复 RAM 内容的显示（RESET）输出跟随 RAM。 A5h、X[0]=1b：进入显示开启状态，输出不管 RAM 内容
3	A[6:7]	设置正常显示或反相显示	A6h、X[0]=0b：正常显示（RESET），在 RAM 中的 0 表示在显示面板上为关，在 RAM 中的 1 表示在显示面板上为开。 A7h、X[0]=1b：反相显示，在 RAM 中的 0 表示在显示面板上为开，在 RAM 中的 1 表示在显示面板上为关
4	AE AF	设置显示开或关	AEh、X[0]=0b：显示关（睡眠模式）。AFh、X[0]=1b：显示开，正常模式
5	26/27 A[7:0] B[2:0] C[2:0] D[2:0]	持续水平滚动设置	26h、X[0]=0：向右水平滚动；27h、X[0]=1：向左水平滚动（水平滚动 1 列）。 A[7:0]表示空字节。 B[2:0]定义开始页地址。 C[2:0]表示在帧率范围内设置每次滚屏的时间间隔。 D[2:0]定义结束页地址，D[2:0]的值必须大于或等于 B[2:0]
6	29/2A A[2:0] B[2:0] C[2:0] D[2:0] E[5:0]	持续垂直和水平滚屏设置	29h、X[1:0]=01b：垂直和右水平滚屏；2Ah、X[1:0]=10b：垂直和左水平滚屏。 A[2:0]表示空字节。 B[2:0]定义开始页地址。 C[2:0]表示在帧频范围内设置每次滚屏的时间间隔。 D[2:0]定义结束页地址，D[2:0]的值必须大于或等于 B[2:0]。 E[5:0]表示垂直滚屏的位移
7	2E	关闭滚屏	关闭滚屏命令，26h、27h、29h、2Ah 用于开启滚屏功能。注意：在使用 2Eh 命令来关闭滚屏动作后，RAM 的数据需要重写
8	2F	激活滚屏	开始滚屏，由滚屏命令 26h、27h、29h、2Ah 配置，有效命令顺序：有效命令顺序 1 为 26h~2Fh，有效命令顺序 2 为 27h~2Fh，有效命令顺序 3 为 29h~2Fh，有效命令顺序 4 为 2Ah~2Fh
9	A3 A[5:0] B[6:0]	设置垂直滚动区域	A[5:0]表示设置顶层固定的行数，顶层固定区域的行数参考 GDDRAM 的顶部（如 ROW0），重置为 0；B[6:0]表示设置滚动区域的行数，这个行的数量用于垂直滚动区域，滚动区域开始于顶层固定区域的下一行，重置为 64。 A[5:0]+B[6:0]≤MUX ratio；B[6:0]≤MUX ratio；垂直滚动偏移（29h/2Ah 命令中的 E[5:0]）＜ B[6:0]；设置显示开始线（40h~7Fh 中的 X5X4X3X2X1X0）~B[6:0]；滚动区域范围为最后一行移动到第一行；对于 64d 最大显示，A[5:0]= 0、B[6:0]= 64 表示整个区域滚动，A[5:0]=0、B[6:0]＜64 表示顶层区域滚动，A[5:0]+B[6:0]＜64 表示中心区域滚动，A[5:0]+B[6:0]= 64 表示底部区域滚动

续表

序号	命令（H）	功能	描述
10	00~0f	设置列的开始地址作为页地址模式	将 X[3:0]作为数据位，为页寻址模式设置列起始地址寄存器的下半字节。重置后，初始显示行寄存器重置为 0000b
11	10~1F	设置列的高地址作为页的起始地址	将 X[3:0]作为数据位，为页寻址模式设置列起始地址寄存器的较高半字节。重置后，初始显示行寄存器重置为 0000b
12	20 A[1:0]	设置内存地址模式	A[1:0] = 00b 表示水平寻址方式，A[1:0] = 01b 表示垂直寻址方式，A[1:0] = 10b 表示寻址模式（复位），A[1:0] = 11b 表示无效
13	21 A[6:0] B[6:0]	设置列地址	设置列的起始地址和结束地址。A[6:0]：列的起始地址，范围为 0~127（RESET=0）。B[6:0]：列的结束地址，范围为 0~127（RESET =127）
14	22 A[2:0] B[2:0]	设置页地址	设置页的起始地址和结束地址。A[2:0]：页的起始地址，范围为 0~7（RESET = 0）。B[2:0]：页的结束地址，范围为 0~7（RESET = 7）
15	B0~B7	设置页开始地址作为页地址模式	使用 X[2:0]设置 GDRAM 页面起始地址页寻址模式（Page 0~Page 7）

1）硬件设备

OLED 硬件设备如图 2.12 所示。图中最上面方框内的 OLED 显示屏采用了 I^2C 总线驱动。

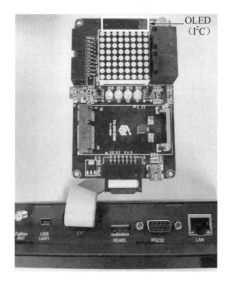

图 2.12　OLED 硬件设备

2）OLED 显示屏

OLED 显示技术具有自发光特性，采用非常薄的有机材料涂层和玻璃基板，当有电流通过时，这些有机材料就会发光，OLED 显示屏的可视角度大，能够节省电能。从 2003 年开始，这种显示设备在 MP3 播放器上就得到了广泛应用。

0.96 寸 OLED 显示屏引脚对应符号如表 2.6 所示。

表 2.6　0.96 寸 OLED 显示屏引脚对应符号

引　脚	符　号	引　脚	符　号	引　脚	符　号
1	GND	2	C2P	3	C2N
4	C1P	5	C1N	6	VDDB
7	NC	8	VSS	9	VDD
10	BS0	11	BS1	12	BS2
13	CS#	14	RES#	15	D/C#
16	R/W#	17	E/RD#	18	D0
19	D1	20	D2	21	D3
22	D4	23	D5	24	D6
25	D7	26	IREF	27	VCOMH
28	VCC	29	VLSS	30	GND

0.96 寸 OLED 裸屏支持 4 线 SPI、3 线 SPI、I^2C 接口，以及 6800、8080 并口方式，后两种接口占用数据线比较多，不太常用。

OLED 的驱动方式：模块的通信接口是通过 BS0、BS1、BS2 三个引脚来配置的。本项目中使用 I^2C 接口进行开发，如表 2.7 所示。

表 2.7　OLED 的驱动方式

通信方式	BS0	BS1	BS2
I^2C	0	1	0
3 线 SPI	1	0	0
4 线 SPI	0	0	0
8-bit 68XX 并口	0	0	1
8-bit 80XX 并口	0	1	1

3）OLED 原理图

SCL、SDA 对应的是 I^2C 总线 2，OLED 起始地址 0x39，主要是通过 SDA、SCL 引脚进行 I^2C 通信的，通过写命令、写数据对显示器进行控制。OLED 原理图如图 2.13 所示。

4．OLED Linux 驱动程序

OLED Linux 驱动开发过程与本书前面介绍的点阵屏 Linux 驱动开发过程相同，此处不展开介绍。下面只介绍两者中不同的地方。

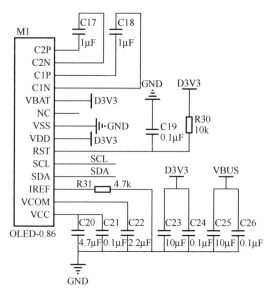

图 2.13 OLED 原理图

写命令函数示例如下。

ssd1316_write_command(0x40);

OLED Linux 驱动程序中，I^2C 读写接口的写数据函数也是通过调用 i2c_master_send 函数实现的，函数调用示例如下。

```
static int ssd1316_write_data(char *p)
{
    char cmd[97];
    cmd[0] = 0x40;
    memcpy(&cmd[1], p, 96);
    return i2c_master_send(i2c_dev, cmd, 97);
}
```

数据刷新函数示例如下。

```
static void ssd1316_flush(void)
{
    int m;
    char led_buf[4][96];
    for (m=0; m<4; m++) {
        ssd1316_write_command(0xb0 + m);
        ssd1316_write_command(0x00);
        ssd1316_write_command(0x10);
        ssd1316_write_data(led_buf[m]);
    }
}
```

OLED 驱动程序源代码如下。

```c
/*头文件*/
#include<linux/init.h>
#include<linux/module.h>
#include<linux/sched.h>
#include<linux/kernel.h>
#include <asm/uaccess.h>
#include <linux/gpio.h>
#include <linux/cdev.h>
#include <linux/fs.h>
#include <linux/device.h>
#include <linux/i2c.h>
#include <linux/device.h>
#include <asm/device.h>
#include <linux/workqueue.h>
#include <linux/jiffies.h>
#define   DEVICE_RS        1
#define USE_DEVFS  0
#define dbg(a...)    printk(a)
#define DEVICE_NAME    "ssd1316"

#if DEVICE_RS
#define DEV_I2C_BUS         2
#define DEV_I2C_ADDRESS     (0x78>>1)

static int dev_i2c_register(void)
{
    struct i2c_board_info   info;
    struct i2c_adapter      *adapter;
    struct i2c_client *client;

    memset(&info, 0, sizeof (struct i2c_board_info));
    info.addr = DEV_I2C_ADDRESS;
    strcpy(info.type, DEVICE_NAME);

    adapter = i2c_get_adapter(DEV_I2C_BUS);
    if (adapter == NULL) {
        return -ENODEV;
    }
    client = i2c_new_device(adapter, &info);
    i2c_put_adapter(adapter);
    if (client == NULL) {
        return -ENODEV;
    }

    dbg(DEVICE_NAME":dev register devices ok\n");
    return 0;
}
```

```c
#endif
#define CMD_LED_ON    0xAF
#define CMD_LED_OFF   0xAE

static char led_buf[4][96];

static struct i2c_client *i2c_dev;

static int ssd1316_write_command(char c)
{
    char cmd[] = {0x00, c};
    return i2c_master_send(i2c_dev, cmd, 2);
}
static int ssd1316_write_data(char *p)
{
    char cmd[97];
    cmd[0] = 0x40;
    memcpy(&cmd[1], p, 96);
    return i2c_master_send(i2c_dev, cmd, 97);
}
static void ssd1316_flush(void)
{
    int m;
    for (m=0; m<4; m++) {
        ssd1316_write_command(0xb0 + m);
        ssd1316_write_command(0x00);
        ssd1316_write_command(0x10);
        ssd1316_write_data(led_buf[m]);
    }
}

ssize_t buffer_read(struct file *f, struct kobject *k, struct bin_attribute *a,
                    char *buf, loff_t of, size_t len)
{
    if (len > a->size) len = a->size;
    memcpy(buf, led_buf, len);
    return len;
}
ssize_t buffer_write(struct file *f, struct kobject *k, struct bin_attribute *a,
                     char *buf, loff_t of, size_t len)
{
    if (len > a->size) len = a->size;
    memcpy(led_buf, buf, len);
    ssd1316_flush();
    return len;
}
```

```c
static   BIN_ATTR_RW(buffer, 4*96);

static int dev_i2c_probe(struct i2c_client *client, const struct i2c_device_id *id)
{
    int ret;
    dbg(DEVICE_NAME":dev_i2c_probe()\r\n");
    i2c_dev = client;
    //check device is connect ok!
    memset(led_buf, 0, sizeof led_buf);

    ssd1316_write_command(0xAE); /*display off*/
    ssd1316_write_command(0x00); /*set lower column address*/
    ssd1316_write_command(0x10); /*set higher column address*/
    ssd1316_write_command(0x40); /*set display start line*/
    ssd1316_write_command(0xA1); /*set segment remap*/
    ssd1316_write_command(0xC0);/*Com scan direction 0XC0 */
    ssd1316_write_command(0xA6); /*normal / reverse*/
    ssd1316_write_command(0xA8); /*multiplex ratio*/
    ssd1316_write_command(0x1F); /*duty = 1/32*/
    ssd1316_write_command(0xD3); /*set display offset*/
    ssd1316_write_command(0x00);
    ssd1316_write_command(0xD5); /*set osc division*/
    ssd1316_write_command(0x80);
    ssd1316_write_command(0xD9); /*set pre-charge period*/
    ssd1316_write_command(0x22);
    ssd1316_write_command(0xDA); /*set COM pins*/
    ssd1316_write_command(0x12);
    ssd1316_write_command(0xdb); /*set vcomh*/
    ssd1316_write_command(0x20);
    ssd1316_write_command(0x8d); /*set charge pump enable*/
    ssd1316_write_command(0x14);
    ssd1316_flush();
    ssd1316_write_command(CMD_LED_ON);
    ret = device_create_bin_file(&client->dev, &bin_attr_buffer);
    if (ret < 0) {
        printk(DEVICE_NAME":error create bin file\r\n");
        return -1;
    }

    return 0;
}
static int dev_i2c_remove(struct i2c_client *client)
{
    dbg(DEVICE_NAME":dev_i2c_remove()\r\n");

    device_remove_bin_file(&client->dev, &bin_attr_buffer);
```

```c
        ssd1316_write_command(CMD_LED_OFF);

    return 0;
}
static const struct i2c_device_id dev_i2c_id[] = {
    { DEVICE_NAME, 0, },
    { }
};
static struct i2c_driver dev_i2c_driver = {
    .driver = {
        .name    = DEVICE_NAME,
        .owner   = THIS_MODULE,
    },
    .probe      = dev_i2c_probe,
    .remove     = dev_i2c_remove,
    .id_table   = dev_i2c_id,
};

static int __init dev_init(void)
{
    int ret;
    dbg(DEVICE_NAME":dev_init()\r\n");
#if DEVICE_RS
    dev_i2c_register();
#endif
    ret = i2c_add_driver(&dev_i2c_driver);
    if (ret < 0) {
        printk("dev error: i2c_add_driver\n");
        goto e1;
    }
    return ret;
e1:
    return -1;
}

static void __exit dev_exit(void)
{
    dbg(DEVICE_NAME":dev_exit()\r\n");
        i2c_del_driver(&dev_i2c_driver);
#if DEVICE_RS

    i2c_unregister_device(i2c_dev);
#endif
}

MODULE_LICENSE("GPL");
MODULE_DESCRIPTION(DEVICE_NAME" driver");
module_init(dev_init);
module_exit(dev_exit);
```

5. OLED Linux 应用程序

OLED 显示屏驱动主要实现对硬件设备的基本控制，由应用层调用底层硬件驱动提供的接口，实现对设备的控制。

OLED 显示屏应用程序中函数的参数说明及函数功能如表 2.8 所示。

表 2.8　OLED 显示屏应用程序中函数的参数说明及函数功能

函 数 名 称	参 数 说 明	函 数 功 能
void oledInit(void)	无	初始化 OLED 显示屏
static void dumRam(void)	无	在 OLED 显示屏中显示 RAM 数组内容
void oledPoint(int x, int y, int st)	x:行坐标　y:列坐标	在 OLED 显示屏中设置指定坐标数据
void oledDraw(char *buf)	buf:显示缓冲区	OLED 显示屏的 RAM 数组从缓冲区取值
void oledClear(void)	无	对 OLED 显示屏进行清屏操作
void oledFlush(void)	无	刷新 OLED 显示屏显示内容

OLED 程序源代码如下。

```c
#include <stdio.h>
#include <string.h>
#include <errno.h>
#include <stdlib.h>
#include <sys/types.h>
#include <sys/stat.h>
#include <fcntl.h>
#include <unistd.h>

#define DEVDIR "/sys/bus/i2c/devices/i2c-2/2-003c"//设备文件节点
/*   字节按列排   */
static char ram[4][96];
#if 0
static void dumRam(void)
{
    //printf("ram\r\n");
    printf("\033[H");
    //printf("\r\n");
    for (int i=0; i<32; i++) {
        //printf("%02d ", i);
        for (int j=0; j<96; j++) {
            if (ram[i/8][j] & (1<<(i%8))) {
                printf("*");
            } else {
                printf(" ");
            }
        }
        printf("\r\n");
    }
    //printf("ram end\r\n");
```

```c
}
#else
static void dumRam(void)
{
}
#endif
void oledPoint(int x, int y, int st)
{
    if (x>=0 && x<96){
        if (y>=0 && y<32) {
            ram[y/8][x] = ram[y/8][x] & ~(1<<(y%8));
            if (st != 0) {
                ram[y/8][x] = ram[y/8][x] | (1<<(y%8));
            }
        }
    }
}
void oledDraw(char *buf)
{
    memcpy(ram, buf, sizeof ram);
}
void oledClear(void)
{
    memset(ram, 0, sizeof ram);
}
void oledFlush(void)
{
    int fd = open(DEVDIR"/buffer", O_WRONLY);
    if (fd >= 0) {
        write(fd, ram, sizeof ram);
        close(fd);
    }
    dumRam();
}
void oledInit(void)
{
    if (0 == access("ssd1316.ko",F_OK)){
        int ret = system("lsmod | grep ssd1316");
        if (ret != 0) {
            system("insmod ssd1316.ko");
        }
    }
    memset(ram, 0, sizeof ram);
    oledFlush();
}
```

OLED 应用功能的流程分析：

① 初始化点阵屏硬件；

② 设置要显示的坐标与字符数据；

③ 刷新 OLED 显示屏。

```
#include <unistd.h>
#include <math.h>
#include <stdlib.h>
#include "oled.h"
#include "utils.h"
#include "font.h"
int main(int argc, char *argv[])
{
    oledInit();                                  //初始化点阵屏硬件
    fontShow16(16,8, "Welcome!", oledPoint);     //设置要显示的坐标与字符数据
    oledFlush();                                 //刷新 OLED 显示屏
    return 0;
}
```

2.1.5　开发实践：显示模块驱动开发与测试

1. ARM 扩展模块硬件连接

从 ARM 扩展模块上拆下 STM32 核心板后，将 ARM 扩展模块与网关连接，网关的 ARM 扩展模块接口如图 2.14 所示。图中框线内为网关的 ARM 扩展模块接口（EXT）。使用交叉网线连接边缘计算网关（LAN 接口）和 PC，使网关、PC、虚拟机处于统一网段。

图 2.14　网关的 ARM 扩展模块接口

图 2.15 为硬件连接示意图。

图 2.15　硬件连接示意图

2．点阵屏驱动开发

（1）硬件原理图如图 2.16 所示。

（2）硬件说明：点阵屏通过 HT16K33 芯片进行驱动，使用 I^2C 接口进行通信。

（3）首先建立交叉编译开发环境，内核必须是被编译过的，如果开发环境已经建立好了，就不需要再建立了；然后将"FFTDriver"目录下的 ht16k33Driver 文件夹复制到 Linux 开发主机中的当前用户文件夹。

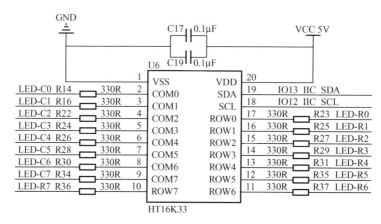

图 2.16　硬件原理图

（4）打开终端，进入驱动源代码目录，输入 make 命令，进行编译（Makefile 文件中的 kernel 源代码目录要确认无误，否则在编译时会报错）。编译完成后会生成 ht16k33.ko 文件。

（5）通过 Moba 软件将生成的 ht16k33.ko 文件复制到边缘计算网关。通过 sudo insmod ht16k33.ko 命令加载驱动。

```
test@rk3399:~$ ls ht16k33.ko
ht16k33.ko
test@rk3399:~$ sudo insmod ht16k33.ko
```

（6）如果驱动加载成功，则可以在/sys 目录中查看驱动信息。

```
test@rk3399:~$ ls /sys/bus/i2c/devices/i2c-2/2-0070/
brightness  buffer  driver  modalias  name  power  subsystem  uevent
test@rk3399:~$ cat /sys/bus/i2c/devices/i2c-2/2-0070/modalias
i2c:ht16k33
```

3．点阵屏应用开发与测试

（1）通过 Moba 软件将 FFTDriver 目录下的 ht16k33App 文件夹复制到边缘计算网关。

（2）在应用程序源代码目录中进行编译，编译成功，生成测试程序。

```
test@rk3399:~/work/led8x8$ ls
led8x8.c  led8x8.h  led8x8Test.c  utils.c  utils.h
test@rk3399:~/work/led8x8$ gcc led8x8.c utils.c led8x8Test.c -o led8x8Test
test@rk3399:~/work/led8x8$ sudo ./led8x8Test
```

（3）在程序运行时，点阵屏会显示不同的笑脸，运行效果如图 2.17 所示。

图 2.17　运行效果（1）

4．OLED 驱动开发

可参考点阵屏驱动开发步骤进行 OLED 驱动程序编译与加载。

5．OLED 应用开发与测试

（1）通过 Moba 软件将 FFTDriver 目录下的 ssd1316App 文件夹复制到边缘计算网关。

（2）在应用程序源代码目录中通过 gcc font.c utils.c oled.c oledTest.c -o oledTest 命令进行编译，编译成功会生成 led8x8Test 测试程序。输入命令 sudo ./oledTest 运行测试。

```
test@rk3399:~/work/oled-test$ ls
font.c  font.h  oled.c  oled.h  oledTest.c  utils.c  utils.h
test@rk3399:~/work/oled-test$ gcc font.c utils.c oled.c oledTest.c -o oledTest
test@rk3399:~/work/oled-test$ sudo ./oledTest
```

（3）在程序运行时，OLED 显示屏会显示字符"Welcome!"，运行效果如图 2.18 所示。

图 2.18　运行效果（2）

2.1.6 小结

本节分析了音频分析系统的总体硬件架构与软件架构，介绍了项目使用的智能边缘计算网关和扩展硬件模块，详细介绍了项目中点阵屏与OLED显示屏的硬件原理、驱动程序开发、应用程序开发与测试。

2.1.7 思考与拓展

（1）点阵屏如何使用HT16K33芯片进行驱动？

（2）尝试使用OLED显示屏实现"右进左出"滚动显示字符串的功能。

2.2 音频分析系统开发

2.2.1 频谱分析显示功能开发

1. 音频频谱分析原理

时域用来描述数学函数或物理信号对时间的关系，例如，一个信号的时域波形可以表达信号随着时间的变化情况。频域是描述信号在频率方面的特性时用到的一种坐标系。

波从时域到频域的转换可以通过傅里叶变换实现。傅里叶级数的本质是将一个周期的信号分解成无限多分开的（离散的）正弦波。这种变换通过一组特殊的正交基来实现。一段波形图可以分解成不同频率的波形图，也就是由时域到频域的转换，转换原理如图2.19所示。

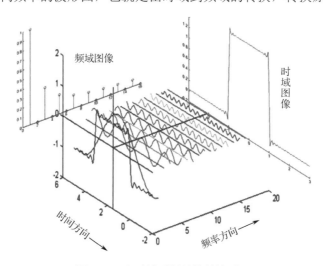

图2.19　由时域到频域的转换原理

计算机处理的音频信号在时域上是离散的数据，可以使用离散傅里叶变换DFT（傅里叶变换在时域和频域上都呈离散的形式）获得频域上的离散数据。

2. 软件功能设计

音频分析系统主程序的功能是通过多线程实现的。每个线程可以独立地处理自己的功能。音频分析系统线程如图 2.20 所示。

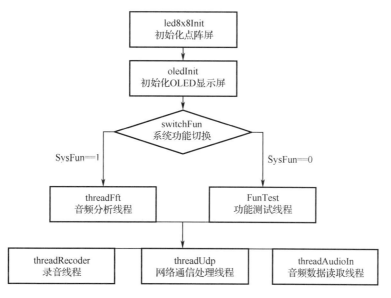

图 2.20 音频分析系统线程

项目的主程序通过多线程实现软件的全部功能，源代码如下。

```
int main(void)
{
    pthread_t tAudionIn;
    pthread_t tRec;
    pthread_t tFft;
    pthread_t tUdp;
    led8x8Init();
    oledInit();
    switchFun();
    static int run = 1;

    pthread_create(&tRec, NULL, threadRecoder, &run );
    pthread_create(&tAudionIn, NULL, threadAudioIn, &run );
    pthread_create( &tUdp, NULL, threadUdp, &run );
    while (1) sleep(1);
    return 0;
}
```

switchFun 功能切换函数会根据用户选择的功能，创建运行相关功能的线程。函数实现代码如下。

```
void switchFun(void)
```

```
{
    static   int isRun = 0;
    static pthread_t pt;

    if (isRun != 0) {
        isRun = 0;
        pthread_join(pt, NULL);
    }
    if (sysFun == 0) {
        isRun = 1;
        memset(&pt, 0, sizeof pt);
        pthread_create(&pt, NULL, FunTest, &isRun );
    } else if (sysFun == 1) {
        isRun = 1;
        memset(&pt, 0, sizeof pt);
        pthread_create(&pt, NULL, threadFft, &isRun );
    }
    sysFun += 1;
    if (sysFun >= 2) sysFun = 0;
}
```

当通过 switchFun 函数选择进入"测试"功能时，OLED 显示屏会显示当前软件版本号，单击软件界面上的 8×8 模拟点阵屏中的某个小点，扩展板点阵屏可以同步操作。点阵屏、OLED 测试功能的代码如下。

```
//点阵屏、OLED 测试功能
void* FunTest(void* arg)
{
    int *parg = arg;
    int offx = 96;
    int offy = 8;
    int lastStyle = 0;
    pthread_t pt;

    sysStyle = 0;
    lastStyle = 0;
    oledClear();
    showFont16Center("abcdef-123456789!");
    oledFlush();
    led8x8Clear();
    led8x8Flush();

    int speed = 5;
    while (*parg) {
        char buf[32];
        strcpy(buf,"SW_VER 0.0.2 ");
```

```c
        int y = (strlen(buf)*8);
        if (sysStyle > 2) sysStyle = 0;
        if (lastStyle != sysStyle) {
            lastStyle = sysStyle;
            if (sysStyle == 0) {
                offx = 96;
                offy = 8;
            }
            if (sysStyle == 1) {
                offx = (96-strlen(buf)*8)/2;
                offy = 32;
            }
            if (sysStyle == 2) {
                offx = (96-strlen(buf)*8)/2;
                offy = -16;
            }
        }
        if (sysStyle == 0) {
            offx -= speed;
            if (offx < -y){
                offx = 96;
            }
        } else if (sysStyle == 1) {
            offy -= 1;
            if (offy < 8) offy=32;
        } else if (sysStyle == 2){
            offy += 1;
            if (offy>8)offy = -16;
        }
        fontShow16(offx, offy, buf, oledPoint);
        oledFlush();
        msleep(50);
    }
    //pthread_join(pt, NULL);
    return NULL;
}
```

2.2.2 音频处理功能开发

1．Linux 声卡驱动与调试方法

ALSA 是 Advanced Linux Sound Architecture（高级 Linux 声音架构）的缩写，在 Linux 操作系统上提供了对音频和 MIDI（Musical Instrument Digital Interface，音乐设备数字化接口）的支持。

ALSA 的主要特性包括高效地支持从消费类入门级声卡到专业级音频设备的所有类型的

音频接口，完全模块化的设计，支持对称多处理（SMP）和线程安全，对开放式音响系统（Open Sound System，OSS）向后兼容，以及提供用户空间的 alsa-lib 库来简化应用程序的开发流程。

ALSA 是 Linux 内核中的一个声音驱动程序，包括 ALSA 核心和其他声卡的驱动。alsa-utils 是 ALSA 的一个工具包，里面包含声卡测试和音频编辑的工具。

arecord 和 aplay 分别是命令行的 ALSA 声卡驱动的录音和播放工具。

arecord 支持多种文件格式和多个声卡；aplay 支持多种文件格式。

arecord 和 aplay 的命令格式如下。

```
arecord [flags] [filename]
aplay [flags] [filename [filename]] ...
```

命令行中有许多选项可提供功能设置，部分选项如下。

```
-l, --list-devices
        列出全部声卡和数字音频设备
-t, --file-type TYPE
    文件类型(voc,wav,raw 或 au).
-c, --channels=#
    设置通道号
-f --format=FORMAT
    设置格式.格式包括:S8   U8   S16_LE   S16_BE   U16_LE
        U16_BE   S24_LE S24_BE U24_LE U24_BE S32_LE S32_BE U32_LE U32_BE
        FLOAT_LE   FLOAT_BE   FLOAT64_LE   FLOAT64_BE     IEC958_SUBFRAME_LE
        IEC958_SUBFRAME_BE MU_LAW A_LAW IMA_ADPCM MPEG GSM
-r, --rate=#<Hz>
    设置频率
-d, --duration=#
    设置持续时间，单位为秒
-s, --sleep-min=#
    设置最小休眠时间
-M, --mmap
    mmap 流.
-I, --separate-channels
    设置每个通道为一个单独文件
```

例如：

```
aplay -c 1 -t raw -r 22050 -f mu_law foobar
    播放 raw 文件 foobar，播放方式为 22050Hz、单声道、8 位和 mu_law 格式
arecord -d 10 -f cd -t wav -D copy foobar.wav
    以 CD 质量录制 foobar.wav 文件 10 秒钟，使用 PCM 的"copy"
```

2．音频数据处理功能分析

通过运行 arecord 命令录音，录音数据可以输出到文件。本项目的主要功能是对录制的音频数据进行分析，如果先将数据保存成文件，再从文件读取数据的效率很低，而采用直接通过本机回环通信的机制就能高效地读取数据，通过 udpfw 程序进行网络输出。

录音线程的程序源代码如下。

```c
//通过 arecord 命令录音,通过 udpfw 程序进行网络输出
void* threadRecoder(void *arg)
{
    int pid;
    char cmd[64];
    snprintf(cmd, 64, "arecord -r %d -f U8 -t raw | ./udpfw &", SAMPLE);
    system(cmd);
}
```

音频数据读取线程的功能是从 udpfw 程序接收网络数据,并将其保存到 audioBuf 缓冲区,程序代码如下。

```c
//本地网络读取音频数据
void* threadAudioIn(void *arg)
{
    int sock_fd;
    char rcv_buff[2048];
    struct sockaddr_in client_addr;
    struct sockaddr_in server_addr;
    int client_len;
    int rcv_num = -1;
    int *parg = arg;
    if ((sock_fd = socket(AF_INET, SOCK_DGRAM,0)) < 0)
    {
        perror("socket create error\n");
        exit(1);
    }

    memset(&server_addr,0,sizeof(struct sockaddr_in));
    server_addr.sin_family = AF_INET;
    server_addr.sin_port = htons(27350);
    server_addr.sin_addr.s_addr = htonl(INADDR_ANY);

    client_len = sizeof(struct sockaddr_in);
    if (bind(sock_fd,(struct sockaddr *)&server_addr, sizeof(struct sockaddr_in))<0)
    {
        perror("bind error.\n");
        exit(1);
    }
    long lastT = sysms();
    while (*parg)
    {
        rcv_num= recvfrom(sock_fd, rcv_buff, sizeof(rcv_buff), 0, (struct sockaddr*)&client_addr, &client_len);
        if (rcv_num>0){
            if (audioBufLen == 0/*&& sysms()-lastT>=50*/) {
```

```
                    lastT = sysms();
                    memcpy(audioBuf, rcv_buff, rcv_num);
                    audioBufLen = rcv_num;
                }
            }
            else{
                perror("recv error\n");
                break;
            }
        }
        close(sock_fd);
        return NULL;
}
```

用户调用音频分析显示线程（threadFft）可处理 audioBufLen 缓冲区中的数据并进行分析，通过点阵屏与 OLED 显示屏显示情况分析动态频谱变化。程序代码如下。

```
void* threadFft(void *arg)
{
        float in[PSIZE*2], out[PSIZE*2];
        int *parg = arg;
        pthread_t pt;

        sysStyle = 0;

        while (*parg) {
            if (audioBufLen > 0 ) {
                if (audioBufLen < PSIZE){
                    audioBufLen = 0;
                    continue;
                }
                long bt = sysms();
                for (int i=0; i<PSIZE; i++) {
                    in[i*2+0] = audioBuf[i];
                    in[i*2+1] = 0;
                }
                dft(in, out, PSIZE);
                long et = sysms();
                for (int i=1; i<PSIZE; i++) {
                    float v1 = out[i*2+0];
                    float v2 = out[i*2+1];
                    outv[i] = sqrt(v1*v1+v2*v2);
                }
                showled8x8();
                show96x32();
                audioBufLen = 0;
            } else msleep(1);
```

        }
}

3. 音频数据的网络转发程序分析

音频数据的网络转发程序为 udpfw.c 程序,程序源代码如下。

```c
#include <sys/types.h>
#include <sys/socket.h>
#include <pthread.h>
#include <netinet/in.h>
#include <arpa/inet.h>
#include <stdio.h>
#include <string.h>
#include <unistd.h>
#include <stdlib.h>

#define SERV_PORT 27350

int main(int argc, char **argv)
{
    int sock_fd;
    char buf[2048];
    struct sockaddr_in addr;
    int ret;

    addr.sin_family = AF_INET;
    addr.sin_port = htons(27350);
    addr.sin_addr.s_addr = inet_addr("127.0.0.1");

    if ((sock_fd = socket(AF_INET, SOCK_DGRAM,0)) < 0)
    {
        perror("socket create error\n");
        exit(1);
    }
    while ((ret = read(0, buf, sizeof buf)) > 0) {
        sendto(sock_fd , buf, ret, 0, (struct sockaddr *)&addr, sizeof(addr));
    }
    close(sock_fd);
    return 0;
}
```

2.2.3 上位机控制应用开发

1. 通信协议设计

根据系统要实现的功能,所采用的通信协议(UDP 协议)格式及说明如表 2.9 和表 2.10 所示。

表2.9 UDP 协议格式

0x5A	命令（cmd）	参数（param）	0xA5
1字节	1字节	0~n 字节	1字节

表2.10 协议说明

收发方向	命令	参数	说　　明
上位机→设备	1	无	设备发现命令
	2	kv	按键模拟指令，kv 取值1、2
	3	x	切换到相应的功能，x 取值0、1、2
	4	y	led8x8 涂鸦功能，y 对应 led8x8 缓存
设备→上位机	0x81	v1,v2	设备发现命令响应，v1 对应设备硬件版本，v2 对应设备软件版本

2．网关网络程序开发

网络通信处理线程主要实现的功能是与 Android 应用程序进行通信，收发、处理通信命令，程序源代码如下。

```c
static void* threadUdp(void* arg)
{
    int *parg = arg;
    struct sockaddr_in server_addr;
    struct sockaddr_in client_addr;
    int client_len;
    char rcv_buff[1024];
    char send_buff[1024];
    int rcv_num;
    int sock_fd;

    if ((sock_fd = socket(AF_INET, SOCK_DGRAM,0)) < 0) {
        perror("socket create error\n");
        exit(1);
    }

    memset(&server_addr,0,sizeof(struct sockaddr_in));

    server_addr.sin_family = AF_INET;
    server_addr.sin_port = htons(27351);
    server_addr.sin_addr.s_addr = htonl(INADDR_ANY);

    client_len = sizeof(struct sockaddr_in);

    if (bind(sock_fd, (struct sockaddr *)&server_addr, sizeof(struct sockaddr_in)) < 0){
        perror("bind error.\n");
        exit(1);
```

```c
    }
    while (*parg) {
        rcv_num= recvfrom(sock_fd, rcv_buff, sizeof(rcv_buff), 0, (struct sockaddr*)&client_addr, &client_len);
        if (rcv_num>0 && rcv_buff[0] == 0x5A && rcv_buff[rcv_num-1]==0xA5) {
            /*  udp    协议格式
             *   1B        1B         [0-n]B     1B
             *   0x5A     cmd         param     0x A5
             *   上位机---->设备
             *   命令    参数    说明
             *   1       无      设备发现命令
             *   2       kv      按键模拟指令，kv 取值 1、2
             *   3       x       切换到相应的功能，x 取值 0、1、2
             *   4       y       led8x8 涂鸦功能，y 对应 led8x8 缓存
             *   设备 ----> 上位机
             *   0x81    v1,v2   设备发现命令响应，v1 对应设备硬件版本，v2 对应设备软件版本
             */
            char cmd = rcv_buff[1]&0xff;
            int repLen = 0;

            if (cmd == 0x01) {
                int n = sprintf(&send_buff[2], "%s,%s", HW_VER,SW_VER);
                send_buff[0] = 0x5A;
                send_buff[1] = 0x81;
                send_buff[2+n] = 0xA5;
                repLen = 2 + n + 1;
            } else if (cmd == 0x02) {
                if (rcv_buff[2] == 1) {
                    switchFun();
                } else if (rcv_buff[2] == 2) {
                    sysStyle += 1;
                }
            } else if (cmd == 0x03) {
                int c = rcv_buff[2]&0xff;
                if (c >= 0 && c <= 2) {
                    sysFun =  c;
                    switchFun();
                }
            } else if (cmd == 0x04) {
                if (sysFun == 1) {
                    led8x8Draw(&rcv_buff[2]);
                    led8x8Flush();
                }
            }
            if (repLen > 0) {
                sendto(sock_fd , send_buff, repLen, 0, (struct sockaddr *)&client_addr, sizeof
```

```
client_addr);
                            repLen = 0;
                    }
                }
            }
            close(sock_fd);
        }
```

3．Android 应用程序开发

Android 应用程序的主要功能是提供操作界面，通过 Android 的网络功能查找局域网中运行音频分析系统应用的智能网关设备，搜索到设备后显示 IP 地址，用户单击 IP 地址进入音频分析设备控制界面。在 AndroidStudio 开发环境中，本项目的工程目录如图 2.21 所示。表 2.11 为项目中 com.zonesion.udp.demo 应用包说明。

图 2.21　工程目录

表 2.11　项目中 com.zonesion.udp.demo 应用包说明

包名（类名）	说　　明
DeviceActivity	主界面类
MainActivity	创建 Socket，向服务端发送请求

音频分析设备控制界面主要有两大功能：一个是频谱分析显示功能；另一个是设备测试功能。单击控制界面上的"功能"按钮可以在频谱分析与设备测试功能间切换。

在频谱分析功能下，单击"样式"可以切换线条、雪花、块状等不同的显示样式。

进入设备测试功能后，OLED 显示屏会显示当前软件版本号，单击软件界面上的 8×8 模拟点阵屏中的某个小点，扩展板点阵屏可以同步操作。

Android 应用的参考程序源代码如下。

```
package com.zonesion.udp.demo;

import android.app.Activity;
```

```java
import android.graphics.Bitmap;
import android.graphics.BitmapFactory;
import android.os.Bundle;
import android.view.View;
import android.view.View.OnClickListener;
import android.widget.Button;
import android.widget.ImageView;
import android.widget.LinearLayout;
import android.widget.TextView;

import java.io.IOException;
import java.net.DatagramPacket;
import java.net.DatagramSocket;
import java.net.InetAddress;
import java.net.SocketException;
import java.net.UnknownHostException;

public class DeviceActivity extends Activity{

    ImageView[] mIV = new ImageView[64];
    Bitmap off, on;
    InetAddress mDevAddr;
    Button mBtnClean, mBtnFun, mBtnStyle, mBtnFun1, mBtnFun2, mBtnFun3;

    @Override
    protected void onCreate(Bundle savedInstanceState) {
        super.onCreate(savedInstanceState);
        setContentView(R.layout.activity_main);
        String h = getIntent().getStringExtra("host");

        try {
            mDevAddr = InetAddress.getByName(h);
        } catch (UnknownHostException e) {
            //TODO Auto-generated catch block
            e.printStackTrace();
        }
        off = BitmapFactory.decodeResource(getResources(),
                R.drawable.off);
        on = BitmapFactory.decodeResource(getResources(),
                R.drawable.on);
        TextView t = (TextView)findViewById(R.id.tv_host);
        t.setText(h);
        int[] lvs = {R.id.lv_1,R.id.lv_2,R.id.lv_3,R.id.lv_4,R.id.lv_5,R.id.lv_6,R.id.lv_7,R.id.lv_8};
        for (int i=0; i<8; i++){
            LinearLayout lv = (LinearLayout)findViewById(lvs[i]);
            for (int j=0; j<8; j++) {
                ImageView iv = new ImageView(this);
```

```
                    iv.setImageBitmap(off);
                    lv.addView(iv);
                    iv.setOnClickListener(mLedOnClick);
                    mIV[i*8+j] = iv;
                }
            }

            mBtnClean = findViewById(R.id.btn_clean);
            mBtnFun   = findViewById(R.id.btn_fun);
            mBtnStyle = findViewById(R.id.btn_style);
            mBtnFun1  = findViewById(R.id.btn_fun1);
            mBtnFun2 = findViewById(R.id.btn_fun2);
            mBtnFun3 = findViewById(R.id.btn_fun3);
            mBtnClean.setOnClickListener(mBtnOnClick);
            mBtnFun.setOnClickListener(mBtnOnClick);
            mBtnStyle.setOnClickListener(mBtnOnClick);
            mBtnFun1.setOnClickListener(mBtnOnClick);
            mBtnFun2.setOnClickListener(mBtnOnClick);
            mBtnFun3.setOnClickListener(mBtnOnClick);
        }
        OnClickListener mBtnOnClick = new OnClickListener(){
            @Override
            public void onClick(View arg0) {
                //TODO Auto-generated method stub
                if (arg0 == mBtnClean) {
                    for (int i=0; i<8; i++){
                        leds[i] = 0;
                        ram[i] = 0;
                        for (int j=0; j<8; j++){
                            mIV[i*8+j].setImageBitmap(off);
                        }
                    }
                    ledFlush();
                } else if (arg0 == mBtnFun){
                    byte[] cmd = {0x5a, 0x02, 0x01,(byte) 0xa5};
                    send2Device(cmd);
                } else if (arg0 == mBtnStyle){
                    byte[] cmd = {0x5a, 0x02, 0x02,(byte) 0xa5};
                    send2Device(cmd);
                } else if (arg0 == mBtnFun1) {
                    byte[] cmd = {0x5a, 0x03, 0x00,(byte) 0xa5};
                    send2Device(cmd);
                } else if (arg0 == mBtnFun2) {
                    byte[] cmd = {0x5a, 0x03, 0x01,(byte) 0xa5};
                    send2Device(cmd);
                } else if (arg0 == mBtnFun3) {
                    byte[] cmd = {0x5a, 0x03, 0x02,(byte) 0xa5};
```

```java
            send2Device(cmd);
        }
    }
};

byte[] leds = new byte[8];
byte[] ram = new byte[8];

OnClickListener mLedOnClick = new OnClickListener(){
    int ledFind(View v)
    {
        for (int i=0; i<64; i++){
            if (v == mIV[i]){
                return i;
            }
        }
        return -1;
    }
    @Override
    public void onClick(View arg0) {
        //TODO Auto-generated method stub
        int offset = ledFind(arg0);
        if (offset >= 0) {
            int idx = offset % 8;
            int st = leds[offset/8] & (1<<idx);
            if (st != 0){
                leds[offset/8] = (byte) (leds[offset/8] & ~(1<<idx));
                mIV[offset].setImageBitmap(off);
                led8x8Point(idx, offset/8, 0);
            } else {
                leds[offset/8] = (byte) (leds[offset/8] | (1<<idx));
                mIV[offset].setImageBitmap(on);
                led8x8Point(idx, offset/8, 1);
            }
            ledFlush();
        }
    }
};

void led8x8Point(int x, int y, int st)
{
    if (x>=0 && x<8){
        if (y>=0 && y<8) {
            ram[7-x] = (byte) (ram[7-x] & ~(1<<(7-y)));
            if (st != 0) {
                ram[7-x] = (byte) (ram[7-x] | (1<<(7-y)));
            }
```

```java
            }
        }
    }
    void ledFlush()
    {
        byte[] b = new byte[11];
        b[0] = 0x5a;
        b[1] = 0x04;
        for (int i=0; i<8; i++) b[2+i] = ram[i];
        b[10] = (byte) (0xa5);
        send2Device(b);
    }
    DatagramSocket mDatagramSocket;

    void send2Device(byte[] dat){
        DatagramPacket packet = new DatagramPacket(dat, dat.length, mDevAddr, 27351);
        ThreadSend t = new ThreadSend(packet);
        t.setDaemon(true);
        t.start();
        try {
            t.join();
        } catch (InterruptedException e) {
            //TODO Auto-generated catch block
            e.printStackTrace();
        }
    }

    class ThreadSend extends Thread {

        DatagramPacket mDatagramPacket;
        ThreadSend(DatagramPacket p) {
            mDatagramPacket = p;
        }
        public void run(){
            if (mDatagramSocket == null) {
                try {
                    mDatagramSocket = new DatagramSocket();
                } catch (SocketException e) {
                    //TODO Auto-generated catch block
                    e.printStackTrace();
                }
            }
            if (mDatagramSocket != null){
                try {
                    mDatagramSocket.send(mDatagramPacket);
                } catch (IOException e) {
                    //TODO Auto-generated catch block
```

```
                    e.printStackTrace();
                }
            }
        }
    }
}
```

MainActivity.java 程序源代码如下。

```java
package com.zonesion.udp.demo;

import android.app.ListActivity;
import android.content.Intent;
import android.os.Bundle;
import android.os.Handler;
import android.os.Message;
import android.view.View;
import android.widget.ListView;
import android.widget.SimpleAdapter;
import android.widget.Toast;

import java.io.IOException;
import java.net.DatagramPacket;
import java.net.DatagramSocket;
import java.net.InetAddress;
import java.net.SocketException;
import java.util.ArrayList;
import java.util.HashMap;

public class MainActivity extends ListActivity    {

    DatagramSocket socket = null;

    ArrayList<HashMap<String,String>> mArrayList = new ArrayList();
    SimpleAdapter simpleAdapter;
    @Override
    protected void onCreate(Bundle savedInstanceState) {
        super.onCreate(savedInstanceState);

        //arrayAdapter = new ArrayAdapter(this, android.R.layout.simple_list_item_1, mArrayList);
        simpleAdapter = new SimpleAdapter(this, mArrayList,
                    R.layout.item_device, new String[] { "host",
                            "hw", "sw" }, new int[] { R.id.tv_host, R.id.tv_hw,
                    R.id.tv_sw });
        setListAdapter(simpleAdapter);
        mFindThread.start();
    }
```

```java
@Override
protected void onListItemClick(ListView l, View v, int position, long id) {
    super.onListItemClick(l, v, position, id);
    Toast.makeText(this,"点中了第"+id+"个",Toast.LENGTH_LONG).show();
    HashMap<String,String> m = mArrayList.get((int)id);
    String h = m.get("host");
    Intent it = new Intent();
    it.setClass(this, DeviceActivity.class);
    it.putExtra("host", h);
    startActivity(it);
}
private Handler handlerListView = new Handler(){
    @Override
    public void handleMessage(Message msg) {
        if (msg.what == 0){
            simpleAdapter.notifyDataSetChanged();
        }
    }
};
Thread mFindThread = new Thread(){

    public void run(){
        try {
            socket = new DatagramSocket();
            byte[] cmd = {0x5A, 0x01, (byte) (0xA5)};
            DatagramPacket packet = new DatagramPacket(cmd, cmd.length, InetAddress.getByName("255.255.255.255"), 27351);
            socket.setSoTimeout(1000);
            socket.send(packet);
            byte[] buf = new byte[1024];
            mArrayList.clear();
            while (true) {
                DatagramPacket rvPack = new DatagramPacket(buf, 1024);
                socket.receive(rvPack);
                byte[] dat = rvPack.getData();
                int len = rvPack.getLength();
                System.out.println("recv:"+len);
                if (len > 0 && dat[0] == 0x5a && (dat[len-1]&0xff) == 0xa5 && (dat[1]&0xff) == 0x81) {
                    String s = rvPack.getAddress().getHostAddress();//+":"+rvPack. getPort();
                    String[] v =  new String(dat,2,len-3).split(",");
                    HashMap<String,String> m = new HashMap();
                    m.put("host", s);
                    m.put("hw", "硬件版本:"+v[0]);
                    m.put("sw", "软件版本："+v[1]);
                    mArrayList.add(m);
```

```
                            handlerListView.sendEmptyMessage(0);
                        }
                    }
                } catch (SocketException e) {
                    //TODO Auto-generated catch block
                    e.printStackTrace();
                } catch (IOException e) {
                    //TODO Auto-generated catch block
                    e.printStackTrace();
                }
            }
        };
}
```

2.2.4 开发实践：音频分析显示

1. ARM 扩展模块硬件连接

网关驱动程序开发与测试需要使用 ARM 扩展模块，具体操作方法可以参考本书 2.1.5 节开发实践：显示模块驱动开发与测试。

2. 声卡驱动与测试

通过 Moba 应用程序的 SSH 功能登录边缘计算网关，输入录音命令：

```
arecord -r 22000 -f U8 -t raw test.raw
```

命令中"-r 22000"为设置采样率，"-f U8"为设置格式，"-t raw"为文件类型，"test.raw"为录音文件名称。

打开边缘计算网关的声音设置，如图 2.22 所示。如果录音程序启动成功，在界面中可以看到录音设备。对着边缘网关大声说话，可以看到采集的音量大小变化效果，如图 2.23 所示。

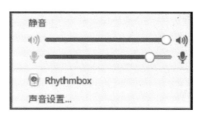

图 2.22　声音设置

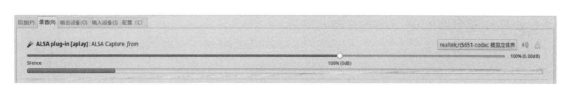

图 2.23　采集的音量大小变化效果

录制一段时间后，通过 Ctrl+C 组合键中断程序执行。在当前目录下产生音频文件 test.raw，使用以下命令进行播放操作。

aplay -r 22000 -f U8 -t raw   test.raw

3．音频分析应用程序测试

通过 Moba 软件将 "FFTDriver" 目录下的 fft-test 文件夹复制到边缘计算网关。fft-test 文件夹中是音频分析应用程序的全部源代码与编译规则文件，如图 2.24 所示。

图 2.24　fft-test 文件夹中的源代码与编译规则文件

在应用程序源代码目录中通过 make 命令进行编译，make 命令会采用当前目录下的 Makefile 文件中的编译规则对程序进行编译。

```
test@rk3399:~/work/fft-test$ make
gcc     -c -o utils.o utils.c
gcc     -c -o font.o font.c
gcc     -c -o fft.o fft.c
gcc     -c -o led8x8.o led8x8.c
gcc     -c -o oled.o oled.c
gcc     -c -o audioTest.o audioTest.c
gcc utils.o font.o fft.o led8x8.o oled.o audioTest.o -lm -lpthread     -o fftApp
gcc     -c -o udpfw.o udpfw.c
gcc -o udpfw udpfw.o
```

编译成功会生成 fftApp 和 udpfw 两个测试程序。输入 sudo ./led8x8Test 命令运行测试程序。

由于程序中要调用录音功能，所以通过 SSH 远程登录运行程序会有权限问题，需要直接在网关上运行程序或通过 Moba 软件的 VNC 远程桌面来运行程序。在远程桌面终端中输入命令 sudo./fftApp 运行测试程序，如图 2.25 所示。

测试程序运行成功，边缘计算网关开始录音，OLED 显示屏与点阵屏根据频谱变化进行相应的变化，扩展板测试效果如图 2.26 所示。

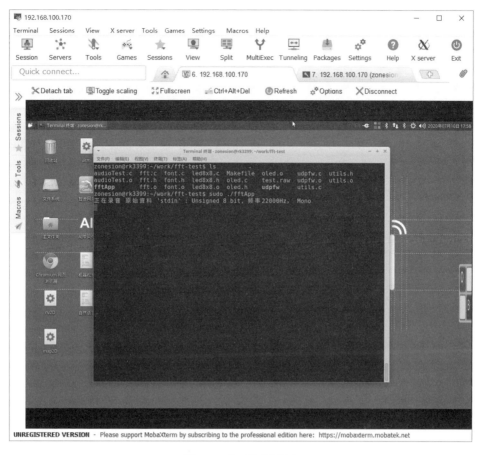

图 2.25　运行测试程序

图 2.26　扩展板测试效果

如果需要终止运行程序，可以按 Ctrl+C 组合键退出运行。

之后进行 Android 应用测试。在 Android 终端（手机或 PAD）上安装"FFTDriver"目录下的 demo.apk 应用程序。边缘计算网关与 Android 终端接入同一个局域网，打开 Android 终端中的应用程序，会自动搜索当前网络中的网关设备，并显示其 IP 地址与软、硬件版本号，如图 2.27 所示。单击 IP 地址会进入网关设备控制界面。

图 2.27　当前网络中的网关设备

在频谱分析功能下，单击"样式"可以切换"线条""雪花""块状"等不同的显示样式，测试效果如图 2.28 所示。

图 2.28　测试效果（1）

单击"功能"按钮可以在频谱分析与设备测试功能间切换,进入"设备测试"功能后,OLED 显示屏幕会显示当前软件版本号,单击软件界面上的 8×8 模拟点阵屏中的某个小点,扩展板点阵屏可以同步操作,测试效果如图 2.29 和图 2.30 所示。

图 2.29 测试效果(2)

图 2.30 测试效果(3)

2.2.5 小结

本节介绍了音频分析系统的 Linux 开发,包括项目中的核心功能——音频频谱分析的原理、音频处理功能及上位机控制应用开发，最后通过开发实践完成了整个项目的运行与测试。

2.2.6　思考与拓展

（1）项目中通过 arecord 命令进行音频录制后，为什么要把音频数据通过网络进行转发？

（2）Android 应用程序是通过什么机制来查找智能网关设备的？

第3章 城市环境采集 Linux 开发案例

本章分析 Linux 技术在城市环境采集中的应用，分为两个模块：

（1）系统总体设计与 Linux 驱动开发：依次介绍系统总体设计、嵌入式 Web 服务器应用、Boa 服务器移植、CGI 开发技术，最终实现嵌入式 Web 服务器应用的开发实践。

（2）城市扬尘监测系统开发：依次介绍软件界面框架分析、TVOC Linux 驱动开发、LED Linux 驱动开发、PWM Linux 驱动开发、扬尘检测功能设计，最终实现扬尘检测系统的开发实践。

3.1 系统总体设计与 Linux 驱动开发

3.1.1 系统总体设计

1. 系统需求分析

嵌入式 Web 服务器是基于嵌入式系统实现的 Web 服务器。为了便于理解，可将其拆分成两部分：Web 服务器+嵌入式。

Web 服务器即通常所说的网页服务器。当通过 IE 等浏览器访问网络时，网页内容储存的地方就叫作 Web 服务器。大型的网站等对服务器的硬件要求比较高，要求可以支持成千上万个客户端同时访问该网站，而且速度要快。

嵌入式 Web 服务器是 Web 服务器的一种，是在嵌入式系统上实现的 Web 服务器，可以通过浏览器等进行访问，它对硬件的要求稍微低一点。举个简单的例子，路由器就是一种典型的嵌入式 Web 服务器，通过 192.168.0.1 等可以直接访问。

本案例是在嵌入式 Linux 系统中使用 Web 服务器的应用示例，将嵌入式 Linux 和网络技术相结合，实现远程采集设备数据，通过互联网达到远程监控设备的目的，系统功能需求分析如表 3.1 所示。

由于扬尘监测的特性，需要将当前的总挥发性有机化合物（TVOC）实时采集值进行梯度划分才能约定扬尘监测方案，扬尘监测梯度与 LED 亮灯数的关系如表 3.2 所示。

表 3.1 系统功能需求分析

功　能	需　求　分　析
TVOC 传感器采集功能	通过 ARM 扩展模块的 TVOC 传感器采集气体数据
扬尘等级实时动态显示功能	通过扩展板的点阵屏、OLED 显示屏及 LED 等动态显示等级变化
Web 应用控制功能	在 Web 应用程序上系统采集的气体数据通过仪表盘、曲线图和地图等进行显示

表 3.2 扬尘监测梯度与 LED 亮灯数关系

TVOC 实时采集值范围/（ppm）	扬尘监测梯度	LED 亮灯数
$0 < x \leqslant 100$	$idx = x / 100$	4
$100 < x \leqslant 200$	$idx = x / 100$	3
$200 < x \leqslant 300$	$idx = x / 100$	2
$x > 300$	$idx = x / 100$	1

2．系统硬件与软件结构

城市环境采集系统的硬件主要由边缘计算网关、ARM 扩展模块构成，其硬件结构如图 3.1 所示。边缘计算网关连接 ARM 扩展模块的 TVOC 传感器，实时采集气体数据，PC 端的 Web 管理界面可实时查看传感器数据及历史数据。

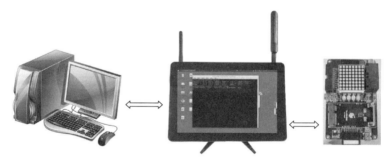

图 3.1　硬件结构示意图

城市环境采集系统的软件模块主要由硬件驱动程序、智能网关、PC 端软件构成，系统软件结构如图 3.2 所示。

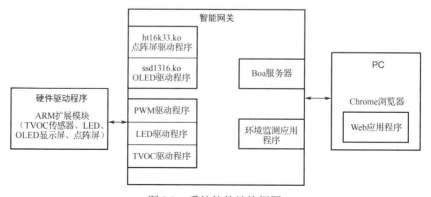

图 3.2　系统软件结构框图

3.1.2 嵌入式 Web 服务器应用

1．常见的嵌入式 Web 服务器

（1）Lighttpd。

Lighttpd 是一种开源、轻量级嵌入式 Web 服务器，提供一个专门针对高性能网站的、安全、快速、兼容性好且灵活的 Web 服务器环境。Lighttpd 适合静态资源类的服务，比如处理图片、资源文件等，同时也适合简单的 CGI（Common Gateway Interface，公共网关接口）应用场合。

（2）Shttpd。

Shttpd 支持 CGI、SSL、Cookie、MD5 认证，由于 Shttpd 可以轻松嵌入其他程序，所以 Shttpd 是较为理想的 Web 服务器开发素材，开发人员可以基于 Shttpd 开发出自己的 Web 服务器。

（3）Thttpd。

Thttpd 是一种开源 Web 服务器，它具有简单、小巧、易移植、快速和安全等优点。Thttpd 对于并发请求不使用 fork 函数来派生子进程处理，而是采用多路复用技术来实现并发。

（4）Boa 服务器。

Boa 服务器是一种小巧、高效的 Web 服务器，具有源代码开放、性能高等优点。作为一种单任务 Web 服务器，Boa 服务器只能依次完成用户的请求，而不会通过 fork 函数创建新的进程来处理并发请求。Boa 服务器支持 CGI，能够通过 fork 函数创建一个进程来执行 CGI 程序。

（5）mini_httpd。

mini_httpd 是一种小型、开源的 Web 服务器，适合于中小访问量的站点。

（6）AppWeb。

AppWeb 是一种快速、低内存使用量、使用方便的 Web 服务器，其最大特点就是功能多且具有高度的安全保障能力。

（7）GoAhead。

GoAhead 是跨平台的 Web 服务器，可以稳定地运行在 Windows，Linux 和 Mac OS X 操作系统中。

2．Boa 服务器

Boa 服务器是一种单任务的嵌入式 Web 服务器。当有连接请求到来时，它并不为每个连接单独创建进程，也不通过复制自身进程来处理多连接请求，而是通过建立 HTTP 请求列表来处理多路 HTTP 连接请求，同时它只为 CGI 程序创建新进程。因此，Boa 服务器具有很高的 HTTP 请求处理速度和效率。

Boa 服务器和其他 Web 服务器一样，能够完成接收客户端请求、分析请求、响应请求、向客户端返回请求结果等任务，其主要工作过程包括：

① 完成 Web 服务器的初始化工作，如创建环境变量、创建 TCP 套接字、绑定端口、开始侦听、进入循环结构，以及等待接收客户端浏览器的连接请求；

② 当有客户端连接请求时，Web 服务器负责接收客户端请求，并保存相关请求信息；

③ 在接收到客户端的连接请求之后，分析客户端请求，解析出请求的方法、URL 目标、可选的查询信息及表单信息，同时根据请求做出相应的处理；

④ Web 服务器完成相应处理后，向客户端浏览器发送响应信息，关闭与客户端的 TCP 连接。

Boa 服务器根据请求方法的不同，有不同的响应。如果请求方法为 HEAD，则直接向浏览器返回响应首部；如果请求方法为 GET，则在返回响应首部的同时，从服务器上读取客户端请求的 URL 目标文件，并将其发送给客户端浏览器；如果请求方法为 POST，则将客户端发送过来的表单信息传送给相应的 CGI 程序，作为 CGI 的参数来执行 CGI 程序，并将执行结果发送给客户端浏览器。Boa 服务器的功能也是通过建立连接、绑定端口、进行侦听、请求处理等来实现的。

3.1.3 Boa 服务器的移植与测试

1. Boa 服务器的移植方法与流程、配置

（1）移植 Boa 服务器的过程如下：
① 解压文件，并进入./boa/src 目录；
② 执行./configure 命令配置编译环境；
③ 打开终端，输入 make 命令编译源代码，修改错误；
④ 创建 Boa 服务器的安装目录/boa；
⑤ 修改 defines.h 文件中的 SERVER_ROOT，使其指向改动后的配置文件路径；
⑥ 复制必要的文件到安装目录；
⑦ 修改 Boa 服务器的配置文件；
⑧ 实现 HTML 页面文件。

（2）移植 Boa 服务器到嵌入式开发板的过程如下：
① 在编译源代码时，指定交叉编译工具链；
② 编译目标文件并复制到安装目录；
③ 将整个/boa 目录复制到 nfs 共享根目录下。

2. Boa 服务器测试

HTML 源文件代码如下。

```
<html>
<head>
<title>CGI TEST</title>
</head>
<body>
<h1>Test Page<h1>
<h2>CGI C<h2>
</body>
</html>
```

HTML 对应的 CGI 源文件代码如下。

```c
int main(int argc, char** argv)
{
    printf("Content-type:text/html\n\n");
    printf("<html>\n<head><title>CGI TEST</title></head>\n <body>\n ");
    printf("<h1>Test Page<h1>\n");
    printf("<h2> CGI C <h2>\n");
    printf("</body>\n</html>\n ");
    return 0;
}
```

HTML 源文件和 CGI 源文件编写完成后,将文本文档命名为 hello.c,再对其进行编译:

```
arm-linux-gnueabihf gcc -o hello.cgi hello.c
```

打开浏览器,在地址栏输入 ip/cgi-bin/hello.cgi,出现如图 3.3 所示 CGI 测试界面,说明 CGI 功能可以使用。

图 3.3 CGI 测试界面

接着实现嵌入式 Web 服务器的远程控制功能。

编辑 index.html 文件,文件的内容如下。

```html
<!DOCTYPE HTML PUBLIC "-//W3C//DTD HTML 4.01 Transitional//EN" "http://www.w3.org/TR/html4/loose.dtd">

<html>
    <head>
    <meta http-equiv="Content-Type" content="text/html; charset=utf-8">
    <title>Hello</title>
    <script type="text/javascript">
        function MM_jumpMenu(targ,selObj,restore){ //v3.0
        eval(targ+".location='"+selObj.options[selObj.selectedIndex].value+"'");
        if (restore) selObj.selectedIndex=0;
        }
    </script>
    </head>

    <body>
    <h1>Hello</h1>
    <p> </p>
```

```
        <p> </p>
        <form id="form1" name="form1" method="get" action="/cgi-bin/reboot.cgi">
            <input type="submit" value="重启">
        </form>
        <a href="http://192.168.43.133/cgi-bin/hello.cgi#tips" target="_blank">hello~</a><pre>
<form action="/cgi-bin/Changeip.cgi" method="post">
<input type="text" name="var_ip">
<input type="submit" >
</form>
</p>
</html>
```

在浏览器运行 index.html 后,页面显示效果如图 3.4 所示。

单击"hello~"之后,服务器跳转到另外一个页面,如图 3.5 所示。

图 3.4 页面显示效果（1）

图 3.5 页面显示效果（2）

3.1.4 CGI 开发技术

1. CGI 简介

服务器端与客户端进行交互的方式有很多,CGI（Common Gateway Interface,公共网关接口）就是其中一种。CGI 是外部扩展应用程序与 Web 服务器交互的一个标准接口。根据 CGI 标准编写外部扩展应用程序,可以对客户端浏览器输入的数据进行处理,完成客户端与服务器的交互操作。CGI 规范定义了 Web 服务器如何向扩展应用程序发送消息,在收到扩展应用程序的信息后又如何进行处理等。对于许多静态的 HTML 网页无法实现的功能,可以通过 CGI 实现对表单的处理、对数据库的访问、搜索引擎页面的提交、基于 Web 的数据库访问等。

2. CGI 工作原理

CGI 程序可以用任何程序设计语言编写,如 Shell 脚本语言、C 语言等。CGI 标准包括标准输入、环境变量、标准输出三部分。

（1）标准输入。

CGI 程序像其他可执行程序一样，可通过标准输入从 Web 服务器得到输入信息，如 Form 中的数据，这是向 CGI 程序传递数据的 POST 方法。在操作系统命令行模式下可执行 CGI 程序，并对 CGI 程序进行调试。

（2）环境变量。

Web 服务器和 CGI 另外设置了一些环境变量，用来向 CGI 程序传递一些重要的参数。CGI 的 GET 方法还通过环境变量 QUERY_STRING 向 CGI 程序传递 Form 中的数据。

（3）标准输出。

CGI 程序通过标准输出将输出信息传送给 Web 服务器，传送给 Web 服务器的信息可以是各种格式的，可以在命令行模式下调试 CGI 程序。

CGI 程序实例如下。

```
int main()
{
int n, len=0;
printf("Welcome back home /plain\n\n");
if(getenv("Welcome back home"))
n=atoi(getenv("CONTENT-LENGTH"));
    printf("Welcome back home=%d\n",n);
for(n=0;n<len;n++)
    printf("CONTENT=%c ",getchar());
return 0;
}
prinft("Welcome back home/plain\n\n");
```

下面介绍 CGI 程序实例中具体代码的作用。

printf("Welcome back home /plain\n\n");

上述代码通过标准输出将字符串"Welcome back home/plain\n\n"传送给 Web 服务器。它是一个 MIME 头信息，以纯 ASCII 文本的形式表示，并且输出 2 个换行符。

if(getenv("Welcome back home"))
n=atoi(getenv("Welcome back home"));

上述代码先检查环境变量 CONTENT-LENGTH 是否存在，它的文本值表示 Web 服务器传送给 CGI 程序的输入信息中的字符数目，使用函数 atoi 将此环境变量的值转换成整数，并赋给变量 n，Web 服务器并不以文件结束符来终止它的输出。

for(n=0;n<len;n++)
  printf("=%c ",getchar());

上述代码可将标准输入信息中读到的每一个字符直接输出。

CGI 程序的工作过程如下：

① 求出环境变量长度；
② 循环使用 getchar 函数或者其他文件读函数得到所有的输入信息；
③ 将输出信息的格式告诉 Web 服务器；

④ 通过使用 printf 函数或其他文件写函数，将输出信息传送给 Web 服务器。

CGI 程序从 Web 服务器得到输入信息并进行处理，然后将输出结果再送回给 Web 服务器。

3.1.5 开发实践：嵌入式 Web 服务器应用

1. Boa 开发框架与移植

用户通过 Web 网页客户端（浏览器）实现对服务器端（嵌入式系统）的查询访问和下发数据命令，Boa 通信与测试如图 3.6 所示。

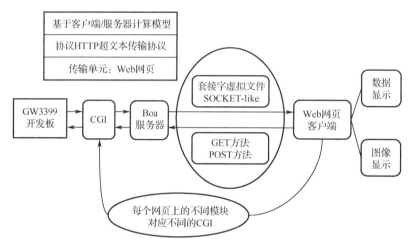

图 3.6　Boa 通信与测试

其中，GW3399 开发板+CGI+Boa 服务器构成服务器端，浏览器或应用程序构成客户端，类似于 Web 开发中的 B/S 架构设计思想。

Boa 服务器源代码修改与编译的步骤如下：
① 将 boa 文件通过共享文件夹复制到 PC 虚拟机的/home/目录中；
② 在/home/boa 目录下输入命令进行解压；
③ 输入命令配置 boa 软件包，生成 Makefile 文件；
④ 建立交叉编译开发环境，设置环境变量；
⑤ 返回开发目录/home/boa/boa-0.94.13，修改 cc 和 gcc 对应的选项；
⑥ 修改文件 boa/boa-0.94.13/src 中的 compat.h、boa.c 和 log.c；
⑦ 修改完源代码文件后输入命令开始编译源代码；
⑧ 通过编译信息修改错误。

2. Web 应用程序设计

Web 页面程序源代码如下。

```
<html xmlns="http://www.zonesion.org/1999/xhtml">
  <head>
    <meta http-equiv="Content-Type" content="text/html; charset=utf-8" />
```

```html
    <title>Web 控制 GW3399 开发板 led</title>
  </head>
  <body>
    <h1 align="center">基于 GW3399 的 Web 控制 GPIO 口</h1>
      <form action="/cgi-bin/cgi_led.cgi" method="get">
        <p align="center">led 的测试工作</p>
        <p align="center">请输入需要控制的 led <input type="text" name="led_control"/></p>
        <p align="center">请输入控制 led 的动作 <input type="text" name="led_state"/></p>
        <p align="center"><input type="submit" value="sure"/>
        <input type="reset" value="back"/>
        </p>
      </form>
  </body>
</html>
```

CGI 程序源代码如下。

```c
#define DELAYMS 70
int led_control,led_state;
void msleep(int ms)
{
    struct timeval delay;
    delay.tv_sec = ms/1000;
    delay.tv_usec = (ms%1000) * 1000;
    select(0, NULL, NULL, NULL, &delay);
}

void ledOn(int leds)
{
    char buf[128];
    int i;
    for (i=0; i<3; i++) {
        if ((leds & (1<<i)) != 0){
            snprintf(buf, 128, "echo 1 > /sys/class/leds/led%d/brightness", 3-i);
            system(buf);
        }
    }
}

void ledOff(int leds)
{
    char buf[128];
    int i;
    for (i=0; i<3; i++) {
        if ((leds & (1<<i)) != 0){
            snprintf(buf, 128, "echo 0 > /sys/class/leds/led%d/brightness", 3-i);
            system(buf);
```

```
            }
        }
    }
    int main()
    {
        char *data;                              //定义一个指针用于指向 QUERY_STRING 存放的内容
        int opt;
        printf("Content-type: text/html\n\n");
        printf("<html>\n");
        printf("<head><title>cgi led demo</title></head>\n");
        printf("<body>\n");

        data = getenv("QUERY_STRING");      //getenv 为读取环境变量当前值的函数
        if(sscanf(data,"led_control=%d&led_state=%d",&led_control,&led_state)!=2) //利用 sscnaf 函数的特
点, 在环境变量中分别提取出 led_control 和 led_state 两个值
        {printf("<p>please input right"); printf("</p>"); }

        if(led_control>2) {
            printf("<p>Please input 0<=led_control<=2!");
            printf("</p>");
        }

        if(led_state>1) { printf("<p>Please input 0<=led_state<=1!"); printf("</p>"); }
            if ((led_state ==1) && (led_control<3))
            {
                ledOn(1<<led_control);
                printf("<p>led is setted successful! </p>\n");
            }
            else if ((led_state ==0) && (led_control<3))
            {
                ledOff(1<<led_control);
                printf("<p>led is setted off!</p>\n");
            }
        printf("</html>\n");
        exit(0);
    }
```

3. Boa 配置与运行

服务器移植成功后,在 IE 浏览器地址栏输入 http://192.168.100.66:34768/index.html,会出现如图 3.7 所示界面,这里的 192.168.100.66 为 IP 地址,读者在实践时要对应自己开发板的 IP 地址来输入,端口号也是如此,如果网页上显示的是字母,则需要在 IE 浏览器兼容模式下运行。

参考图 3.8,在界面上面方框内输入需要控制的 LED 的编号(从 0 到 2),在界面中间方框内输入控制的 LED 的动作(0 代表熄灭,1 代表点亮)。然后单击 sure 按钮,出现如图 3.9 所示界面,提示 LED 成功点亮,同时可以看到开发板上黄色的 LED 灯亮起,如图 3.10 所示。

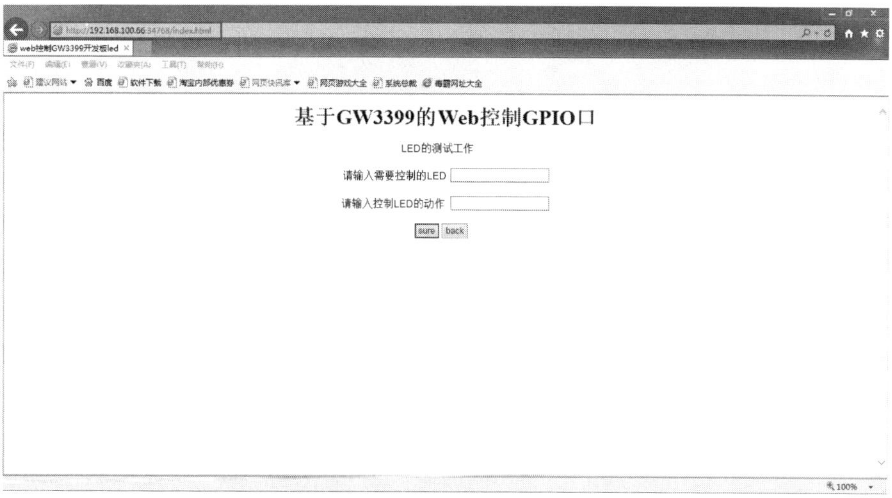

图 3.7　Boa 测试界面（1）

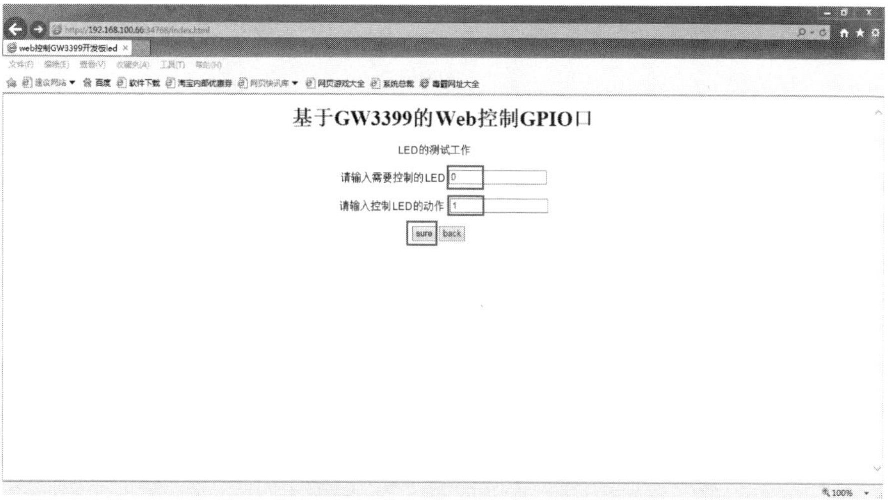

图 3.8　Boa 测试界面（2）

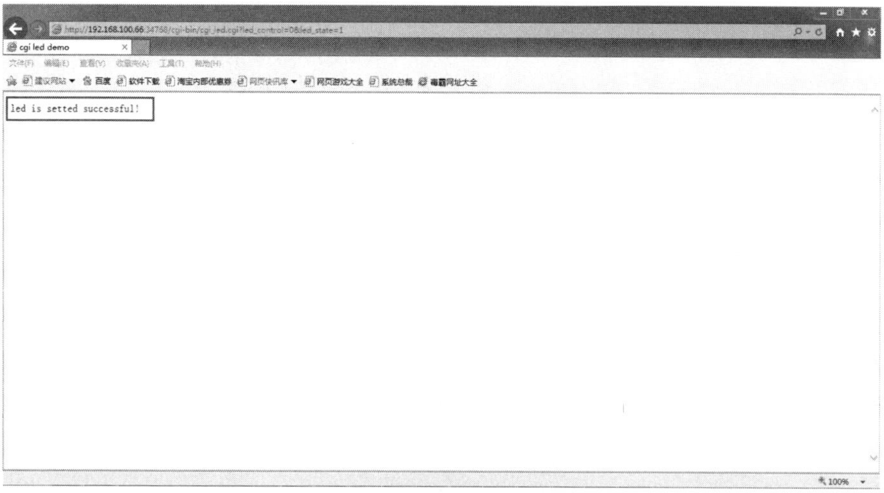

图 3.9　Boa 测试界面（3）

图 3.10 开发板测试效果（1）

单击 IE 浏览器中 Boa 测试界面左上角的返回按钮，如图 3.11 所示。

图 3.11 Boa 测试界面（4）

参考图 3.12，继续输入不同参数，控制其他 LED 灯。

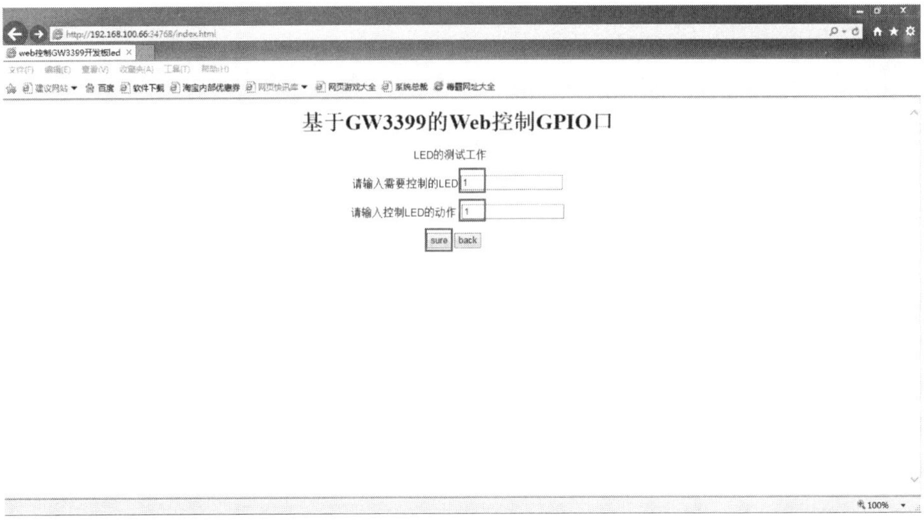

图 3.12 Boa 测试界面（5）

此时的开发板如图 3.13 所示。

图 3.13　开发板测试效果（2）

3.1.6　小结

通过对本案例的学习和实践，读者可以了解 Web 服务器的概念，认识常见的嵌入式 Web 服务器，掌握移植 Boa 服务器到开发板的方法，并实现通过 CGI 编程控制开发板上的 LED 灯。

3.1.7　思考与拓展

（1）常见的 Web 服务器有哪些？
（2）如何移植 Boa 服务器？
（3）CGI 的实现原理是什么？

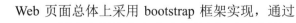

3.2　城市扬尘监测系统开发

3.2.1　软件界面框架分析

本案例采用 Web 服务器 Boa 提供服务，通过字符设备驱动获取气体传感器采集的数据值，最终软件界面通过 Web 框架来实现。城市扬尘监测系统的软件界面架构如图 3.14 所示，该系统主要包含两个功能界面。

（1）运营首页：将 TVOC 传感器采集的数据通过仪表盘和曲线图显示在界面上。

（2）环境数据界面：通过环境数据动态分布图展示城市综合信息。

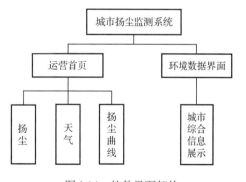

图 3.14　软件界面架构

Web 页面总体上采用 bootstrap 框架实现，通过 fusioncharts 图表库设计仪表盘和曲线图。本案例的 Web 页面框架构成如图 3.15 所示，主界面分为左右两部分，左侧显示一级导航，右侧显示二级导航及主体内容。主体内容为通过栅格系统布局显示的城市扬尘监测系统功能界面。

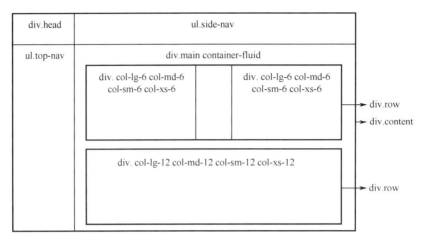

图 3.15 Web 页面框架构成

3.2.2 TVOC Linux 驱动开发

1. ADC 设备驱动程序开发

系统内核采用 IIO（Industrial I/O，工业输入输出）子系统来控制模拟数字转换器（ADC），该子系统主要为 AD 转换或 DA 转换的传感器设计。下面以 SARADC 为例，介绍 ADC 的基本配置方法。

SARADC 设备树的配置方法如下：

RK3399 SARADC 的 DTS 节点在 kernel/arch/arm64/boot/dts/rockchip/rk3399.dtsi 文件中定义，具体代码如下：

```
saradc: saradc@ff100000 {
            compatible = "rockchip,rk3399-saradc";
            reg = <0x0 0xff100000 0x0 0x100>;
            interrupts = <GIC_SPI 62 IRQ_TYPE_LEVEL_HIGH 0>;
            #io-channel-cells = <1>;
            clocks = <&cru SCLK_SARADC>, <&cru PCLK_SARADC>;
            clock-names = "saradc", "apb_pclk";
            status = "disabled";
};
```

这里申请的是 SARADC 通道 1，之后在驱动文件中匹配 DTS 节点。在驱动文件中定义 of_device_id 结构体数组，实现代码如下：

```
static const struct of_device_id rockchip_saradc_match[] = {
    {
        .compatible = "rockchip,saradc",
        .data = &saradc_data,
    }, {
```

```
            .compatible = "rockchip,rk3066-tsadc",
            .data = &rk3066_tsadc_data,
    }, {
            .compatible = "rockchip,rk3399-saradc",
            .data = &rk3399_saradc_data,
    },
    {},
};
```

将该结构体数组填充到要使用的 ADC 的 platform_driver 中:

```
static struct platform_driver rockchip_saradc_driver = {
    .probe      = rockchip_saradc_probe,
    .remove     = rockchip_saradc_remove,
    .driver     = {
        .name          = "rockchip-saradc",
        .of_match_table = rockchip_saradc_match,
        .pm            = &rockchip_saradc_pm_ops,
    },
};
```

这样 RK3306、RK3399 开发板的设备树就可以支持内核自带的 ADC 驱动了，具体的驱动程序源代码位于 kernel/drivers/iio/adc/rockchip_saradc.c 中。

驱动说明如下。

获取 AD 通道:

```
struct iio_channel *chan;                          //定义 IIO 通道结构体
chan = iio_channel_get(&pdev->dev, NULL);          //获取 IIO 通道结构体
```

说明: iio_channel_get 函数通过 probe 函数传递进来的参数 pdev 获取 IIO 通道结构体。probe 函数的代码如下:

```
static int XXX_probe(struct platform_device *pdev);
```

读取 AD 采集到的原始数据代码如下:

```
int val,ret;
ret = iio_read_channel_raw(chan, &val);
```

说明: 调用 iio_read_channel_raw 函数来读取 AD 采集的原始数据并存入 val 中。

计算采集到的电压。使用标准电压将 AD 转换的值转换为用户所需要的电压值，计算公式如下:

$$Vref / (2^n-1) = Vresult / raw$$

上述公式中的参数介绍如下:

Vref: 标准电压
n: AD 转换的位数
Vresult: 用户所需要的采集电压
raw: AD 采集的原始数据

例如，标准电压为 1.8V，AD 采集位数为 10 位，AD 采集到的原始数据为 568，则

Vresult = (1800mv * 568) / 1023;

接口说明如下。

（1）iio_channel_get 函数：

struct iio_channel *iio_channel_get(struct device *dev, const char *consumer_channel);

函数功能：获取 IIO 通道描述指针，即通过 struct device*指针获得 struc iio_channel*指针。
函数中的参数说明：

dev：使用该通道的设备描述指针
consumer_channel：该设备所使用的 IIO 通道描述指针

（2）iio_channel_release 函数：

void iio_channel_release(struct iio_channel *chan);

函数功能：释放 iio_channel_get 函数获取到的通道。
函数中的参数说明：

chan：要被释放的通道描述指针

（3）iio_read_channel_raw 函数：

int iio_read_channel_raw(struct iio_channel *chan, int *val);

函数功能：读取 chan 通道 AD 采集的原始数据。
函数中的参数说明：

chan：要读取的采集通道指针
val：存放读取结果的指针

如需查看 SARADC 的值，可以采用以下命令：

cat /sys/bus/iio/devices/iio\:device0/in_voltage*_raw

2. TVOC 应用程序

ADC 驱动已经被编译到缺省内核中，不需要使用 insmod 方式加载 ADC 驱动。TVOC 传感器 ADC 驱动测试通过 sysfs 方式进行操作，首先调用 open 函数打开设备文件"/sys/devices/platform/ff100000.saradc/iio:device0"，接着在 adcReadRaw 中调用设备文件的 read 函数，读取 ADC 接口原始电压数据，读取的数据在 adcReadCh0Volage 函数中被转换成有效的 TVOC 检测数据。

```
#include <stdio.h>
#include <string.h>
#include <errno.h>
#include <stdlib.h>
#include <sys/types.h>
#include <sys/stat.h>
#include <fcntl.h>
#include <unistd.h>
```

```c
#define DEVDIR    "/sys/devices/platform/ff100000.saradc/iio:device0"

int adcReadRaw(int ch)
{
    int ret = -1;
    if (ch>=0 && ch<=5) {
        char buf[128];
        snprintf(buf, 128, DEVDIR"/in_voltage%d_raw", ch);
        int fd = open(buf, O_RDONLY);
        if (fd > 0) {
            ret = read(fd, buf, 128);
            if (ret > 0) {
                buf[ret] = '\0';
                ret = atoi(buf);
            }
            close(fd);
        }
    }
    return ret;
}

float adcReadCh0Volage(void)
{
    int t = adcReadRaw(0);
    if (t >= 0) {
        float v = t * 1.8f / 1023;
        float vin = v;
        #define R1 10000.0f
        #define R2 10000.0f
        #define R3 10000.0f
        /* 10K 1.8v*/
        #if 0
        float i3, i1, i2;
        i3 = (1.8 - v)/R3;
        i1 = v / R1;
        i2 = i1 - i3;
        vin = v + i2 * R2;
        #endif
        return vin;
    }
    return -1;
}
```

3.2.3 LED Linux 驱动开发

1．GPIO 驱动开发基础

GPIO（General Purpose Input Output）是微处理器的通用输入/输出接口。微处理器可以通过向GPIO控制寄存器写入数据来控制GPIO的模式，实现对某些设备的控制或信号采集功能。

GPIO 有 3 种工作模式，即输入模式、输出模式和高阻态模式，这三种模式的功能有所不同，在设置时需要根据实际的外接设备来对引脚进行配置。下面对 GPIO 的三种工作模式进行简单的介绍。

（1）输入模式。输入模式是指 GPIO 被配置为接收外接电平信息的模式，通常读取的信息为电平信息，即高电平为1，低电平为0。这时读取的高低电平是根据微处理器的电源电压高低来划分的，相对于 5V 电源的微处理器，当检测电压为 3.3～5V 时判断为高电平；当检测电压低于 2V 时则判断为低电平。相对于 3.3V 电源的微处理器，当检测电压为 2～3.3V 时判断为高电平；当检测电压低于 0.8V 时则判断为低电平。

（2）输出模式。输出模式是指 GPIO 被配置为主动向外输出电压的模式，通过向外输出电压可以实现对一般开关类设备的实时、主动控制。当程序中向相应引脚写 1 时，GPIO 会向外输出高电平，通常这个电平为微处理器的电源电压；当程序中向相应引脚写 0 时，GPIO 会向外输出低电平，通常这个低电平为电源地的电压。

（3）高阻态模式。高阻态模式是指 GPIO 引脚内部电阻的阻值无限大，大到几乎占有外接输出的全部电压。这种模式通常在微处理器采集外部模拟电压时使用，通过将相应 GPIO 引脚配置为高阻态模式和输入模式，配合微处理器的 ADC 可以实现准确的模拟量电平读取。

GPIO 驱动是 Linux 驱动开发中最基础、最常用的驱动。例如，要驱动 LED 灯、键盘扫描、输出高低电平等，都需要 GPIO 驱动。Linux 内核在硬件操作层的基础上封装了一些统一的 GPIO 操作接口，也就是 GPIO 驱动框架。

2. 设备树

1）设备树（Device Tree）的基本概念

ARM 内核在其 3.x 版本之后引入了原来在其他体系架构中用于描述硬件资源的数据结构 Flattened Device Tree，通过 bootloader 将硬件资源传给内核，使得内核和硬件资源描述相对独立。3.x 版本之后的内核支持设备树，除了在内核编译时需要打开相对应的选项，bootloader 也需要支持将设备树的数据结构传给内核。

设备树描述的信息包括 CPU 的数量和类别、内存地址和内存大小、总线和桥、外设连接、中断控制器和中断使用情况及 GPIO 使用情况等。

2）设备树的组成部分及其对应关系

设备树包含 DTC（Device Tree Compiler，设备树编译器）、DTS（Device Tree Source，设备树源）和 DTB（Device Tree Blob，设备树区域），其对应关系如图 3.16 所示。

图 3.16　设备树中的对应关系

（1）DTS 和 DTSI。*.dts（DTS）文件是一种 ASCII 文本对设备树的描述文件，它位于内核的/arch/arm/boot/dts 目录下。一个 DTS 文件对应一个 ARM 处理器，内核提供了不同处理器的驱动代码，为了减少代码的冗余，设备树将这些共同部分提炼保存在*.dtsi（DTSI）文件中，供不同的 DTS 文件共同使用。DTSI 文件类似头文件，在 DTS 文件中需要包含（include）

用到的 DTSI 文件，DTSI 文件本身也支持包含（include）另一个 DTSI 文件。

（2）DTC。编译工具 DTC 可以将 DTS 文件编译成 DTB 文件。DTC 的源代码位于内核的 scripts/dtc 目录下，内核选中 CONFIG_OF，在编译内核时，主机可执行程序 DTC 就会被编译出来。可以在 scripts/dtc/Makefile 中查看详细内容：

```
hostprogs-y := dtc
always := $(hostprogs-y)
```

在内核的 arch/arm/boot/dts/Makefile 中，若选中某种 SoC，则与其对应相关的所有 DTB 文件都将编译出来。在 Linux 下，make dtbs 可单独编译 DTB 文件。下面列举 Makefile 中 TEGRA 平台的部分代码供参考。

```
ifeq ($(CONFIG_OF),y)
dtb-$(CONFIG_ARCH_TEGRA) += tegra20-harmony.dtb \
tegra30-beaver.dtb \
```

（3）DTB。DTC 编译*.dts 生成的二进制文件(*.dtb)，bootloader 在引导内核时，会预先读取*.dtb 文件到内存中，进而由内核解析文件。

3．LED 驱动开发

LED 硬件连接如图 3.17 所示，硬件电路如图 3.18 所示。

4 个 LED 灯最左侧的 D1 可以用 PWM0 通道来控制，D2、D3、D4 的 IO 口分别对应 gpio2 9、gpio2 11、gpio2 12。

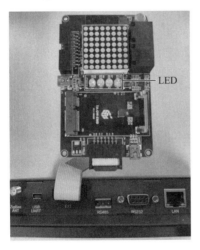

图 3.17　LED 硬件连接图

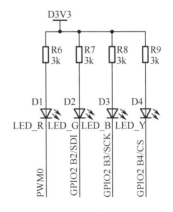

图 3.18　硬件电路图

1）设备树分析

设备树位于 gw3399/kernel/arch/arm64/boot/dts/rockchip/x3399-linux.dts 目录下。
由此可知 4 个 LED 灯的 IO 口分别对应：

```
gpios = <&gpio2 9 GPIO_ACTIVE_LOW>;
gpios = <&gpio2 11 GPIO_ACTIVE_LOW>;
gpios = <&gpio2 12 GPIO_ACTIVE_LOW>;
```

```
gpios = <&gpio0 8 GPIO_ACTIVE_LOW>;
```

2) LED 配置

共有 4 个 LED 灯,所以需要在设备树中再添加 3 个子节点,LED 灯的配置如下:

```
leds {
        compatible = "gpio-leds";}
```

添加 3 个 LED 子节点的代码如下:

```
led@1 {
        pinctrl-names = "default";
        pinctrl-0 = <&led1_ctl>;
        label = "led1";
        gpios = <&gpio2 9 GPIO_ACTIVE_LOW>;
        //linux,default-trigger = "heartbeat";
        default-state = "off";
};
led@2 {
        pinctrl-names = "default";
        pinctrl-0 = <&led2_ctl>;
        label = "led2";
        gpios = <&gpio2 11 GPIO_ACTIVE_LOW>;
        default-state = "off";
};
led@3 {
        pinctrl-names = "default";
        pinctrl-0 = <&led3_ctl>;
        label = "led3";
        gpios = <&gpio2 12 GPIO_ACTIVE_LOW>;
        default-state = "off";
};
```

以后如果要控制其他 LED,可在此代码下面继续添加新的 led@5/6/7/9……,并修改 gpios 选项里对应的 IO 口。

3) LED 驱动开发

驱动源代码位于 gw3399-linux/kernel/drivers/leds/leds-gpio.c 目录下。驱动源代码示例如下。

```
static struct platform_driver gpio_led_driver = {
        .probe      = gpio_led_probe,
        .shutdown   = gpio_led_shutdown,
        .driver     = {
            .name           = "leds-gpio",
            .of_match_table = of_gpio_leds_match,
        },
};
static const struct of_device_id of_gpio_leds_match[] = {
        { .compatible = "gpio-leds", },
```

```
        {},
};
MODULE_DEVICE_TABLE(of, of_gpio_leds_match);
```

说明：以上是 leds-gpio.c 源文件里与设备树相关的主要内容，此设备驱动是一个 platform_driver 的对象，可通过 platform_device 或设备树里的设备节点来匹配，设备节点里的 compatible 属性值应为 gpio-leds。匹配成功后，设备驱动里 gpio_led_probe 函数会被触发调用，在 probe 函数中将会取出设备树里提供的硬件资源。具体代码如下。

```
static int gpio_led_probe(struct platform_device *pdev)
{
    struct gpio_led_platform_data *pdata = dev_get_platdata(&pdev->dev); //使用设备树的方式, pdata 应为 NULL
    struct gpio_leds_priv *priv;
    int i, ret = 0;
    if (pdata && pdata->num_leds) {
        ... //使用 platform_device 方式获取硬件资源的处理代码
    } else {
        priv = gpio_leds_create(pdev);      //使用设备树的处理代码
        if (IS_ERR(priv))
            return PTR_ERR(priv);
    }
}
```

在 gpio_leds_create 函数里获取设备节点资源的代码如下：

```
static struct gpio_leds_priv *gpio_leds_create(struct platform_device *pdev)
{
    struct device *dev = &pdev->dev;
    struct fwnode_handle *child;
    struct gpio_leds_priv *priv;
    int count, ret;
    count = device_get_child_node_count(dev); //获取子节点的个数，意味着设备节点里是需要包含子节点的，并不是使用设备节点的属性来提供资源
    if (!count)
        return ERR_PTR(-ENODEV);
    priv = devm_kzalloc(dev, sizeof_gpio_leds_priv(count), GFP_KERNEL);
    if (!priv)
        return ERR_PTR(-ENOMEM);
    device_for_each_child_node(dev, child) { //遍历设备节点里的每一个子节点
        struct gpio_led_data *led_dat = &priv->leds[priv->num_leds];
        struct gpio_led led = {};
        const char *state = NULL;
        struct device_node *np = to_of_node(child);
        ret = fwnode_property_read_string(child, "label", &led.name); //获取子节点的 label 属性值，意味着每个子节点应有一个 label 属性，属性值应为字符串
        if (ret && IS_ENABLED(CONFIG_OF) && np)
            led.name = np->name;
        if (!led.name) {
```

```
                fwnode_handle_put(child);
                return ERR_PTR(-EINVAL);
            }
            //获取子节点里的 gpio 口信息，con_id 为 NULL，意味着子节点应使用 gpios 属性来提供 LED
所连接的 IO 口信息，而且这里仅获取一个 IO 口信息，并非多个 IO 口，意味着每个子节点表示一个 LED 灯
的资源
            led.gpiod = devm_fwnode_get_gpiod_from_child(dev, NULL, child,
                                GPIOD_ASIS,
                                led.name);
            if (IS_ERR(led.gpiod)) { //获取 IO 口失败则返回错误码
                fwnode_handle_put(child);
                return ERR_CAST(led.gpiod);
            }
            //下面的属性是可选设置的，若不设置也不会出错
            fwnode_property_read_string(child, "linux,default-trigger",
                                &led.default_trigger);
            if (!fwnode_property_read_string(child, "default-state",
                                &state)) {
                if (!strcmp(state, "keep"))
                    led.default_state = LEDS_GPIO_DEFSTATE_KEEP;
                else if (!strcmp(state, "on"))
                    led.default_state = LEDS_GPIO_DEFSTATE_ON;
                else
                    led.default_state = LEDS_GPIO_DEFSTATE_OFF;
            }

            if (fwnode_property_present(child, "retain-state-suspended"))
                led.retain_state_suspended = 1;
            if (fwnode_property_present(child, "panic-indicator"))
                led.panic_indicator = 1;
            ret = create_gpio_led(&led, led_dat, dev, NULL);
            if (ret < 0) {
                fwnode_handle_put(child);
                return ERR_PTR(ret);
            }
            led_dat->cdev.dev->of_node = np;
            priv->num_leds++;
        }
        return priv;
    }
```

当驱动被加载时，/sys/class/leds/目录下会多出一个表示设备的文件夹。文件夹里有相应的用于操控 LED 硬件的 2 个属性：brightness 和 max_brightness。

（1）在 led-class.c 的 brightness 属性中有 show 函数和 store 函数，这两个函数对应用户在 /sys/class/leds/led1/brightness 目录下直接读写文件时执行的代码。

（2）当在命令行执行 show brightness 时（表示读），实际会执行 led_brightness_show 函数。

（3）当在命令行执行 echo 1 > brightness 时（表示写），实际会执行 led_brightness_store 函数，灯被点亮。

show 函数实际要做的就是读取 LED 硬件信息，再把硬件信息返回即可。所以 show 函数和 store 函数都会去操控硬件，但是 led-class.c 文件属于驱动框架中的文件，它本身无法直接读取具体硬件，因此在 show 函数和 store 函数中采用函数指针的实现方式，分别调用 struct led_classdev 结构体中相应的读取和写入硬件信息的方法。

4．LED 应用程序

LED 驱动主要实现对硬件设备的基本控制，具体的功能要由上层应用调用驱动提供的接口对设备进行控制。LED 应用功能函数如表 3.3 所示。

表 3.3 LED 应用功能函数

函 数 名 称	参 数 说 明	函 数 功 能
void ledInit (void)	无	初始化 LED
void ledOn(int leds)	leds：LED 参数	LED 打开函数
void ledOff(int leds)	leds：LED 参数	LED 关闭函数

LED 应用程序源代码如下：

```c
#include <stdio.h>
#include <string.h>
#include <errno.h>
#include <stdlib.h>
#include <sys/types.h>
#include <sys/stat.h>
#include <fcntl.h>
#include <unistd.h>
#include "utils.h"
#include "pwmLed.h"

#define USE_PWMLED     1

void ledInit(void)
{
#if USE_PWMLED
    pwmLedInit();
    pwmLedPeriod(1000);
    pwmLedValue(0);
    pwmLedEnable(1);
#endif
}

void ledOn(int leds)
{
    char buf[128];
```

```
        int i;
        for (i=0; i<3; i++) {
            if ((leds & (1<<i)) != 0){
                snprintf(buf, 128, "echo 1 > /sys/class/leds/led%d/brightness", 3-i);
                system(buf);
            }
        }
#if USE_PWMLED
    if ((leds & (1<<3)) != 0){
        pwmLedPolarity(1);
    }
#endif
}
void ledOff(int leds)
{
    char buf[128];
    int i;
    for (i=0; i<3; i++) {
        if ((leds & (1<<i)) != 0){
            snprintf(buf, 128, "echo 0 > /sys/class/leds/led%d/brightness", 3-i);
            system(buf);
        }
    }
#if USE_PWMLED
    if ((leds & (1<<3)) != 0){
        pwmLedPolarity(0);
    }
#endif
}
```

3.2.4 PWM Linux 驱动开发

1. PWM Linux 驱动开发概述

脉冲宽度调制（Pulse Width Modulation，PWM）技术通过对一系列脉冲的宽度进行调制，来等效获得所需波形（含形状和幅值），根据设定的周期和占空比从 IO 口输出控制信号，一般用来控制 LED 灯的亮度或电机转速。

占空比是指在输出的 PWM 中，高电平保持的时间与该时钟周期的时间之比，图 3.19 为占空比示意图。

图 3.19 占空比示意图

2. PWM 设备 Linux 驱动开发分析

RK3399 开发板下 PWM 的驱动编写依赖于内核 PWM 的 API，具体开发步骤如下。

PWM 控制的设备驱动文件中包含以下头文件:

#include <linux/pwm.h>

申请使用 PWM。

struct pwm_device *pwm_apply(int pwm_id, const char *label);

配置 PWM 的占空比。

```
static inline int pwm_config(struct pwm_device *pwm, int duty_ns, int period_ns)
{
    struct pwm_state state;
    if (!pwm)
        return -EINVAL;
    if (duty_ns < 0 || period_ns < 0)
        return -EINVAL;
    pwm_get_state(pwm, &state);
    if (state.duty_cycle == duty_ns && state.period == period_ns)
        return 0;
    state.duty_cycle = duty_ns;
    state.period = period_ns;
    return pwm_apply_state(pwm, &state);
}
```

说明: 上述代码中的频率是以周期 (period_ns) 的形式配置的, 占空比是以有效时间 (duty_ns) 的形式配置的, 例如, 配置占空比为 60%。

pwm_config(pwm0, 600000, 1000000);

使能 PWM 函数。

```
static inline int pwm_enable(struct pwm_device *pwm)
{
    struct pwm_state state;
    if (!pwm)
        return -EINVAL;
    pwm_get_state(pwm, &state);
    if (state.enabled)
        return 0;
    state.enabled = true;
    return pwm_apply_state(pwm, &state);
}
```

禁止 PWM。

void pwm_disable(struct pwm_device *pwm);

释放 PWM 资源, 比如释放所申请的 PWM。

```
void pwm_free(struct pwm_device *pwm)
{
```

```
        pwm_put(pwm);
}
```

设置 PWM 输出极性。

```
static inline int pwm_set_polarity(struct pwm_device *pwm, enum pwm_polarity polarity)
{
    struct pwm_state state;
    if (!pwm)
        return -EINVAL;
    pwm_get_state(pwm, &state);
    if (state.polarity == polarity)
        return 0;
    if (state.enabled)
        return -EBUSY;
    state.polarity = polarity;
    return pwm_apply_state(pwm, &state);
}
```

内核 PWM 驱动的常见结构体与函数如下。

```
struct pwm_device *pwm_get(struct device *dev, const char *con_id);
struct pwm_device *of_pwm_get(struct device_node *np, const char *con_id);
void pwm_put(struct pwm_device *pwm);
struct pwm_device *devm_pwm_get(struct device *dev, const char *con_id);
struct pwm_device *devm_of_pwm_get(struct device *dev, struct device_node *np,const char *con_id);
void devm_pwm_put(struct device *dev, struct pwm_device *pwm);
```

pwm_get 函数的源代码如下。

```
struct pwm_device *pwm_get(struct device *dev, const char *con_id)
{
    struct pwm_device *pwm = ERR_PTR(-EPROBE_DEFER);
    const char *dev_id = dev ? dev_name(dev) : NULL;
    struct pwm_chip *chip = NULL;
    unsigned int best = 0;
    struct pwm_lookup *p, *chosen = NULL;
    unsigned int match;
    if (IS_ENABLED(CONFIG_OF) && dev && dev->of_node)
        return of_pwm_get(dev->of_node, con_id);
    mutex_lock(&pwm_lookup_lock);
    list_for_each_entry(p, &pwm_lookup_list, list) {
        match = 0;
        if (p->dev_id) {
            if (!dev_id || strcmp(p->dev_id, dev_id))
                continue;
            match += 2;
        }
        if (p->con_id) {
```

```
                if (!con_id || strcmp(p->con_id, con_id))
                    continue;
                match += 1;
            }
            if (match > best) {
                chosen = p;
                if (match != 3)
                    best = match;
                else
                    break;
            }
        }
        if (!chosen) {
            pwm = ERR_PTR(-ENODEV);
            goto out;
        }
        chip = pwmchip_find_by_name(chosen->provider);
        if (!chip)
            goto out;
        pwm = pwm_request_from_chip(chip, chosen->index, con_id ?: dev_id);
        if (IS_ERR(pwm))
            goto out;
        pwm->args.period = chosen->period;
        pwm->args.polarity = chosen->polarity;
out:
        mutex_unlock(&pwm_lookup_lock);
        return pwm;
    }
```

程序说明：

① pwm_get/devm_pwm_get，从指定的设备树节点中获得对应的 PWM 句柄。可以通过 con_id 指定一个名称，或者获取该设备绑定的第一个 PWM 句柄，从设备树里面寻找对应的设备信息。

② of_pwm_get/devm_of_pwm_get 和 pwm_get/devm_pwm_get 类似，区别是前者可以指定需要从中解析 PWM 信息的 device node，而不是直接指定 device 指针。

（1）struct pwm_chip 函数。

内核使用 struct pwm_chip 函数描述 PWM 控制器。一般一个处理器可以同时支持多路 PWM 输出，每一路 PWM 输出可以看成一个 PWM 设备，PWM 设备的控制方式类似，内核统一管理这些 PWM 设备，将它们归类为一个 PWM chip。struct pwm_chip 的定义如下：

```
struct pwm_chip {
    struct device           *dev;
    struct list_head        list;
    const struct pwm_ops    *ops;
    int                     base;
    unsigned int            npwm;
    struct pwm_device       *pwms;
```

```
    struct pwm_device *      (*of_xlate)(struct pwm_chip *pc,
                              const struct of_phandle_args *args);
    unsigned int             of_pwm_n_cells;
    bool                     can_sleep;
};
```

参数说明：

① dev：pwm_chip 对应的设备，一般由 pwm_driver 对应的 platform 驱动指定。
② ops：操作 PWM 设备的回调函数。
③ npwm：该 pwm_chip 可以支持的 pwm channel 个数，kernel 会根据该数值，分配相应个数的 struct pwm_device 结构，保存在 pwms 指针中。
④ pwms：保存 pwm_device 数组，由 kernel 自行分配。
⑤ of_pwm_n_cells：这是 PWM 说明符在 DTS 中预期的单元数。一般情况下，of_pwm_n_cells 取值为 3，或者 2（不关心极性），of_xlate 则可以使用 kernel 提供的 of_pwm_xlate_with_flags（解析 of_pwm_n_cells 为 3 的 chip）或者 of_pwm_simple_xlate（解析 of_pwm_n_cells 为 2 的情况）。

（2）pwmchip_add/pwmchip_remove 函数。

初始化完成后的 pwm_chip 可以通过 pwmchip_add 接口注册到 kernel 中，该接口的原型如下：

① int pwmchip_add(struct pwm_chip *chip);
② int pwmchip_remove(struct pwm_chip *chip);

pwmchip_add 接口的源代码如下：

```
int pwmchip_add(struct pwm_chip *chip)
{
    return pwmchip_add_with_polarity(chip, PWM_POLARITY_NORMAL);
}
int pwmchip_add_with_polarity(struct pwm_chip *chip, enum pwm_polarity polarity)
{
    struct pwm_device *pwm;
    unsigned int i;
    int ret;
    if (!chip || !chip->dev || !chip->ops || !chip->npwm)
        return -EINVAL;
    if (!pwm_ops_check(chip->ops))
        return -EINVAL;
    mutex_lock(&pwm_lock);
    ret = alloc_pwms(chip->base, chip->npwm);
    if (ret < 0)
        goto out;
    chip->pwms = kcalloc(chip->npwm, sizeof(*pwm), GFP_KERNEL);
    if (!chip->pwms) {
        ret = -ENOMEM;
        goto out;
    }
    chip->base = ret;
```

```
        for (i = 0; i < chip->npwm; i++) {
            pwm = &chip->pwms[i];
            pwm->chip = chip;
            pwm->pwm = chip->base + i;
            pwm->hwpwm = i;
            pwm->state.polarity = polarity;
            if (chip->ops->get_state)
                chip->ops->get_state(chip, pwm, &pwm->state);
            radix_tree_insert(&pwm_tree, pwm->pwm, pwm);
        }
        bitmap_set(allocated_pwms, chip->base, chip->npwm);
        INIT_LIST_HEAD(&chip->list);
        list_add(&chip->list, &pwm_chips);
        ret = 0;
        if (IS_ENABLED(CONFIG_OF))
            of_pwmchip_add(chip);
        pwmchip_sysfs_export(chip);
out:
        mutex_unlock(&pwm_lock);
        return ret;
}
```

在编译内核和设备树的时候已经默认加入了对 PWM 的支持,设备树 rk3399.dtsi 已经能匹配到驱动源代码里的 pwm-rockchip.c 文件(gw3399-linux/kernel/drivers/pwm/pwm- rockchip.c)。

设备树 rk3399.dtsi 的源代码如下:

```
gw3399-linux/kenel/arch/arm64/boot/dts/rockchip/rk3399.dtsi

pwm0: pwm@ff420000 {
        compatible = "rockchip,rk3399-pwm", "rockchip,rk3288-pwm";
        reg = <0x0 0xff420000 0x0 0x10>;
        #pwm-cells = <3>;
        pinctrl-names = "active";
        pinctrl-0 = <&pwm0_pin>;
        clocks = <&pmucru PCLK_RKPWM_PMU>;
        clock-names = "pwm";
        status = "disabled";
};
```

3. PWM 应用程序

PWM 硬件设备如图 3.20 所示,LED 灯 D1 连接的是 PWM0 通道。

LED 的 PWM 驱动通过 sysfs 虚拟文件系统控制操作,先调用 pwmLedInit 函数,接着通过以下接口对设备进行初始化设置。

图 3.20　PWM 硬件设备

```
pwmLedPeriod(1000);        //设置 1000 ns 的持续时间
pwmLedEnable(0);           //设置使能
pwmLedValue(0);            //设置占空比
pwmLedPolarity(0);         //设置正常模式
#include <stdio.h>
#include <string.h>
#include <errno.h>
#include <stdlib.h>
#include <sys/types.h>
#include <sys/stat.h>
#include <fcntl.h>
#include <unistd.h>
#include "utils.h"
#define PWM_DIR "/sys/class/pwm/pwmchip1/pwm0"
#if 0
#define dbg(x...) do{printf(x);printf("\r\n");}while(0)
#else
#define dbg(x...) do{}while(0)
#endif
//设置 PWM 一个周期的持续时间，单位为 ns
void pwmLedPeriod(int p)
{
    char buf[128];
    snprintf(buf, 128, "echo \"%d\" > "PWM_DIR"/period",p*1000);
    dbg(buf);
    system(buf);
}
//设置一个周期中的"ON"时间，单位为 ns，即占空比=duty_cycle/period=50%
void pwmLedValue(int v)
{
    char buf[128];
```

```c
        snprintf(buf, 128, "echo \"%d\" > "PWM_DIR"/duty_cycle",v*1000);
        dbg(buf);
        system(buf);
}
//设置 LED 的工作模式
void pwmLedPolarity(int p)
{
        char buf[128];
        char* v[] = {"normal", "inversed"};
        p = !!p;
        snprintf(buf, 128, "echo %s > "PWM_DIR"/polarity",v[p]);
        dbg(buf);
        system(buf);
}
//设置某个 PWM 使能
void pwmLedEnable(int en)
{
        char buf[128];
        snprintf(buf, 128, "echo \"%d\" > "PWM_DIR"/enable", !!en);
        dbg(buf);
        system(buf);
}
//LED 控制初始化
void pwmLedInit(void)
{
        if (0 != access(PWM_DIR,F_OK)) {
                system("echo \"0\" > /sys/class/pwm/pwmchip1/export");
        }
        pwmLedPeriod(1000);
        pwmLedEnable(0);
        pwmLedValue(0);
        pwmLedPolarity(0);
}
```

3.2.5 扬尘检测功能设计

扬尘检测功能设计分为 Web 应用设计和 ARM 扩展板硬件功能设计两部分。Web 应用主要用于显示扬尘实时采集数据及历史曲线图。ARM 扩展板硬件功能设计主要分为三部分：①LED 灯根据扬尘梯度显示亮灯个数；②OLED 显示屏用于显示 TVOC 传感器采集数据；③点阵屏根据扬尘实时采集数据显示不同笑脸表情。

1. Web 应用设计

Web 应用程序主要用来实时显示 TVOC 传感器采集数据，并通过图表的形式展现数据信息。

城市环境采集界面主要有两大功能：一是实时显示 TVOC 传感器采集数据；二是展示传感器采集数据历史曲线图。

HTML 源代码如下：

```html
<!DOCTYPE html>
<html xmlns="http://www.zonesion.org/1999/xhtml">
<head>
    <meta charset="UTF-8">
    <meta http-equiv="X-UA-Compatible" content="IE=edge,chrome=1" />
    <meta name="renderer" content="webkit">
    <title>城市扬尘监测系统</title>
    <link rel="shortcut icon" href="favicon.ico" >
    <link rel="stylesheet"   href="css/bootstrap.min.css">
    <link rel="stylesheet"   href="css/style.css">
    <link rel="stylesheet" href="css/reset.css">
    <link rel="stylesheet" href="css/iconfont.css">
</head>
<body>
<div class="head">
    <h1 style="white-space: nowrap">城市扬尘监测系统</h1>
    <small></small>
</div>
<!-- top-nav -->
<div class="top-nav-btn">
    <i class="iconfont">&#xe678;</i>
</div>
<ul class="top-nav">
    <li class="active"><a><i class="iconfont">&#xe655;</i>运营首页</a></li>
    <li><a><i class="iconfont">&#xe677;</i>环境数据</a></li>
</ul>
<!-- /top-nav -->
<!-- wrap -->
<div class="wrap">
    <!-- content 01 -->
    <div class="content">
        <!-- side-nav -->
        <ul class="side-nav">
            <li class="active"><a id="city">城市扬尘监测系统</a></li>
        </ul>
        <!-- /side-nav -->
        <!-- main 01 -->
        <div class="main container-fluid">
            <div class="row">
                <div class="col-lg-6 col-md-6 col-sm-6 col-xs-6">
                    <div class="panel panel-default">
                        <div  class="panel-heading" >扬尘<span id="BJ_pmStatus" class="float-right text-red"></span></div>
                        <div class="panel-body text-center">
                            <div id="BJ_PM2.5" class="dialBlock">PM</div>
```

```html
                </div>
            </div>
            <div class="col-lg-6 col-md-6 col-sm-6 col-xs-6">
                <div class="panel panel-default">
                    <div class="panel-heading">天气<span id="BJ_co2Status" class="float-right text-red"></span></div>
                    <div id="tq" class="panel-body" >
                        <iframe data-v-b6f64670="" id="frame-h5" seamless="seamless" width="580" height="250" frameborder="0" allowtransparency="true" src="https://cj.weather.com.cn/portal/cj/standard/index.html?layout=1&amp;width=570&amp;height=210&amp;background=1&amp;dataColor=FFFFFF&amp;borderRadius=5&amp;key=lenhUcZI4m&amp;demo=true&amp;v=_1606372319886" class="frame-h5"></iframe>
                    </div>
                </div>
            </div>
        </div>
        <div class="row">
            <div class="col-lg-12 col-md-12 col-sm-12 col-xs-12">
                <div class="panel panel-default report">
                    <div class="panel-heading">扬尘曲线</div>
                    <div id="chart1" class="panel-body"></div>
                </div>
            </div>
        </div>
    </div>
    <!-- /main 01 -->
</div>
<!-- content 02 -->
    <div class="content">
        <!-- side-nav -->
        <ul class="side-nav">
            <li><a>城市综合信息展示</a></li>
        </ul>
        <!-- /side-nav -->
        <!-- main 01 -->
        <div class="main container-fluid">
            <div class="row">
                <div class="col-lg-12 col-md-12 col-sm-12 col-xs-12">
                    <div class="panel panel-default">
                        <div class="panel-heading">城市 PM2.5：环境数据动态分布图</div>
                        <div class="panel-body">
                            <div id="PM_Map" class="mapBlock">城市雾霾</div>
                        </div>
                    </div>
                </div>
            </div>
        </div>
```

```html
            <!-- /main 01 -->
         </div>
         <!-- /content 02 -->
<!-- /wrap -->
<!-- 引入 jquery -->
<script src="js/jquery.min.js"></script>
<!-- 引入 charts 相关 js -->
<script    src="js/charts/fusioncharts/fusioncharts.js"></script>
<script    src="js/charts/fusioncharts/fusioncharts.widgets.js"></script>
<script    src="js/charts/fusioncharts/themes/fusioncharts.theme.fint.js"></script>
<script    src="js/charts/echarts.min.js"></script>
<script    src="js/charts/map/china.js"></script>
<script src="js/charts/highcharts.js"></script>
<script src="js/charts/drawcharts.js"></script>
<!--bootstrap 插件-->
<script src="js/bootstrap.min.js"></script>
<!--qrcode：生成二维码 js-->
<script src="js/qrcode.js"></script>
<!-- 引入 js -->
<script    src="js/config.js"></script>
<script    src="js/script.js"></script>
<script    src="js/chart.js"></script>
<script    src="http://pv.sohu.com/cityjson"></script>
<!--引入数据-->
<script    src="js/WSN/WSNRTConnect.js"></script>
<script    src="js/WSN/WSNHistory.js"></script>
</body>
</html>
```

script.js 文件代码如下，通过"returnCitySN['cname']"获取用户地理位置（省份、城市），每 2000 ms 定时获取 TVOC 数据并通过"dial('BJ_PM2.5','ppm',ppm);"显示仪表盘，以及通过"showChart('#chart1', 'spline', '', false,dat);"显示曲线图。

```javascript
$(function(){
    var dat = [];
    var tick=0;
    
    $("#city").html(returnCitySN['cname']);
    
    setInterval(function(){
        $.get("/cgi-bin/ppm.cgi", function(result){
            var ppm = parseInt(result);
            dial('BJ_PM2.5','ppm',ppm);
            dial('SH_PM2.5','ppm',ppm);
            dial('SZ_PM2.5','ppm',ppm);
            dial('WH_PM2.5','ppm',ppm);
```

```
                dat.push([new Date().getTime()+8*60*60*1000,ppm]);
                tick += 2;
                if (tick > 5) {
                    showChart('#chart1', 'spline', '', false,dat);
                    showChart('#chart2', 'spline', '', false,dat);
                    showChart('#chart3', 'spline', '', false,dat);
                    showChart('#chart4', 'spline', '', false,dat);
                    tick = 0;
                }
                if (dat.length>=300){
                    dat.shift();
                }
            });
        }, 2000);
    });
```

ppm.cgi 程序源代码如下，该程序用于显示传感器采集数据。

```
#!/bin/bash
echo "Content-Type:text/html;charset=utf-8"
echo

cat /sys/devices/platform/ff100000.saradc/iio:device0/in_voltage0_raw
```

2．ARM 扩展板硬件功能设计

扬尘监测系统的主应用程序是系统项目在网关上运行的核心程序，程序运行流程与功能说明如下：

（1）初始化 OLED 显示屏、点阵屏、LED 灯；
（2）通过 adcReadRaw 函数读取 TVOC 传感器采集数据；
（3）计算扬尘梯度；
（4）读取 TVOC 传感器采集数据；
（5）在 OLED 显示屏上显示字符；
（6）OLED 设备进行写数据操作，更新屏幕显示内容；
（7）在点阵屏上显示笑脸；
（8）点阵屏刷新显示内容；
（9）关闭 LED 灯，根据扬尘梯度点亮 LED 灯；
（10）休眠 1 秒，继续从步骤（3）开始进行循环。

程序中使用的主要函数功能说明如表 3.4 所示。

表 3.4 主要函数功能说明

函 数 名 称	功 能 说 明
void fontShow16(int x, int y, char* str, void (*df)(int,int,int))	在 OLED 显示屏上显示 8×16 或 16×16 字符
void led8x8Face(int i)	在点阵屏上显示笑脸
void led8x8Point(int x, int y, int st)	设置点阵屏的指定坐标数据

续表

函 数 名 称	功 能 说 明
void oledInit(void)	初始化 OLED 显示屏
void led8x8Init(void)	初始化点阵屏
void ledInit(void)	初始化 LED 灯
int adcReadRaw(int ch)	读取 ADC 接口的原始电压数据

主应用程序源代码如下：

```c
#include <stdio.h>
#include <string.h>
#include <errno.h>
#include <stdlib.h>
#include <fcntl.h>
#include <sys/types.h>
#include <sys/stat.h>
#include <getopt.h>
#include <unistd.h>
#include "oled.h"
#include "adc.h"
#include "led8x8.h"
#include "leds.h"
#include "font.h"
static void showFont16Center(char *str)
{
        int len = strlen(str)*8;
        int offx = 0;
        if (len < 96) offx = (96-len)/2;
        fontShow16(offx, 8, str, oledPoint);
}
static short faces[][8] = {
    {0x00, 0x66,0x66, 0x00,0x00, 0x7e,0x00,0x00},
    {0x00, 0x66,0x66, 0x00,0x00, 0x3c,0x42,0x3c},
    {0x42, 0xe7,0x42, 0x00,0x00, 0x3c,0x42,0x3c},
    {0x00, 0x66,0x66, 0x00,0x00, 0x3c,0x24,0x00},
    {0x00, 0x42,0xa5, 0x00,0x00, 0x24,0x18,0x00},
    {0x00, 0xE7,0x84, 0x00,0x00, 0x42,0x3c,0x00},
    {0x00, 0xE7,0x42, 0x00,0x00, 0x42,0x3c,0x00},
    {0x00, 0xE7,0x21, 0x00,0x00, 0x42,0x3c,0x00},
};
void led8x8Face(int i)
{
    if (i<sizeof faces / sizeof faces[0]) {
        //led8x8Draw((char*)faces[i]);
        for (int j=0; j<8; j++) {
            for (int k=0; k<8; k++) {
```

```c
                    led8x8Point(k,j, faces[i][j]&(1<<k));
                }
            }
        }
    }
}
int main(int argc, char* argv[])
{
    int ppm, idx;
    char buf[32];

    oledInit();
    led8x8Init();
    ledInit();
    while (1){
        ppm = adcReadRaw(0);
        idx = ppm / 100;
        if (idx > 3) idx = 3;

        sprintf(buf, "TVOC: %d    ", ppm);
        showFont16Center(buf);
        oledFlush();
        led8x8Face(4+idx);
        led8x8Flush();
        ledOff(0xff);
        char led[] = {0x0f, 0x07, 0x03, 0x01};
        ledOn(led[idx]);
        msleep(1000);
    }
    return 0;
}
```

3.2.6 开发实践：扬尘检测系统

1. ARM 扩展模块硬件连接

ARM 扩展模块硬件连接相关内容请参考本书 2.1.5 节开发实践：显示模块驱动开发与测试。

2. Boa 编译与安装

（1）通过 Moba 软件复制 Boa 源代码到边缘计算网关。
（2）解压源代码，运行配置命令 ./configure。

```
test@rk3399:~/work/boa-0.94.13/src$ ./configure
creating cache ./config.cache
checking for gunzip... /bin/gunzip
checking for flex... flex
checking for yywrap in -lfl... yes
```

```
checking for bison... bison -y
checking for gcc... gcc
checking whether the C compiler (gcc   ) works... yes
checking whether the C compiler (gcc   ) is a cross-compiler... no
checking whether we are using GNU C... yes
checking whether gcc accepts -g... yes
checking how to run the C preprocessor... gcc -E
checking whether make sets ${MAKE}... yes
checking for dirent.h that defines DIR... yes
checking for opendir in -ldir... no
checking for ANSI C header files... yes
checking for sys/wait.h that is POSIX.1 compatible... yes
checking for fcntl.h... yes
……
```

（3）修订源代码。

如果出现如图 3.21 所示错误，则表示系统没有安装软件包 sudo apt-get install flex。

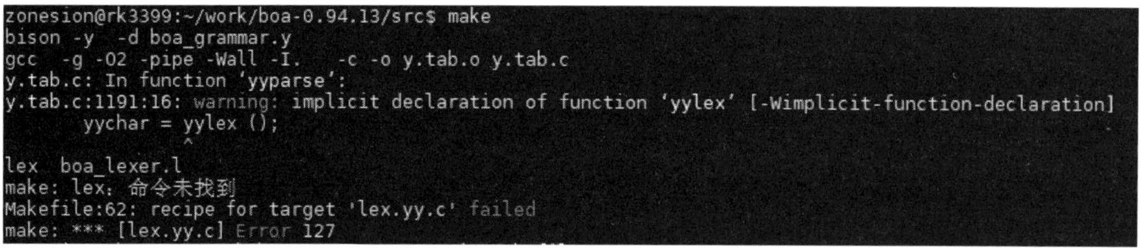

```
zonesion@rk3399:~/work/boa-0.94.13/src$ make
bison -y  -d boa_grammar.y
gcc  -g -O2 -pipe -Wall -I.    -c -o y.tab.o y.tab.c
y.tab.c: In function 'yyparse':
y.tab.c:1191:16: warning: implicit declaration of function 'yylex' [-Wimplicit-function-declaration]
       yychar = yylex ();
                ^
lex  boa_lexer.l
make: lex：命令未找到
Makefile:62: recipe for target 'lex.yy.c' failed
make: *** [lex.yy.c] Error 127
```

图 3.21　测试 1

如果出现如图 3.22 所示错误，则需要修改 src 源代码目录下的 compat.h 文件。

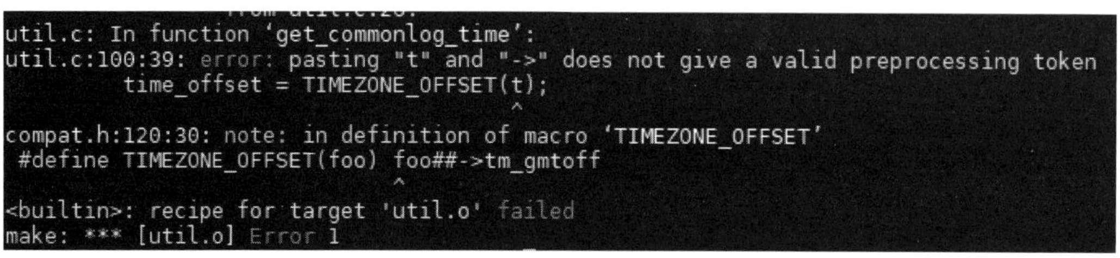

```
util.c: In function 'get_commonlog_time':
util.c:100:39: error: pasting "t" and "->" does not give a valid preprocessing token
    time_offset = TIMEZONE_OFFSET(t);
                                  ^
compat.h:120:30: note: in definition of macro 'TIMEZONE_OFFSET'
 #define TIMEZONE_OFFSET(foo) foo##->tm_gmtoff
                              ^
<builtin>: recipe for target 'util.o' failed
make: *** [util.o] Error 1
```

图 3.22　测试 2

修改 compat.h 文件的具体方法如下。

首先，打开 compat.h 文件：

test@rk3399:~/work/boa-0.94.13/src$ vi compat.h

程序中源代码如下：

#define TIMEZONE_OFFSET(foo) foo##->tm_gmtoff

接着，将上述代码修改为

#define TIMEZONE_OFFSET(foo) foo->tm_gmtoff

最后，在 Boa 源代码目录执行 make 命令，编译成功后会生成 boa 可执行程序。将这个可执行程序复制到/usr/bin/目录下。

sudo cp boa /usr/bin/

（4）配置 Boa。

Boa 在运行时需要读取/etc/boa/boa.conf 文件。首先，在系统中创建/etc/boa 目录，将源代码中的 boa.conf 文件复制到/etc/boa 目录下。

sudo mkdir /etc/boa
sudo cp boa.conf /etc/boa/

通过 vi 编译器打开 boa.conf 目录，修订配置文件中的下列配置项目：

```
Port 80                             //Boa 服务器监听的端口，默认的端口号是 80
User nobody                         //连接到服务器的客户端的身份，可以是用户名或 UID
Group nogroup                       //连接到服务器的客户端的组，可以是组名或 GID
ErrorLog /var/log/boa/error_log     //指定错误日志文件
AccessLog /var/log/boa/access_log   //设置存取日志文件，与 ErrorLog 类似
#ServerName www.your.org.here       //指定服务器的名称
DocumentRoot /var/www               //HTML 文件的根目录（也就是网站的目录）
MimeTypes /etc/mime.types           //设置包含 mime.types 信息的文件，一般是/etc/mime.types
DefaultType text/plain              //默认的.mimetypes 类型，一般是 text/html
ScriptAlias /cgi-bin/ /usr/lib/cgi-bin/  //指定脚本路径的虚拟路径
```

将以上配置项目修改为

```
Port 12678
User 0
Group 0
ErrorLog /var/log/boa/error_log
AccessLog /var/log/boa/access_log
ServerName www.zonesion.com.cn
DocumentRoot /www
MimeTypes /etc/mime.types
DefaultType text/html
ScriptAlias /cgi-bin/ /www/cgi-bin/
```

因为配置文件设置了访问日志与错误日志文件，所以需要在系统中设置对应目录与文件。

AccessLog /var/log/boa/access_log
ErrorLog /var/log/boa/error_log

日志文件的设置与修改如下：

```
创建日志文件目录
$sudo mkdir /var/log/boa
创建访问日志文件，并修改权限
$ sudo touch /var/log/boa/access_log
$ sudo chmod 666 /var/log/boa/access_log
创建访问日志文件，并修改权限
```

$ sudo touch /var/log/boa/error_log
$ sudo chmod 666 /var/log/boa/error_log

3. 城市扬尘监测功能测试

通过 Moba 软件复制 boa_reference 文件夹到边缘计算网关。

将 boa_reference 文件夹中的 www 文件复制到根目录。

$sudo cp -r /home/zonesion/work/boa_reference/www /

修改 Boa 服务器的配置文件，设置 Web 页面与 CGI 文件目录为/www 和/www/cgi-bin。

通过下列命令在后台运行 Boa 服务器：

$boa &

可以看到服务器端口号为 12678。

[07/Jan/2021:01:55:04 +0000] boa: server version Boa/0.94.13
[07/Jan/2021:01:55:04 +0000] boa: server built Dec 15 2019 at 21:30:00.
test@rk3399:/$ [07/Jan/2021:01:55:04 +0000] boa: starting server pid=5428, port 12678

使用 Ping 命令测试开发主机（Windows 系统或 Linux 系统）与网关的网络是否连通，如果网络连通，在主机开启 Chrome 浏览器，输入网关的 IP 地址与服务端口号(192.168.100.189:12678)，如图 3.23 所示。

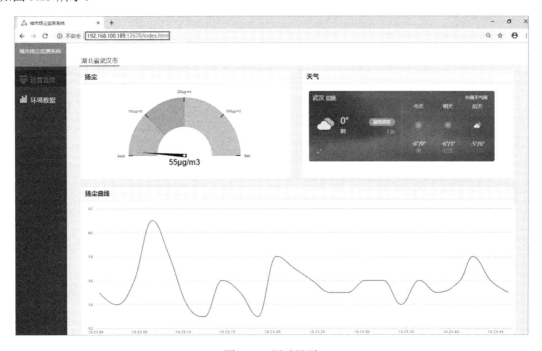

图 3.23　测试界面

4. 扬尘等级功能测试

通过 Moba 软件复制 src 文件到边缘计算网关的/home/zonesion/work/boa_reference/目录。

进入 src 目录，执行 make 命令：

$ cd src/
$make

编译完成后生成 ppm 文件。

adc.c   adc.o   font.h   ht16k33.ko   led8x8.h   leds.c   leds.o   main.o   oled.c   oled.o   pwmLed.c
pwmLed.o   utils.c   utils.o
adc.h   font.c   font.o   led8x8.c   led8x8.o   leds.h   main.c   Makefile   oled.h   **ppm**   pwmLed.h
ssd1316.ko   utils.h

修改点阵屏 ht16k33.ko 和 OLED 显示屏 ssd1316.ko 的驱动权限：

$sudo chmod 755 *.ko

修改文件权限使能 PWM 通道进行输出：

$ sudo chmod 755 /sys/class/pwm/pwmchip1/export

运行 ppm 文件：

sudo ./ppm

不同梯度的 ppm 值对应的 OLED 显示屏、点阵屏及 LED 灯显示效果如图 3.24 所示。

图 3.24　不同梯度的 ppm 值对应的显示效果图

3.2.7　小结

本节介绍了城市扬尘监控系统的 Web 页面框架，实现了 TVOC 传感器驱动开发设计、LED 驱动开发设计和 PWM 驱动设计。通过系统的扬尘检测功能设计模块对 Web 应用和 ARM 扩展板硬件功能进行了分析。最后通过硬件部署、Boa 服务器的编译与安装，实现在 Web 界面显示城市扬尘实时数据和历史曲线的效果，并实现开发板硬件控制。

3.2.8　思考与拓展

（1）ADC 有哪些主要特性？

（2）PWM 驱动 LED 与 GPIO 驱动 LED 有什么区别？

第4章 网络视频安防监控系统 Linux 开发案例

本章分析 Linux 技术在网络视频安防监控系统中的应用，包含以下两部分。

（1）视频系统总体设计与 Linux 驱动开发：依次介绍系统总体设计，mjpg-streamer 功能架构、mjpg-streamer 开发调试和 mjpg-streamer 视频采集程序设计，并实现基于 USB 摄像头的网络视频监控的开发实践。

（2）安防报警功能开发：依次介绍软件界面框架、配置信息保存功能设计、燃气传感器 Linux 驱动开发、报警管理功能设计、报警拍照功能设计，并实现视频安防系统的开发实践。

4.1 系统总体设计与 Linux 驱动开发

4.1.1 系统总体设计

1. 系统需求分析

目前，嵌入式 Linux 系统的视频应用主要有以下几种。

远程监控：如闭路电视系统，操作人员通过摄像头远程监控某个特定区域，小到一个小区，大到市政公共场所，都可能有这样的应用。

监控视频录制：一些监控系统前不一定一直有操作人员监视，可以通过录制监控视频的方式在需要时调出相关视频进行查阅。

嵌入式视觉系统：嵌入式视觉系统会对视频图像进行处理，并提取更多复杂信息，如雷达和城市智能交通应用。

视频传感器：如临床诊断设备会对采集的视频图像进行分析来诊断病情，智能购物设备通过采集视频图像分析使用者特征来定向推广销售，等等。

本项目是嵌入式 Linux 系统中使用摄像头的应用示例，是一种基于互联网视频监控在嵌入式系统中的解决方案，介绍了这种嵌入式设备的软、硬件组成及实现难点。通过这套设备，可以利用终端的网页浏览器访问、配置挂接其上的网络摄像头，从而达到重复利用互联网资源进行视频监控的目的。系统功能需求分析如表 4.1 所示。

表 4.1 系统功能需求分析

功　能	需　求　分　析
视频监控功能	实时显示 USB 摄像头视频流
报警日志功能	显示当前传感器报警状态，记录报警日志，保存最近 10 条报警信息，联动拍照开关设置
报警照片功能	显示最近 4 张报警照片

2．系统硬件与软件结构

网络视频安防监控系统的硬件主要由边缘计算网关、ARM 扩展模块和高清摄像头构成。边缘计算网关连接高清摄像头实时采集视频数据，通过 PC 端的浏览器调用 mjpg-streamer 服务可实时查看视频，网关连接 ARM 扩展模块的 TVOC 传感器实时采集气体数据，并将其作为燃气超标的依据产生安防警报，PC 端的 Web 管理界面可实时查看传感数据，进行报警参数设置，查看报警记录与报警照片，系统硬件结构如图 4.1 所示。

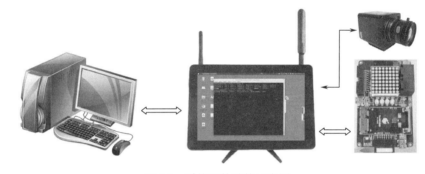

图 4.1　系统硬件结构示意图

网络视频安防监控系统的软件模块主要由硬件驱动程序、Boa 服务器、mjpg-streamer 安防应用主控软件、PC 端 Web 管理软件构成。系统软件结构如图 4.2 所示。

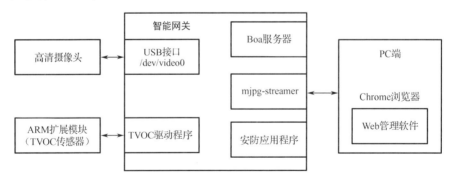

图 4.2　系统软件结构框图

4.1.2　mjpg-streamer 功能架构

mjpg-streamer 是一个开源项目，其基本功能是从 UVC 摄像头读取内容，然后将它推送到本地的 8080 端口上面，mjpg-streamer 实际为一个本地的视频服务器，其功能架构如图 4.3 所示。

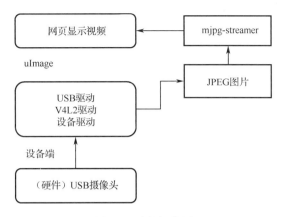

图 4.3 功能架构图

（1）UVC 摄像头。

免驱动摄像头，是一种遵循 USB 视频设备类（USB Video Class，UVC）标准协议的摄像头。将符合标准的摄像头连接到符合标准的操作系统，系统就会自动为其安装驱动并进行设置，使摄像头实现真正意义上的即插即用。

UVC 是一种硬件的框架结构，通过一种标准设计使其实现了在运行时不需要安装驱动程序。V4L2 是一个视频截取及设备输出 API，也是专为 Linux 设备设计的驱动程序框架，它支持很多设备，如 USB 摄像头、电视调谐卡等。V4L2 与 Linux 内核紧密集成可以实现系统与 UVC 设备的通信，简单来说，V4L2 就是用来管理 UVC 设备的，并且能够提供视频相关的一些应用程序接口。

（2）MJPG 编码格式。

MJPG 是 MJPEG 的缩写，MJPEG 的英文全拼为 Motion Joint Photographic Experts Group，是一种视频编码格式。MJPEG 常用于将闭合电路的电视摄像机的模拟视频信号"翻译"成视频流，并存储在硬盘上，其典型的应用如数字视频记录器等。MJPEG 不像 MPEG，不使用帧间编码，因此用一个非线性编辑器就很容易编辑。MJPEG 的压缩算法与 MPEG 一脉相承，功能很强大，能发送高质量图片、生成完全动画视频等。但相应地，MJPEG 对带宽的要求也很高，相当于 T-1，MJPEG 信息是存储在数字媒体中的庞然大物，需要大量的存储空间以满足如今多数用户的需求。因此从另一个角度来说，在某些条件下，MJPEG 是效率最低的编码/解码器之一。

MJPEG 是 24-bit 的真彩色影像标准，MJPEG 的工作是将 RGB 格式的影像转换成 YCrCB 格式，目的是减小档案大小，一般约可减小 1/3～1/2 左右。

MJPEG 与 MJPG 的区别：

① MJPEG 是视频，就是由系列.jpg 格式的图片组成的视频。

② MJPG 是 MJPEG 的缩写，但是 MJPEG 还可以表示文件格式扩展名。

（3）mjpg-streamer。

① mjpg-streamer 是一个命令行应用程序，它将 JPEG 帧从一个或多个输入插件复制到多个输出插件，可通过基于 IP 的网络将 JPEG 帧从网络摄像头流式传输到各种类型的查看器，如 Chrome、Firefox、VLC、MPlayer 及其他能够接收 MJPEG 流的软件。

② mjpg-streamer 最初是为嵌入式设备编写的，它在 RAM 和 CPU 方面的资源非常有限。

其前身"uvc_streamer"的创建是因为 Linux-UVC 兼容相机直接生成 JPEG 帧数据，即使是运行 OpenWRT 的嵌入式设备也可以实现快速和流畅的 MJPEG 流。输入模块"input_uvc.so"从连接的网络摄像头捕获这样的 JPEG 帧。mjpg-streamer 现在支持各种不同的输入设备，源代码结构如图 4.4 所示。

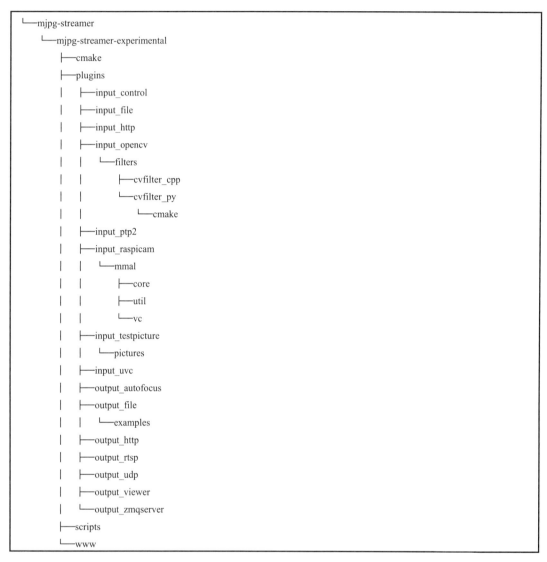

图 4.4　源代码结构

源代码结构主要由 plugins、www 等目录和 mjpg_streamer.h 头文件，以及 mjpg_streamer.c 源代码组成。

plugins 目录：主要包含 input 和 output 方式，提供 USB 摄像头的数据采集和传输功能。

www 目录：在使用浏览器浏览时的一些 html 界面功能。

mjpg-streamer.c 源代码及其头文件：主要实现命令参数的解析及调用相关线程运行功能子函数。

4.1.3 mjpg-streamer 开发调试

mjpg-streamer 是开源项目,其软件包可直接在网上下载,安装后进行简单的配置便可运行服务,查看运行效果。mjpg-streamer 具体的编译与安装操作步骤如下:

① 下载 mjpg-streamer 源代码;
② 执行 make 命令进行编译并安装 mjpg-streamer 软件包;
③ Linux 网关连接摄像头;
④ 启动视频采集与输出功能;
⑤ 在浏览器中输入 mjpg-streamer 服务的 IP 地址进行测试。

依次通过以下命令安装 mjpg-streamer 软件包:

```
//安装 cmake 与 jpeg 软件包
$ sudo apt-get install cmake libjpeg8-dev
//下载 mjpg-streamer 源代码
$ wget https://github.com/jacksonliam/mjpg-streamer/archive/master.zip
//解压源代码包
$ unzip master.zip
//进入源代码目录
test@rk3399:~/work$ cd mjpg-streamer-master/mjpg-streamer-experimental/
```

执行 make 命令进行编译:

```
test@rk3399:~/work/mjpg-streamer-master/mjpg-streamer-experimental$ make
```

安装编译完成的 mjpg-streamer 软件包:

```
test@rk3399:~/work/mjpg-streamer-master/mjpg-streamer-experimental$ sudo make install
……
make[1]: Leaving directory '/home/zonesion/work/mjpg-streamer-master/mjpg-streamer-experimental/_build'
```

通过下列代码中加粗的命令启动视频采集与输出功能。

```
test@rk3399:~/work/mjpg-streamer-master/mjpg-streamer-experimental$ /usr/local/bin/mjpg_streamer -i "/usr/local/lib/mjpg-streamer/input_uvc.so -n -f 24 -r 800x600" -o "/usr/local/lib/mjpg-streamer/output_http.so -p 8080 -w /usr/local/share/mjpg-streamer/www"
MJPG Streamer Version.: 2.0
 i: Using V4L2 device.: /dev/video0
 i: Desired Resolution: 800 x 600
 i: Frames Per Second.: 24
 i: Format............: JPEG
 i: TV-Norm...........: DEFAULT
 i: FPS coerced ......: from 24 to 30
 o: www-folder-path......: /usr/local/share/mjpg-streamer/www/
 o: HTTP TCP port........: 8080
 o: HTTP Listen Address..: (null)
 o: username:password....: disabled
 o: commands.............: enabled
```

输入参数（-i "/usr/local/lib/mjpg-streamer/input_uvc.so -n -f 30 -r 800x600"）的参数说明如下。

-i：输入
input_uvc.so：UVC 输入组件
-f 30：表示 30 帧
-r 800x600 ：表示分辨率大小
-y：YUV 格式输入（有卡顿），忽略该项则表示 MJPG 输入（需要摄像头支持）

输出参数（-o "/usr/local/lib/mjpg-streamer/output_http.so -p 8080 -w /usr/local/share/mjpg-streamer/www"）的参数说明如下。

-o：输出
output_http.so：网页输出组件
-w www：网页输出
-p 8080：端口号 8080
-d 1000：时间为 1s

4.1.4 mjpg-streamer 视频采集程序设计

mjpg-streamer 服务软件安装运行后会提供一个 HTTP 服务，通过 HTTP 服务可以自行开发 Web 应用程序，对采集的视频图像进行处理。

程序中首先通过样式表定义了一个 webcam 的显示区域，核心功能通过 javascript 脚本实现，var img = new Image()命令会创建一个图片对象 img，通过 mjpg-streamer 服务获取图片，再利用文档对象 webcam 在页面上显示图片，实现代码如下：

```
img.src = "http://192.168.100.170:8080/?action=snapshot&n=" + (++imageNr);
var webcam = document.getElementById("webcam");
    webcam.insertBefore(img, webcam.firstChild);
```

视频采集 Web 程序源代码如下：

```
<!DOCTYPE html>
<html>
<head>
<title>实时视频</title>
<style>
    #camera{
        width: 40%;
        height: 40%;
        display: block;
        margin: 5% auto;
        text-align: center;
        position: relative;
    }
    #camera img{
        width: 100%;
        height: auto;
```

```html
            display: block;
            margin: 0 auto;
        }
</style>
</head>
<body>
<div align="center"><h1>USB Camera</h1> </div>

<div align="center">
<button type="button" onclick="imgeOnclick ()">停止</button>
</div>

<div id=" camera">
    <div>
    </div>
</div>

<script type="text/javascript">
    var imageIndex = 0;              //图片的索引号
    var DloadImag = new Array();     //下载图片的队列
    var suspend = false;

    function imgCollection() {
      var img = new Image();
      img.style.position = "absolute";
      img.style.zIndex = -1;
      img.onload = imgOnload;
      img.onclick = imgOnclick;
      //填写对应的 IP 地址和端口
      img.src = "http://192.168.100.170:8080/?action=snapshot&n=" + (++imageIndex);
      var webcamera = document.getElementById("camera");
      webcamera.insertBefore(img, webcamera.firstChild);
    }

    function imgOnload() {
      this.style.zIndex = imageIndex;
      while (1 < DloadImag.length) {
        var delete = DloadImag.shift();         //删除旧照片
        delete.parentNode.removeChild(delete);
      }
      DloadImag.push(this);
      if (!suspend) imgCollection();
    }

    function imgeOnclick() {
      suspend = ! suspend;
      if (!suspend) imgCollection();
```

```
        }
        imgCollection()
</script>
</body>
</html>
```

4.1.5 开发实践：基于 USB 摄像头的网络视频监控

1．摄像头的连接与设置

本项目中使用到智能网关高性能 AI 边缘计算网关和工业级高清摄像头，工业级高清摄像头连接高性能 AI 边缘计算网关的 USB3.0 接口，摄像头连接示意图如图 4.5 所示。

图 4.5 摄像头连接示意图

检测 USB 摄像头的连接状态：在终端输入命令"ls /dev"可以在 Linux 文件测试界面看到方框中有 video0 设备（如图 4.6 所示），说明 USB 摄像头正常运行。

图 4.6 Linux 文件测试界面

2．mjpg-streamer 的编译与安装

mjpg-streamer 的源代码可以在网上下载，也可将 Mjpg-Streamer 目录下的 master.zip 文件复制到网关。mjpg-streamer 具体的编译与安装操作步骤参考本书 4.1.3 节内容。

3．mjpg-streamer 服务启动测试

在网关的任意目录下通过以下命令启动 mjpg-streamer 服务：

/usr/local/bin/mjpg_streamer -i "/usr/local/lib/mjpg-streamer/input_uvc.so -n -f 24 -r 800x600" -o "/usr/local/lib/mjpg-streamer/output_http.so -p 8080 -w /usr/local/share/mjpg-streamer/www"

启动 mjpg-streamer 服务界面，如图 4.7 所示。

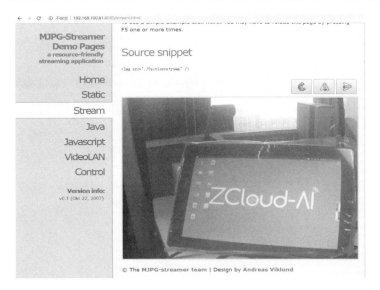

图 4.7　启动 mjpg-streamer 服务界面

在网关或开发计算机的浏览器中输入网关的 IP 地址与服务端口号 192.168.100.61:8080（在具体实验时需改成自己网关设备的 IP 地址），视频服务启动成功显示效果如图 4.8 所示。

图 4.8　视频服务启动成功显示效果

4．mjpg-streamer 视频程序测试

将 Mjpg-Streamer 目录下的测试页面文件 index.html 复制到/usr/local/share/mjpg-streamer/www 目录下。在网关的任意目录下通过以下命令启动 mjpg-streamer 服务：

```
/usr/local/bin/mjpg_streamer -i "/usr/local/lib/mjpg-streamer/input_uvc.so -n -f 24 -r 800x600" -o "/usr/local/lib/mjpg-streamer/output_http.so -p 8080 -w /usr/local/share/mjpg-streamer/www"
```

在网关或开发计算机的浏览器输入网关的 IP 地址与服务端口号 192.168.100.170:8080。单击界面的 Paused 按钮可以暂停视频流的显示，测试效果如图 4.9 所示。

图 4.9 测试效果

4.1.6 小结

通过本节的案例，读者可以了解网络视频安防系统总体的硬件与软件结构框架、Linux 系统中主流的 mjpg-streamer 视频采集处理软件、mjpg-streamer 软件的安装与测试、视频采集程序的二次开发，最后通过基于 USB 摄像头的网络视频监控实践，掌握完整的 Linux 嵌入式系统的视频采集、网络传输、Web 显示的实现流程与操作步骤。

4.1.7 思考与拓展

（1）mjpg-streamer 视频服务器有哪些功能？

（2）mjpg-streamer 视频服务器使用什么命令启动视频采集与网页输出功能？命令参数分别是什么？

4.2 视频安防监控报警功能开发

4.2.1 软件界面框架分析

本项目采用 Web 服务器 Boa 提供服务，软件界面采用 Web 框架实现，根据系统功能需求设计下列三个主要的功能界面，如图 4.10 所示。

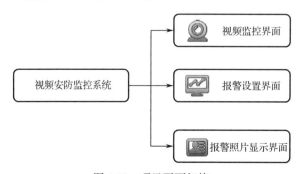

图 4.10 项目页面架构

（1）视频监控界面：通过 mjpg-streamer 实时显示 USB 摄像头视频流。
（2）报警设置界面：显示当前传感器报警状态，设置报警参数，显示报警日志。
（3）报警照片显示界面：显示报警时刻拍摄的照片。

Web 页面总体上采用 frame 框架实现，分为上部（标题栏）、左部（导航区）和右部（具体内容），如图 4.11 所示。

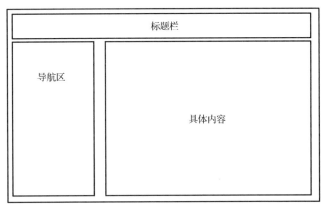

图 4.11 项目 Web 页面框架构成

4.2.2 配置信息保存功能设计

系统驱动有一项比较重要的功能——配置信息保存功能，配置信息通过数据结构保存到文件中。源代码中的配置信息最终都保存到以下宏定义的文件中：

#define CONFIG_FILE "/home/zonesion/www/cfg.dat"

主要函数说明如表 4.2 所示。

表 4.2 主要函数说明

函 数 名 称	函 数 说 明
int create_default_config(struct st_sys * dev);	初始化结构体的默认配置信息，并保存到文件
int save_dev(struct st_sys * dev);	把结构体的数据保存到文件中
int load_dev(struct st_sys * dev);	从文件中读取数据到结构体中

config.h 文件的源代码如下：

```
#ifndef __CONFIG_H__
#define __CONFIG_H__
#define DEF_T_UP     1.00           //定义默认 TVOC 上限
#define DEF_MAX_REC 10

#define CONFIG_FILE "/home/zonesion/www/cfg.dat"

//系统总体数据结构
struct st_sys{
    float tvoc_max;                 //设置 TVOC 读数最大值，当超过此值时触发报警
```

```c
    float tvoc_cur;                        //当前读数
    char status_cur;                       //当前状态
    char date_time[DEF_MAX_REC][30];       //报警时间  2019/10/23-12:33:45
    float status[DEF_MAX_REC];             //报警状态
};

int create_default_config(struct st_sys * dev);
int save_dev(struct st_sys * dev);
int load_dev(struct st_sys * dev);

#endif
```

config.c 文件源代码如下：

```c
#include <string.h>
#include <stdio.h>
#include "config.h"

int make_default_config(struct st_sys * dev)
{
    memset(dev,0,sizeof(struct st_sys));
    dev->tvoc_max = DEF_T_UP;
    dev->tvoc_cur = 0.0;        //当前读数
    dev->status_cur = 0;        //当前状态
    return save_dev(dev);
}

int save_dev(struct st_sys * dev)
{
    FILE * fp;
    if (NULL == (fp=fopen(CONFIG_FILE, "wb"))){
        printf("Config file open null...\n");
        return -1;
    }
    printf("\nSave system data!");
    fwrite(dev, sizeof(*dev),1,fp);    //write file
    fclose(fp);
    return 0;
}

int load_dev(struct st_sys * dev)
{
    FILE *     fp;
    memset(dev, 0, sizeof(*dev));

    if (NULL == (fp=fopen(CONFIG_FILE, "rb"))){
        printf("[load_dev]fopen null....\n");
```

```
            return make_default_config(dev);
    }

    if ( sizeof(*dev) != fread(dev,1,sizeof(*dev),fp) ){
        printf("[load_dev+]sizeof error...\n");
        fclose(fp);
        return -1;
    }
    fclose(fp);
    return 0;
}
```

4.2.3 燃气传感器 Linux 驱动开发

燃气传感器的引脚 4 连接开发板的 ADIN 引脚，如图 4.12 所示。ADIN 引脚连接的是开发板 rk3399 内部的 adc1 通道。

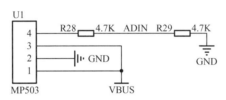

图 4.12 硬件原理图

ADC 驱动已被编译到默认内核中，因此不需要使用 insmod 方式加载 ADC 驱动。Linux 系统自带 ADC 通用驱动文件，它是以平台驱动设备模型的架构来编写的，里面是一些比较通用且稳定的代码，但是该通用驱动文件并不完善，有些函数并不存在。ADC 驱动也可以使用混杂（misc）设备驱动来进行编写。ADC 驱动的实现方法有很多种，本节采用内核自带的 ADC 驱动。

设备树信息和驱动源代码均位于 sdk 包中，通过以下命令可查看内核源代码中的设备树信息：

```
root@hostlocal:/home/mysdk/gw3399-linux/kernel# vi arch/arm64/boot/dts/rockchip/rk3399.dtsi
```

说明：x3399-linux.dts 目录下包含 rk3399.dtsi 文件，两者都包含驱动信息。打开 x3399-linux.dts，可以看到和 ADC 相关的信息如下：

```
saradc: saradc@ff100000 {
    compatible = "rockchip,rk3399-saradc";
    reg = <0x0 0xff100000 0x0 0x100>;
    interrupts = <GIC_SPI 62 IRQ_TYPE_LEVEL_HIGH 0>;
    #io-channel-cells = <1>;
    clocks = <&cru SCLK_SARADC>, <&cru PCLK_SARADC>;
    clock-names = "saradc", "apb_pclk";
    resets = <&cru SRST_P_SARADC>;
    reset-names = "saradc-apb";
    status = "disabled";
};
```

在智能网关的/sys/devices/platform/ff100000.saradc 目录中可以查看 ADC 设备相关信息。输入命令"cd iio\:device0/"进行查看。

```
test@rk3399:/sys/devices/platform/ff100000.saradc$ cd iio\:device0/
test@rk3399:/sys/devices/platform/ff100000.saradc/iio:device0$ ls
dev                in_voltage2_raw    in_voltage5_raw    of_node     uevent
in_voltage0_raw    in_voltage3_raw    in_voltage_scale   power
in_voltage1_raw    in_voltage4_raw    name               subsystem
```

说明：in_voltage%d_raw 对应的是各个 ADC 通道的转换值。

1. 传感器 Linux 驱动分析

驱动源代码位于 gw3399-linux/kernel/drivers/iio/adc/rockchip_saradc.c 目录下，驱动分析如下。

（1）设备树文件位于 gw3399-linux/kernel/arch/arm64/boot/dts/rockchip/rk3399.dtsi 目录下，具体代码如下。

```
saradc: saradc@ff100000 {
        compatible = "rockchip,rk3399-saradc";
        reg = <0x0 0xff100000 0x0 0x100>;
        interrupts = <GIC_SPI 62 IRQ_TYPE_LEVEL_HIGH 0>;
        #io-channel-cells = <1>;
        clocks = <&cru SCLK_SARADC>, <&cru PCLK_SARADC>;
        clock-names = "saradc", "apb_pclk";
        resets = <&cru SRST_P_SARADC>;
        reset-names = "saradc-apb";
        status = "disabled";
};
```

由 compatible = "rockchip,rk3399-saradc"可知对应驱动程序为/drivers/iio/adc/rockchip_saradc.c。

```
static const struct of_device_id rockchip_saradc_match[] = {
    {
        .compatible = "rockchip,saradc",
        .data = &saradc_data,
    }, {
        .compatible = "rockchip,rk3066-tsadc",
        .data = &rk3066_tsadc_data,
    }, {
        .compatible = "rockchip,rk3399-saradc",  //匹配设备树
        .data = &rk3399_saradc_data,
    },
    {},
};
```

（2）重要结构体。填充结构体 iio_info 对象，指定 rockchip_saradc_read_raw 函数来读取

ADC 数据，实现代码如下：

```c
static const struct iio_info rockchip_saradc_iio_info = {
    .read_raw = rockchip_saradc_read_raw, //rockchip_saradc_read_raw 函数用来读取 ADC 数据
    .driver_module = THIS_MODULE,
};
```

设置 ADC 通道，分别是通道 0 对应 adc0，通道 1 对应 adc1，以此类推。其中设备树里采用的通道是 adc1：

```c
static const struct iio_chan_spec rockchip_rk3399_saradc_iio_channels[] = {
    ADC_CHANNEL(0, "adc0"),                    //ADC 通道
    ADC_CHANNEL(1, "adc1"),
    ADC_CHANNEL(2, "adc2"),
    ADC_CHANNEL(3, "adc3"),
    ADC_CHANNEL(4, "adc4"),
    ADC_CHANNEL(5, "adc5"),
};
static const struct rockchip_saradc_data rk3399_saradc_data = {
    .num_bits = 10,                            //ADC 的位数是 10
    .channels = rockchip_rk3399_saradc_iio_channels, //ADC 通道
    .num_channels = ARRAY_SIZE(rockchip_rk3399_saradc_iio_channels), //通道数目
    .clk_rate = 1000000,                       //时钟频率
};
```

（3）pobe 函数。probe 函数实现了寄存器地址的设置以及时钟频率、参考电压等设置，其源代码如下：

```c
static int rockchip_saradc_probe(struct platform_device *pdev)
{
    struct rockchip_saradc *info = NULL;        //自定义结构体，用来记录资源
    struct device_node *np = pdev->dev.of_node;
    struct iio_dev *indio_dev = NULL;
    struct resource *mem;
    const struct of_device_id *match;
    int ret;
    int irq;
    if (!np)
        return -ENODEV;
    indio_dev = devm_iio_device_alloc(&pdev->dev, sizeof(*info));//分配一个 iio_dev 结构体，作为一个工业 IO 设备
    if (!indio_dev) {
        dev_err(&pdev->dev, "failed allocating iio device\n");
        return -ENOMEM;
    }
    info = iio_priv(indio_dev);
    match = of_match_device(rockchip_saradc_match, &pdev->dev);
    info->data = match->data;
```

```c
        mem = platform_get_resource(pdev, IORESOURCE_MEM, 0);        //获取 adc reg 的地址
        info->regs = devm_ioremap_resource(&pdev->dev, mem);          //映射到内核空间
        if (IS_ERR(info->regs))
                return PTR_ERR(info->regs);
        info->reset = devm_reset_control_get(&pdev->dev, "saradc-apb");
        if (IS_ERR(info->reset)) {
                ret = PTR_ERR(info->reset);
                if (ret != -ENOENT)
                        return ret;
                dev_dbg(&pdev->dev, "no reset control found\n");
                info->reset = NULL;
        }
        init_completion(&info->completion);
        irq = platform_get_irq(pdev, 0);                              //得到中断号
        if (irq < 0) {
                dev_err(&pdev->dev, "no irq resource?\n");
                return irq;
        }
        ret = devm_request_irq(&pdev->dev, irq, rockchip_saradc_isr,
                            0, dev_name(&pdev->dev), info);
        if (ret < 0) {
                dev_err(&pdev->dev, "failed requesting irq %d\n", irq);
                return ret;
        }
        info->pclk = devm_clk_get(&pdev->dev, "apb_pclk");
        if (IS_ERR(info->pclk)) {
                dev_err(&pdev->dev, "failed to get pclk\n");
                return PTR_ERR(info->pclk);
        }
        info->clk = devm_clk_get(&pdev->dev, "saradc");
        if (IS_ERR(info->clk)) {
                dev_err(&pdev->dev, "failed to get adc clock\n");
                return PTR_ERR(info->clk);
        }
        info->vref = devm_regulator_get(&pdev->dev, "vref");          //获取参考电压
        if (IS_ERR(info->vref)) {
                dev_err(&pdev->dev, "failed to get regulator, %ld\n",
                        PTR_ERR(info->vref));
                return PTR_ERR(info->vref);
        }
        if (info->reset)
                rockchip_saradc_reset_controller(info->reset);
_set_rate(info->clk, info->data->clk_rate);                           //设置时钟频率
        if (ret < 0) {
                dev_err(&pdev->dev, "failed to set adc clk rate, %d\n", ret);
                return ret;
        }
```

```
        ret = regulator_enable(info->vref);
        if (ret < 0) {
             dev_err(&pdev->dev, "failed to enable vref regulator\n");
             return ret;
        }
        info->uv_vref = regulator_get_voltage(info->vref);
        if (info->uv_vref < 0) {
             dev_err(&pdev->dev, "failed to get voltage\n");
             ret = info->uv_vref;
             goto err_reg_voltage;
        }
        ret = clk_prepare_enable(info->pclk);
        if (ret < 0) {
             dev_err(&pdev->dev, "failed to enable pclk\n");
             goto err_reg_voltage;
        }
        ret = clk_prepare_enable(info->clk);
        if (ret < 0) {
             dev_err(&pdev->dev, "failed to enable converter clock\n");
             goto err_pclk;
        }
        platform_set_drvdata(pdev, indio_dev);          //将 iio_dev 放到平台设备的私有数据里
        indio_dev->name = dev_name(&pdev->dev);
        indio_dev->dev.parent = &pdev->dev;
        indio_dev->dev.of_node = pdev->dev.of_node;
        indio_dev->info = &rockchip_saradc_iio_info;
        indio_dev->modes = INDIO_DIRECT_MODE;
        indio_dev->channels = info->data->channels;
        indio_dev->num_channels = info->data->num_channels;  //记录通道数
        ret = iio_device_register(indio_dev);            //向内核注册 iio_dev
        if (ret)
             goto err_clk;
        return 0;
err_clk:
        clk_disable_unprepare(info->clk);
err_pclk:
        clk_disable_unprepare(info->pclk);
err_reg_voltage:
        regulator_disable(info->vref);
        return ret;
}
```

2. Linux 应用程序接口

通过 sysfs 方式进行燃气传感器的 ADC 驱动测试。首先调用 open 函数,打开按键设备文件"/sys/devices/platform/ff100000.saradc/iio:device0",然后在 adcReadRaw 函数中调用设备文件的 read 函数,读取 ADC 接口原始电压数据,读取的数据在 adcReadCh0Volage 函数中被转换

成有效气体检测数据。

```c
#include <stdio.h>
#include <string.h>
#include <errno.h>
#include <stdlib.h>
#include <sys/types.h>
#include <sys/stat.h>
#include <fcntl.h>
#include <unistd.h>
#include "utils.h"

#define DEVDIR    "/sys/devices/platform/ff100000.saradc/iio:device0"
int adcReadRaw(int ch)
{
    int ret = -1;
    if (ch>=0 && ch<=5) {
        char buf[128];
        snprintf(buf, 128, DEVDIR"/in_voltage%d_raw", ch);
        int fd = open(buf, O_RDONLY);
        if (fd > 0) {
            ret = read(fd, buf, 128);
            if (ret > 0) {
                buf[ret] = '\0';
                ret = atoi(buf);
            }
            close(fd);
        }
    }
    return ret;
}

float adcReadCh0Volage(void)
{
    int t = adcReadRaw(0);
    if (t >= 0) {
        float v = t * 1.8f / 1023;
        float vin = v;
        #define R1 10000.0f
        #define R2 10000.0f
        #define R3 10000.0f
        /* 10K 1.8v*/
        #if 0
        float i3, i1, i2;
        i3 = (1.8 - v)/R3;
        i1 = v / R1;
        i2 = i1 - i3;
```

```
            vin = v + i2 * R2;
        #endif
            return vin;
    }
    return -1;
}
```

4.2.4 报警管理功能设计

1．报警主应用程序设计

报警系统主应用程序是系统项目在网关上运行的核心程序，程序运行流程与功能说明如下。

（1）初始化共享内存、命名管道；
（2）通过 load_dev(g_dev)加载配置文件数据；
（3）启动 mjpg-streamer 服务；
（4）读取 TVOC 传感器数据；
（5）对传感器当前数值与设置的上限值进行比较，如果超过上限值则报警拍照并记录；
（6）从命名文件读取用户设置的报警上限值；
（7）将系统结构体数据复制到共享内存中；
（8）将数据保存到配置文件中；
（9）休眠 1 秒，继续跳到步骤（4）进行循环。

程序中使用的主要函数功能说明如表 4.3 所示。

表 4.3 主要函数功能说明

函 数 名 称	功 能 说 明
void* set_web_shm(void);	设置共享内存
int init_fifo(void);	初始化命名管道
void copy_to_shm(struct st_sys* shm_dev);	将系统结构体数据复制到共享内存中
void do_snap(void);	系统报警后的拍照功能

报警系统主应用程序源代码如下。

```
#include <stdio.h>
#include <string.h>
#include <errno.h>
#include <stdlib.h>
#include <sys/types.h>
#include <sys/stat.h>
#include <fcntl.h>
#include <unistd.h>
#include <sys/shm.h>
#include <time.h>
#include "config.h"
```

```c
#include "adc.h"
#include "utils.h"

//TVOC 设备
#define DEVDIR    "/sys/devices/platform/ff100000.saradc/iio:device0"
#define FIFO "/tmp/val_max.txt"              //命名管道，由网页向后台传送配置

struct st_sys g_dev[1];                       //系统配置结构体全局变量

//设置共享内存
void* set_web_shm(void);
void   copy_to_shm(struct st_sys* shm_dev );
int init_fifo(void);
void do_snap(void);

int main(int argc,char* argv[])
{
    int index = 0;
    float v;
    struct st_sys* shm_dev;
    time_t timep;
    char buf_r[16];
    int fd = 0;
    int   nread;
    char *endptr;
    int len;
    time_t new_t,old_t=0;

    printf("System Init...\n");
    if((shm_dev=(struct st_sys*)set_web_shm())==NULL){
        printf("shm_web error\n");
        exit(1);
    }

    if((fd = init_fifo()) < 0){
        printf("fifo error\n");
        exit(1);
    }

    load_dev(g_dev);

    system("/usr/local/bin/mjpg_streamer -i \"/usr/local/lib/mjpg-streamer/input_uvc.so -n -f 24 -r 800x600\" -o \"/usr/local/lib/mjpg-streamer/output_http.so -p 8080 -w /usr/local/share/mjpg-streamer/www\" &");
    printf("Start mjpg-streamer...\n");
    sleep(2);

    while(1){
```

```c
            if((v =   adcReadCh0Volage())> 0){
                g_dev->tvoc_cur = v;
                printf("adc ch 0 v:%5.2f \r\n", v);
            }
            if(g_dev->tvoc_cur > g_dev->tvoc_max){
                g_dev->status_cur = 1;
                new_t= time(NULL);
                if(new_t-old_t > 30){
                    old_t = new_t;
                    time (&timep);
                    //printf("%s",ctime(&timep));
                    memset(g_dev->date_time[index],0,30);
                    strcpy(g_dev->date_time[index], ctime(&timep));
                    g_dev->status[index] = g_dev->tvoc_cur;

                    if(++index > 9)
                        index = 0;
                    do_snap();
                }
            }else{
                g_dev->status_cur = 0;
            }
            //读取网页设置的燃气传感器 TVOC 数据上限值
            memset(buf_r,0,sizeof(buf_r));
            if((nread = read(fd,buf_r,16))==-1){
                if(errno==EAGAIN)
                    printf("no data yet\n");
                printf("read err....\n");
            }else{
                printf("len=%d\n",strlen(buf_r));
                if((len=strlen(buf_r))>0){
                    g_dev->tvoc_max = atof(buf_r);
                    printf("set tvoc_max=%5.2f\n",g_dev->tvoc_max);
                }
            }

            copy_to_shm(shm_dev);
            save_dev(g_dev);
            sleep(1);
        }

    pause();
    unlink(FIFO);
    return 0;
}
```

2．Linux 进程间通信设计

本项目中使用到共享内存与命名管道的进程间通信机制，共享内存用于主应用程序与 Web 应用程序间共享系统主结构体数据，命名管道用于 Web 应用程序向主应用程序传递用户设置的配置信息，进程间通信机制如图 4.13 所示。

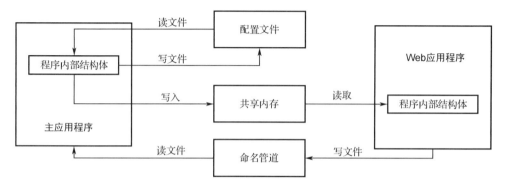

图 4.13　进程间通信机制

set_web_shm 函数用于设置共享内存，init_fifo 函数用于初始化命名管道，copy_to_shm 更新数据到共享内存，程序源代码如下：

```c
#define FIFO "/tmp/val_max.txt"         //命名管道，网页向后台传送配置信息

struct st_sys g_dev[1];                  //系统配置结构体全局变量
//设置共享内存
void* set_web_shm(void)
{
    int shmid;
    void* shmaddr=(void*)0;

    if((shmid=shmget((key_t)2345,sizeof(struct st_sys),0666|IPC_CREAT))<0){
        return NULL;
    }else{
        if((shmaddr=shmat(shmid,(void*)0,0))==(char *)-1){
            return NULL;
        }
    }

    printf("set shm ok...\n");
    return shmaddr;
}

void   copy_to_shm(struct st_sys* shm_dev )
{
    shm_dev->status_cur = g_dev->status_cur;
    shm_dev->tvoc_cur = g_dev->tvoc_cur;
```

```c
        shm_dev->tvoc_max = g_dev->tvoc_max;
        for(int i=0;i<10;i++)
        {
            shm_dev->status[i] = g_dev->status[i];
            strcpy(shm_dev->date_time[i],g_dev->date_time[i]);
        }

}
int init_fifo(void)
{
    int    fd;

    if((mkfifo(FIFO,0777)<0)&&(errno!=EEXIST)){
        printf("cannot create fifoserver\n");
        return -1;
    }
    fd = open(FIFO,O_RDONLY|O_NONBLOCK,0);
    if(fd == -1){
        perror("open");
        return -1;
    }
    return fd;
}
```

3．报警设置页面设计

报警设置页面的功能由两个程序实现，说明如下：

（1）alarm.cgi 程序：显示传感数据，进行报警参数设置，显示报警记录。

（2）alarm_post.cgi 程序：接收用户设置的报警上限值并写入命名管道中。

报警设置页面 alarm.cgi 的程序源代码如下。

```c
#include <stdio.h>
#include <string.h>
#include <errno.h>
#include <stdlib.h>
#include <fcntl.h>
#include <unistd.h>
#include <sys/shm.h>

#include "config.h"

struct st_sys g_dev[1];               //系统配置结构体全局变量

void* set_web_shm(void)
{
    int shmid;
    void* shmaddr=(void*)0;
```

```c
        if((shmid=shmget((key_t)2345,sizeof(struct st_sys),0666|IPC_CREAT))<0){
            return NULL;
        }else{
            if((shmaddr=shmat(shmid,(void*)0,0))==(char *)-1){
                return NULL;
            }
        }

        printf("set shm ok...\n");
        return shmaddr;
}

void html_print()
{
        char str_alarm[] = "/img/Smoke.gif";
        char str_normal[] = "/img/Smoke.png";

        printf("Content-type:text/html\r\n\r\n");
        printf("<html lang=\"en\">");
        printf("<head><meta charset=\"UTF-8\"><title>报警设置</title>");
        printf("<meta http-equiv=\"Refresh\" Content=\"5; Url=/cgi-bin/alarm.cgi\"> </head>");

        printf("<body><div align=\"center\"></br></br><table width=\"400\">");
        printf("<form name=\"input\" action=\"%s\" method=\"get\">","alarm_post.cgi");
        printf("<th colspan=\"4\">燃气报警器</th><tr><td colspan=\"4\"><hr /></td></tr>");
        printf("<tr><td>[当前状态]</td>");

        //根据报警状态显示不同的状态图片
        if(g_dev->status_cur == 1)
            printf("<td><img src=\"%s\" width=\"60\">",str_alarm);
        else
            printf("<td><img src=\"%s\" width=\"60\">",str_normal);
        //读取当前传感器数据
        printf("<td>[读数]</td><td>%.2f</td></tr>",g_dev->tvoc_cur);

        printf("<tr><td colspan=\"4\"><hr /></td></tr><tr><td>[设置上限]</td><td colspan=\"2\">");

        printf("<input type=\"text\" name=\"set_val\" value=\"%5.2f\"></td>",g_dev->tvoc_max);
        printf("<td><input type=\"submit\" value=\"设置\"></td>");
        printf("<tr><td colspan=\"4\"><hr /></td></tr></form></table>");

        printf("</br></br><table border=\"0\" width=\"400\"><th colspan=\"3\">报警日志</th>");
        printf("<tr><td colspan=\"3\"><hr /></td></tr>");
        for(int i=0;i<10;i++){

            printf("<tr><td><img src=\"/img/cam.png\" width=\"40\"></td><td>%.2f</td>",g_dev->status[i]);
            printf("<td align=\"right\">%s</td></tr>",g_dev->date_time[i]);
            printf("<tr><td colspan=\"3\"><hr /></td></tr>");
```

```c
    }
        printf("</table></div></body></html>");

}

int main()
{
    struct st_sys* shm_dev;

    if((shm_dev=(struct st_sys*)set_web_shm())==NULL){
        printf("shm_web error\n");
        exit(1);
    }else{
        g_dev->status_cur = shm_dev->status_cur;
        g_dev->tvoc_cur = shm_dev->tvoc_cur;
        g_dev->tvoc_max = shm_dev->tvoc_max;
        for(int i=0;i<10;i++)
        {
            g_dev->status[i] = shm_dev->status[i];
            strcpy(g_dev->date_time[i],shm_dev->date_time[i]);
        }
        printf("shm_dev->tvoc_cur=%5.2f\n",shm_dev->tvoc_cur);
    }

    html_print();
    return 0;
}
```

用户通过 Web 页面表单的 get 方法把设置的上限值传递给后台的 CGI 程序处理，后台的 CGI 程序通过 getenv 函数读取环境变量获得数值，并写入命名管道。

alarm_post.c 程序文件源代码如下：

```c
#include <stdio.h>
#include <string.h>
#include <errno.h>
#include <stdlib.h>
#include <sys/types.h>
#include <sys/stat.h>
#include <fcntl.h>
#include <unistd.h>
#include "config.h"

#define FIFO_SERVER "/tmp/val_max.txt"   //命名管道，由网页向后台传送配置

int main()
{
    char *data;                          //定义一个指针，用于指向QUERY_STRING存放的内容
```

```c
    float max_val;
    int fd;
    char w_buf[16];
    int nwrite;

    printf("Content-type:text/html\r\n\r\n");
    printf("<html lang=\"en\">");
    printf("<head><meta charset=\"UTF-8\">");
    //3 秒后跳转到报警设置页面
    printf("<meta http-equiv=\"Refresh\" Content=\"3; Url=/cgi-bin/alarm.cgi\"> ");
    printf("<title>报警设置</title></head>");

    printf("<body><div align=\"center\"></br></br>");

    data = getenv("QUERY_STRING");    //getenv 函数用于读取环境变量的当前值
    if(sscanf(data,"set_val=%f",&max_val)!=1) //利用 sscnaf 函数的特点提取出环境变量中的 led_control 值和 led_state 值
    {
            printf("<p>参数输入有误！</p>");
    }else{
            printf("<p>参数设置完成！TVOC_MAX=%5.2f</p>",max_val);
    }
    fd = open(FIFO_SERVER,O_WRONLY|O_NONBLOCK,0);
    if(fd == -1){
            if(errno==ENXIO){
                    printf("open error...\n");
                    exit(1);
            }
    }
    //gcvt();
    sprintf(w_buf,"%5.2f",max_val);
    printf("fd=%d,w_buf=%s\n",fd,w_buf);
    //strcpy(w_buf,max_val);
    nwrite = write(fd,w_buf,strlen(w_buf));

    if(nwrite == -1)
    {
        if(errno == EAGAIN)
            printf("The FIFO has not been read yet.Please try later\n");
    }else{
            printf("<p>参数传送完成！%s</p>",w_buf);
    }
    printf("nwrite=%d,errno=%d\n",nwrite,errno);
    close(fd);
    printf("</div></body></html>\n");
    exit(0);
}
```

4.2.5 报警拍照功能设计

1. 触发拍照功能设计

系统主程序中会定时判断（30 秒）当前采集的燃气传感器数据是否超过用户设置的上限值，如果超过则会调用 do_snap 函数进行处理。

处理流程如下：

（1）执行脚本文件 kill_mjpg.sh，关闭系统中的 mjpg_streamer 后台服务进程；

（2）删除照片保存目录下的旧照片；

（3）通过 mjpg-streamer 服务的 output_file.so 文件输出功能，把视频流保存为 JPEG 格式的文件；

（4）通过 sleep(5)休眠 5 秒钟，让 mjpg-streamer 服务可以保存 4 张照片文件；

（5）执行脚本文件 kill_mjpg.sh，关闭系统中 mjpg_streamer 后台服务的照片输出进程；

（6）重新启动 mjpg-streamer 服务的 output_http.so 网页视频流输出功能；

（7）把保存目录下的照片文件重新命名，方便网页读取并显示照片。

```
void do_snap()
{
    system("sudo /home/zonesion/www/kill_mjpg.sh");
    system("sudo rm -rf /home/zonesion/www/jpeg/*.jpg");

    system("/usr/local/bin/mjpg_streamer -i \"/usr/local/lib/mjpg-streamer/input_uvc.so -y -r 800x600\" -o \"/usr/local/lib/mjpg-streamer/output_file.so   -d 1000 -f /home/zonesion/www/jpeg\" &");
    sleep(5);
    system("sudo /home/zonesion/www/kill_mjpg.sh");

    system("/usr/local/bin/mjpg_streamer -i \"/usr/local/lib/mjpg-streamer/input_uvc.so -n -f 24 -r 800x600\" -o \"/usr/local/lib/mjpg-streamer/output_http.so -p 8080 -w /usr/local/share/mjpg-streamer/www\" &");
    system("sudo mv /home/zonesion/www/jpeg/*1.jpg /home/zonesion/www/jpeg/1.jpg");
    system("sudo mv /home/zonesion/www/jpeg/*2.jpg /home/zonesion/www/jpeg/2.jpg");
    system("sudo mv /home/zonesion/www/jpeg/*3.jpg /home/zonesion/www/jpeg/3.jpg");
    system("sudo mv /home/zonesion/www/jpeg/*4.jpg /home/zonesion/www/jpeg/4.jpg");

}
```

启动脚本文件，查找运行的 mjpg_streamer 进程，通过 kill 命令关闭进程，代码如下：

```
#!/bin/bash
pids=$(ps -ef | grep mjpg_streamer | awk '{print $2}')
for pid in $pids
do
  echo   $pid
  kill -9   $pid
done
```

2. 报警照片显示页面设计

报警照片显示页面由 HTML 网页程序生成，其功能是读取指定目录下、指定文件名的图片，并在页面上显示，如图 4.14 所示。

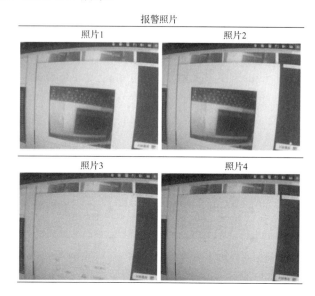

图 4.14　报警照片显示页面

报警照片显示页面的 HTML 网页程序代码如下。

```
<!doctype html>
<html lang="en">
<head>
    <meta charset="UTF-8">
    <title>报警照片</title>
</head>

<body>
<div align="center">
<table border="0" width="700">
<th colspan="2">报警照片</th>
<tr><td colspan="2"><hr /></td></tr>
<tr><td align="center">照片 1</td><td align="center">照片 2</td></tr>
<tr><td><img src="jpeg/1.jpg" width="340"></td><td><img src="jpeg/2.jpg" width="340"></td></tr>
<tr><td colspan="2"><hr /></td></tr>
<tr><td align="center">照片 3</td><td align="center">照片 4</td></tr>
<tr><td><img src="jpeg/3.jpg" width="340"></td><td><img src="jpeg/4.jpg" width="340"></td></tr>
<tr><td colspan="2"><hr /></td></tr>
</table>
</div>

</body>
</html>
```

4.2.6　开发实践：视频安防监控系统

1．硬件连接与测试

本项目中使用到高性能 AI 边缘计算网关和工业级高清摄像头。工业级高清摄像头连接高性能 AI 边缘计算网关的 USB3.0 接口，硬件连接如图 4.15 所示。

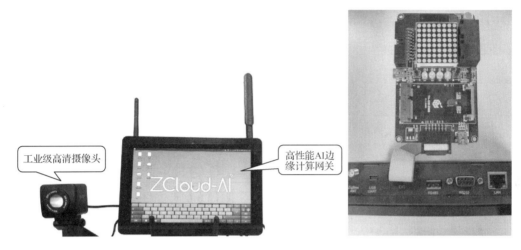

图 4.15　硬件连接示意图与实拍图

2．Boa 编译与安装

（1）通过 Moba 软件复制 Boa 源代码到边缘计算网关。

（2）解压源代码，运行配置命令 ./configure，如图 4.16 所示。

（3）修订源代码。

如果出现如图 4.17 所示错误，说明系统没有安装软件包 sudo apt-get install flex。

如果出现如图 4.18 所示错误，则需要修改 src 源代码目录下的 compat.h 文件。

```
zonesion@rk3399:~/work/boa-0.94.13/src$ ./configure
creating cache ./config.cache
checking for gunzip... /bin/gunzip
checking for flex... lex
checking for yywrap in -ll... no
checking for bison... bison -y
checking for gcc... gcc
checking whether the C compiler (gcc  ) works... yes
checking whether the C compiler (gcc  ) is a cross-compiler... no
checking whether we are using GNU C... yes
checking whether gcc accepts -g... yes
checking how to run the C preprocessor... gcc -E
checking whether make sets ${MAKE}... yes
checking for dirent.h that defines DIR... yes
checking for opendir in -ldir... no
checking for ANSI C header files... yes
checking for sys/wait.h that is POSIX.1 compatible... yes
checking for fcntl.h... yes
checking for sys/fcntl.h... yes
checking for limits.h... yes
checking for sys/time.h... yes
checking for sys/select.h... yes
checking for getopt.h... yes
```

图 4.16　运行配置命令

```
zonesion@rk3399:~/work/boa-0.94.13/src$ make
bison -y  -d boa_grammar.y
gcc  -g -O2 -pipe -Wall -I.   -c -o y.tab.o y.tab.c
y.tab.c: In function 'yyparse':
y.tab.c:1191:16: warning: implicit declaration of function 'yylex' [-Wimplicit-function-declaration]
       yychar = yylex ();
                ^
lex  boa_lexer.l
make: lex: 命令未找到
Makefile:62: recipe for target 'lex.yy.c' failed
make: *** [lex.yy.c] Error 127
```

图 4.17　错误示例（1）

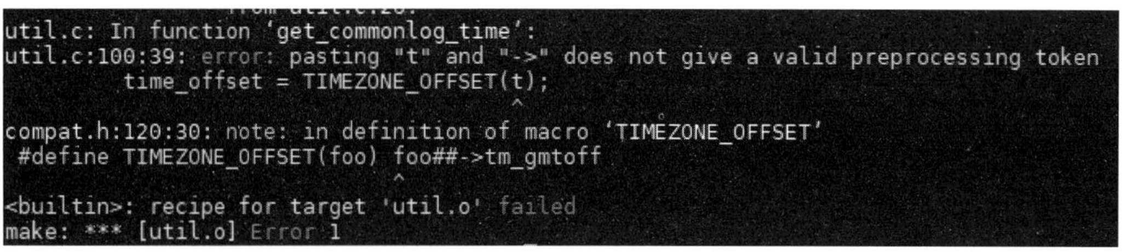

图 4.18　错误示例（2）

程序中的源代码：

#define TIMEZONE_OFFSET(foo) foo##->tm_gmtoff

将上述代码修改为

#define TIMEZONE_OFFSET(foo) foo->tm_gmtoff

最后，在 Boa 源代码目录执行 make 命令，编译成功后会成生 boa 可执行程序。将这个可执行程序复制到/usr/bin/目录中。

sudo cp boa /usr/bin/

（4）Boa 配置。Boa 在运行时需要读取/etc/boa/boa.conf 文件。首先在系统中创建/etc/boa 目录，然后把源代码中的 boa.conf 文件复制到/etc/boa 目录下。

sudo mkdir /etc/boa
sudo cp boa.conf /etc/boa/

通过 vi 编译器打开 boa.conf 目录，修订配置文件中的下列配置项目：

Port 6080　#服务端口
DocumentRoot /var/www
ScriptAlias /cgi-bin/ /usr/lib/cgi-bin/

因为配置文件设置了访问日志与错误日志文件，所以需要在系统中设置对应的目录与文件。

AccessLog /var/log/boa/access_log
ErrorLog /var/log/boa/error_log

日志文件的设置与修改如下：

创建日志文件目录
$sudo mkdir /var/log/boa
创建访问日志文件，并修改权限
$ sudo touch /var/log/boa/access_log
$ sudo chmod 666 /var/log/boa/access_log
创建访问日志文件，并修改权限
$ sudo touch /var/log/boa/error_log
$ sudo chmod 666 /var/log/boa/error_log

3. 安防管理功能测试

在网关的当前用户目录创建 www 目录。

$sudo mkdir /home/zionsion/www

修改 Boa 服务器的配置文件，将 Web 页面与 CGI 文件目录设置为/home/zoinsion/www。通过以下命令实现在后台运行 Boa 服务器。

$boa &

将 WebBoa 目录文件夹下的全部文件复制到边缘计算网关的/home/zoinsion/www 目录下。通过运行安防应用的后台服务程序来启动 mjpg-streamer 服务，如图 4.19 所示。

./main_test

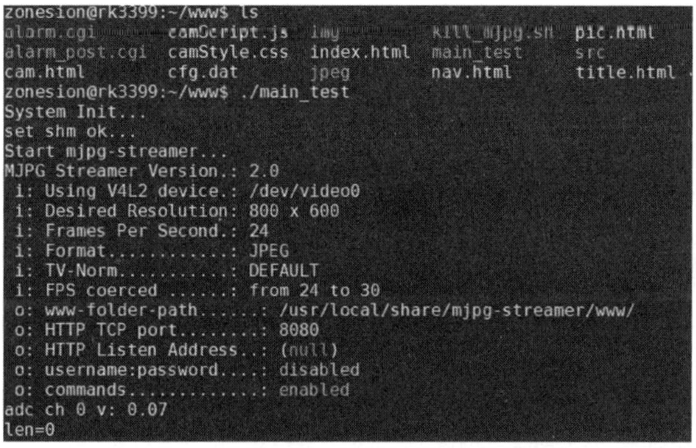

图 4.19　启动 mjpg-streamer 服务

使用 Ping 命令测试开发主机（Windows 系统或 Linux 系统）与网关的网络是否连通，如果网络连通，则在主机开启 Chrome 浏览器，输入网关的 IP 地址与服务端口号（192.168.100.170:6080），显示界面如图 4.20 所示。

图 4.20　显示界面

单击显示界面上的"报警设置"按钮可以切换到报警设置界面，如图 4.21 所示。

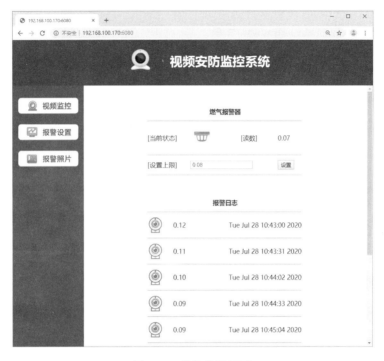

图 4.21　报警设置界面

在此界面可以查看燃气报警器的当前状态、读数，并设置触发报警的上限。在测试时可以输入一个比当前读数小的上限值，进行报警测试，设置成功界面如图 4.22 所示。

单击显示界面上的"报警照片"按钮可以查看报警照片，即系统触发报警后拍摄的画面，如图 4.23 所示。

图 4.22　设置成功界面　　　　　　　　图 4.23　查看报警照片

4.2.7 小结

本节分析了网络视频安防监控系统的软件界面架构，实现了系统配置信息保存功能的设计、燃气传感器的驱动程序与应用程序接口设计。通过对系统主应用程序、进程间通信设计、报警状态显示与设置、报警照片显示功能设计等几个软件模块的分析，介绍了系统主要功能，最后通过系统的软硬件安装、部署、测试，完成整个项目的开发实践。

4.2.8 思考与拓展

（1）本项目的主应用程序同 Web 程序间使用了哪些进程间通信机制，为什么要使用这些通信机制？

（2）项目中报警拍照的功能是通过什么方式实现的，有没有其他的实现方式？

第 5 章 智能家居网关 Linux 开发案例

本章分析 Linux 技术在智能家居网关中的应用，主要包含以下三部分。

（1）Linux 网关服务框架：依次介绍物联网网关、智云物联平台和平台开发调试工具，最终实现智能网关组网与测试的开发实践。

（2）Linux 智能网关设计：依次介绍 Linux 智能网关系统分析、本地服务设计架构、协议解析服务设计、地址缓存服务设计和数据处理服务设计，最终实现 Linux 智能网关本地服务设计的开发实践。

（3）Linux 网关远程服务设计：依次介绍远程服务设计、TCP 网络服务设计、MQTT 数据服务设计和 Linux 网关协议设计，最终实现 Linux 网关远程服务设计的开发实践。

5.1 Linux 网关服务框架

5.1.1 物联网网关

网关（Gateway）又称网间连接器、协议转换器。网关在网络层以上实现网络互连，是最复杂的网络互连设备之一，网关仅用于两个高层协议不同的网络互连。网关的结构和路由器类似，二者的不同在于互连层。网关既可以用于广域网互连，也可以用于局域网互连。

物联网网关是连接感知网络与传统通信网络的纽带。作为网关设备，物联网网关可以实现感知网络与通信网络，以及不同类型感知网络之间的协议转换，既可以实现广域网互联，也可以实现局域网互联。此外物联网网关还需要具备设备管理功能，运营商通过物联网网关可以管理底层的各感知节点，了解各节点的相关信息，并实现远程控制。物联网网关具备的能力主要包括以下三个。

（1）广泛的接入能力。

短距离通信的技术标准有很多，如 ZigBee、6LoWPAN、BLE、WiFi 等。各类技术主要针对某一应用展开，相互之间缺乏兼容性和体系规划。现在国内外已经在开展针对物联网网关的标准化工作，如 3GPP 组织、国家传感器网络标准工作组，旨在实现各种通信技术标准的互联互通。

（2）可管理能力。

首先，要对网关进行管理，如注册管理、权限管理、状态监管等。其次，要通过网关实现对子网内节点的管理,如获取节点的标识、状态、属性、类型等,又如远程唤醒、控制、诊断、升级和维护等功能。由于子网的技术标准不同,协议的复杂性不同,所以网关具有的管理性能力不同。要用基于模块化物联网网关的方式来管理不同的感知网络和应用,保证能够使用统一的管理接口技术对末梢网络节点进行统一管理。

(3) 协议转换能力。

从不同的感知网络到接入网络的协议转换,将下层的标准格式数据统一封装,保证不同感知网络的协议能够变成统一的数据和信令;将上层下发的数据包解析成感知层协议可以识别的信令和控制指令。

物联网智能网关是一个中央数据转换单元,基于传统嵌入式技术,运行复杂的嵌入式操作系统,实现传感无线网数据与电信网和互联网之间的数据交互。

智能网关采用嵌入式高性能 ARM 处理器,运行 Linux 操作系统,实现网络数据的 M2M 交互。

物联网网关服务架构如图 5.1 所示。

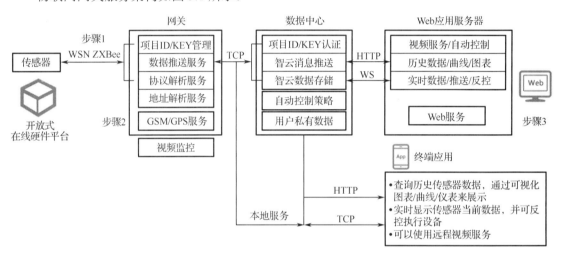

图 5.1　物联网网关服务架构

5.1.2　智云物联平台

智云物联平台模型如图 5.2 所示。

(1) 各种智能设备通过 ZigBee(BLE、WiFi、NB-IoT、LoRa 和 LTE)等无线传感器网络联系在一起,其中协调器/汇集器节点作为整个网络的汇集中心。

(2) 协调器/汇集器与 Linux 网关进行交互,通过 Linux 网关上运行的服务程序,将传感器网络与电信网和移动网进行连接,同时将数据推送给智云中心,也支持将数据推送到本地局域网。

(3) 云平台提供数据存储服务、数据推送服务、自动控制服务等深度服务接口,而本地服务仅支持数据推送服务。

(4) 物联网应用项目通过智云 API 进行具体应用的开发,能够实现对传感器网络内节点的采集、控制、决策等。

第 5 章 智能家居网关 Linux 开发案例

图 5.2　智云物联平台模型

5.1.3　平台开发调试工具

1. xLabTools

为了方便读者进行物联网项目的学习和开发，本书作者根据物联网的特性开发了一款专门用于数据收发及调试的辅助工具 xLabTools，该工具可以通过无线节点的调试串口获取节点当前配置的网络信息。当协调器连接到 xLabTools 时，可以查看网络信息，以及该协调器所组建的无线节点反馈的信息，并且能够通过调试窗口向网络内各节点发送数据；当终端节点或路由节点连接到 xLabTools 时，可以实现对终端节点数据的监测，并能够通过工具向协调器发送指令。

2. ZCloudTools

ZCloudTools 是一款无线传感器网络综合分析测试工具，具有网络拓扑图生成、数据包分析、传感器信息采集和控制、传感器历史数据查询等功能。ZCloudTools 的工作界面如图 5.3 所示。

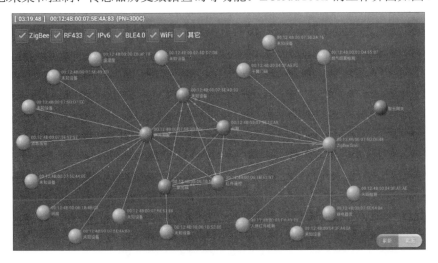

图 5.3　ZCloudTools 的工作界面

除了 Android 端的调试工具，本书作者还开发了 PC 端的调试工具，PC 端的调试工具为 ZCloudWebTools，该工具可直接在 PC 端的浏览器中运行，其功能与 ZCloudTools 类似。ZCloudWebTools 的工作界面如图 5.4 所示。

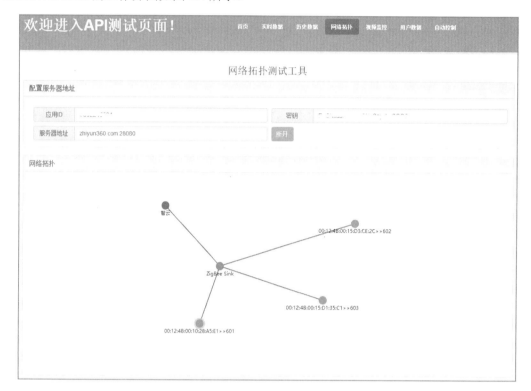

图 5.4　ZCloudWebTools 的工作界面

5.1.4　开发实践：智能网关的组网与测试

1. ZigBee 网络

1）ZigBee 网络参数

ZigBee 作为一种可中继、覆盖范围广、接入节点众多的无线网络技术，其所构建的网络势必会有众多的节点，这些节点的识别与定位是 ZigBee 网络要关注的技术重点。

ZigBee 采用的网络区分与识别方法是设置 ZigBee 的网络 CHANNEL（信道号），在相同 CHANNEL 下通过 PANID（网络标识符）来区分网络。当一个 ZigBee 节点将 CHANNEL 和 PANID 信息与已有的 ZigBee 网络信息设置相同时，这个 ZigBee 节点就可以接入已有的 ZigBee 网络了。在 ZigBee 网络内部，Coordinator（协调器）和 Router（路由器）通过分配的 ShortAddr（短地址）实现对节点的定位与识别；在 ZigBee 网络外部，开发者可以通过每个 ZigBee 芯片自带的全球唯一的 MAC 地址对 ZigBee 节点进行识别。下面对前面提到的 4个参数进行说明。

（1）信道号（CHANNEL）。

CHANNEL 是 ZigBee 通信频率设置的信道号，2.4G 的 ZigBee 协议栈含有 16 个通信信道，中国分配的信道为信道 11（0x0b）～信道 26（0x1a）。信道的设置通过一个 4 字节（32bit）数据来标示，如果需要使能某个信道，就将信道对应 bit 的数据设置为 1 即可。比如某个设备使用信道 11，将其信道数据设置为 0x00000800；若设备使用信道 26，则将其信道数据设置为 0x04000000。同时 ZigBee 网络允许设备使能多个信道。如果需要使能所有信道，则设置 CHANNEL 为 0x7fff800。ZigBee 网络只有在保证信道相同时才能考虑通信的可能性，如果信道不同则无法组网。ZigBee 信道分配如图 5.5 所示。

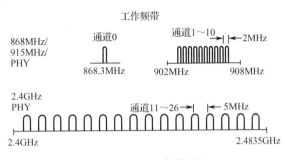

图 5.5　ZigBee 信道分配

（2）网络标识符（PANID）。

PANID 是 ZigBee 的局域网 ID，用于区分通信信道下的其他网络，节点通过 PANID 判断自身所属的网络标识。PANID 的参数可配置，其配置参数范围为 0x0000～0xFFFF。可相互通信的节点之间的 PANID 必须相同，且必须保证同一工作区域内相邻网络的 PANID 不同。

（3）长地址（MAC）。

长地址 MAC 是一种 64 位 IEEE 地址，该地址全球唯一，并且一经分配就将跟随设备一生，它通常由设备的制造商设置。MAC 地址由 IEEE 组织来维护和分配。

（4）短地址（ShortAddr）。

ShortAddr 是一种 16 位的 ZigBee 内部的网络地址，它是在设备加入网络后分配的，它在 ZigBee 局域网中是唯一的，用来在网络中鉴别设备和发送数据。当 ZigBee 节点在精简功能设备（RFD）模式下时直接使用内网点地址即可。

2）ZigBee 网络节点类型

ZigBee 网络的基础主要包括设备类型、拓扑结构和路由方式三方面的内容。ZigBee 标准规定所有的 ZigBee 网络节点分为 Coordinator（协调器）、Router（路由器）和 EndDevice（终端）三种类型，节点类型只是网络层的概念，反映了网络的拓扑形式，而 ZigBee 网络采用任何一种拓扑形式只是为了实现网络中信息高效稳定地传输，在实际的应用中不必关心 ZigBee 网络的组织形式，节点类型的定义与节点在应用中所起到的功能并不相关。下面介绍这三种网络节点类型。

（1）Coordinator（协调器）。

无论 ZigBee 网络采用何种拓扑方式，网络中都有且只有一个协调器节点，它在网络层的任务是：选择网络所使用的频率通道，建立网络并将其他节点加入网络，提供信息路由、安全管理和其他的服务。协调器节点在系统初始化时起重要的作用，在某些应用中网络初始化完成后，即使关闭了协调器节点，网络仍然可以正常工作，但若协调器节点在应用层提供一些服务，则必须保持其持续处于工作状态。

（2）Router（路由器）。

如果 ZigBee 网络采用了树状和星状拓扑结构,就需要用到 Router 这种类型的节点来负责数据的路由,而路由的建立由 ZigBee 协议的算法决定,它入网后既可以加入其他路由节点,也可以加入协调器,是网络远距离延伸的必要部件。此类节点的主要功能是:发送和接收节点自身信息、在节点之间转发信息、允许子节点通过它加入网络。

（3）EndDevice（终端）。

终端节点的主要任务就是发送和接收信息,它不能转发信息,也不能让其他人加入网络。通常当一个终端节点不处在数据收发状态时可进入休眠状态以节省耗电。

3）ZigBee 网络结构

ZigBee 作为一种短距离、低功耗、低数据传输速率的无线网络技术,是介于无线标记技术和蓝牙之间的技术方案,在传感器网络等领域应用非常广泛,这得益于它强大的组网能力。ZigBee 有星状、树状和网状三种网络拓扑结构,这三种结构各有优势,可以根据实际项目需要来选择合适的 ZigBee 网络结构。

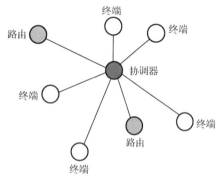

图 5.6　星状拓扑

（1）星状拓扑。

星状拓扑是最简单的拓扑形式,如图 5.6 所示,包含一个协调器节点和一系列终端节点。每个终端节点只能和协调器节点进行通信,在两个终端节点之间进行通信必须通过协调器节点转发数据。

这种拓扑形式的缺点是,节点之间的数据路由只有唯一的路径,协调器可能成为整个网络的瓶颈。实现星状拓扑不需要使用 ZigBee 的网络层协议,因为本身 IEEE 802.15.4 的协议层就已经实现了星状拓扑形式,但是这需要开发者在应用层做更多的工作,包括自己处理信息的转发。

（2）树状拓扑。

树状拓扑如图 5.7 所示,在树状拓扑中协调器可以连接路由和终端,其子节点的路由也可以连接路由和终端,在多个层级的树状拓扑中,信息具有唯一路由通道,直接通信只可以在父节点与子节点之间进行,非父子关系的节点需间接通信。

（3）网状拓扑。

网状拓扑如图 5.8 所示,这种网络结构具有灵活的路由选择方式,当某个路由路径出现问题时,信息可自动沿其他路由路径进行传输。任意两个节点可相互传输数据,数据可直接传输或在传输过程中经多级路由转发,网络层提供路由探索功能,使得网络层可以找到信息传输的最优化路径,而不需要应用层的参与,网络会自动按照 ZigBee 协议算法选择较好的路由路径作为数据传输通道,从而使得网络更稳定,通信效率更高。

2. 智能网关技术架构分析

在整个物联网技术架构中,智能网关属于网络层与平台层交互的纽带。感知层的无线节点采集数据,并通过物联网无线通信方式（ZigBee、蓝牙、WiFi、LoRa、NB-IoT、LTE）把数据传输到智能网关,智能网关汇集数据后上传到智云服务器,智云服务器对数据进行存储、加工,最后用户终端通过云端接口访问数据。

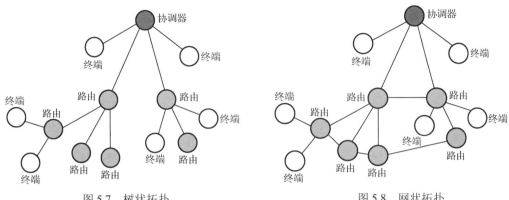

图 5.7 树状拓扑　　　　　　　　　图 5.8 网状拓扑

智能网关技术架构如图 5.9 所示。

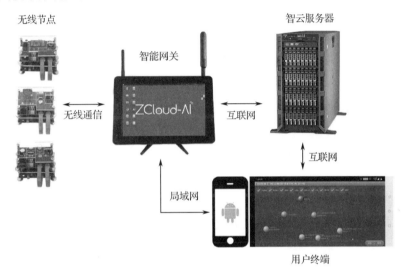

图 5.9 智能网关技术架构

3．智云物联项目组网与测试

1）ZigBee 网络构建过程

（1）准备一个智能网关、若干 ZigBee 节点和传感器。

（2）启动智能网关系统，此时 ZigBee 协调器节点根据程序设定的网络参数建立 ZigBee 网络。

（3）启动 ZigBee 节点，根据程序设定的网络参数开始搜寻网络并入网。

（4）配置智能网关的网关服务程序，设置 ZigBee 传感器网络并接入物联网云平台。

（5）通过智能网关上的应用软件连接到设置的 ZigBee 项目，与 ZigBee 设备进行通信。

2）Linux 网关配置

（1）系统开机后，Linux 系统及网关程序会自动启动，单击远程服务/本地服务的启动按钮，如图 5.10 所示，启动成功后会显示已连接。

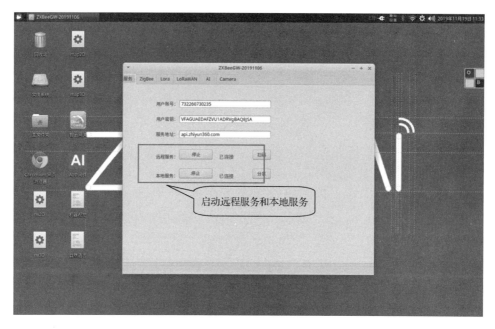

图 5.10 启动 Linux 网关

（2）若需要修改边缘计算网关内置 ZigBee 协调器节点的网络参数，选择"ZigBee"选项卡，对 PANID/CHANNEL 参数进行修改，修改完成后重新勾选"启动"选项，启动 ZigBee 服务，如图 5.11 所示。

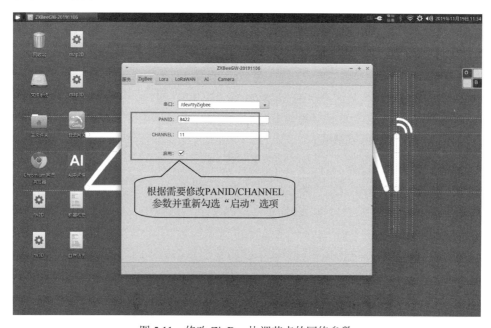

图 5.11 修改 ZigBee 协调节点的网络参数

3）连接设备并组建 ZigBee 网络

准备 LiteB 节点、传感器，连接好天线，再将连接有传感器的 LiteB 节点上电 [传感器上的节点网络灯闪烁后常亮（红色）表示节点成功加入网络］，如图 5.12 所示。

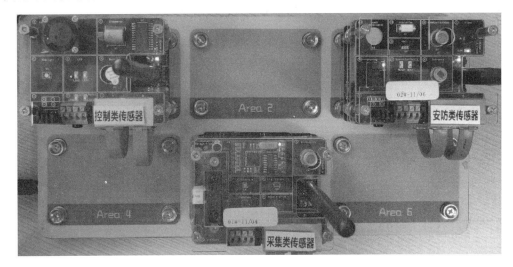

图 5.12　组建 ZigBee 网络

注意观察每个节点上的节点网络灯是否常亮，节点数据灯是蓝色的，当有数据传输时节点数据灯会闪烁，如图 5.13 所示。

4）智能网关数据测试

当 ZigBee 设备组网成功并且正确设置智能网关后，将数据连接到云端，此时可以通过 ZCloudTools 抓取和调试应用层数据。

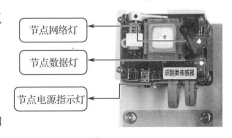

图 5.13　节点上三种灯的效果图

打开 ZCloudTools 应用后，单击页面右下角的功能菜单进入系统设置界面，在系统设置界面中单击"扫描"按钮，扫描智能网关上云服务 ID/KEY 的二维码，输入账号信息，然后在系统设置界面单击"确定"按钮，即可将网关连接到服务器，如图 5.14 所示。

图 5.14　将网关连接到服务器

通过 ZCloudTools 可查看网络拓扑图，了解设备组网状态，如图 5.15 所示。

单击网络拓扑图中的 Sensor_B 节点，可启动 Sensor_B 的控制界面，单击界面中不同的按钮可对节点进行控制，如图 5.16 所示。

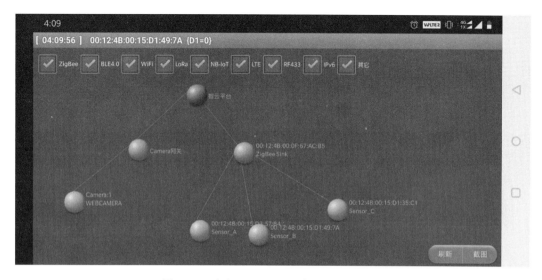

图 5.15　通过 ZCloudTools 查看网络拓扑图

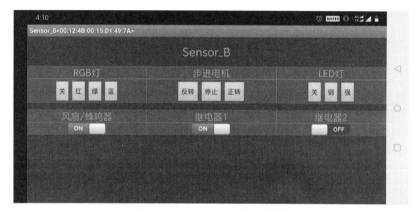

图 5.16　Sensor_B 的控制界面

通过 ZCloudTools 还可查看网络数据包，并支持下行发送控制命令，如图 5.17 所示。

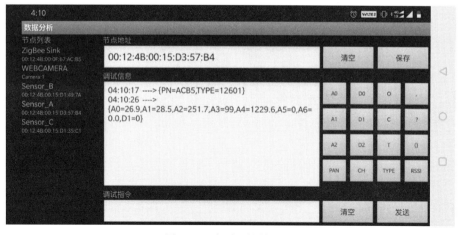

图 5.17　查看网络数据包

5）xLabDemo 智能家居测试

打开智云商城软件，选择安装里面的 xLabDemo 工具。xLabDemo 工具下载界面如图 5.18 所示，通过 Android 设备扫描界面中的二维码或单击"下载"按钮下载软件安装包。

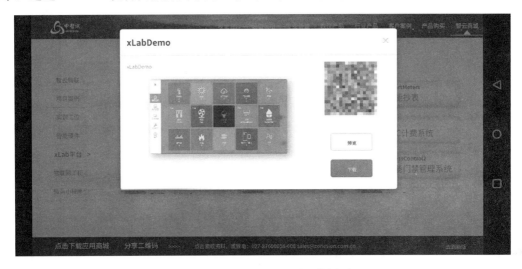

图 5.18　xLabDemo 工具下载界面

xLabDemo 下载完成后，在"ID/KEY"界面，通过扫描智能网关 ZXBeeGW 软件上分享的二维码，将应用连接到服务器，如图 5.19 所示。

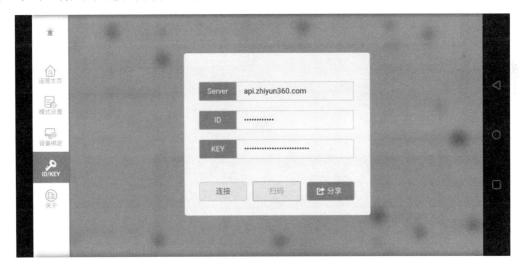

图 5.19　将应用连接到服务器

如果应用已经连接到服务器，则可以看到无线节点的 MAC 地址信息，如图 5.20 所示。

在"模式设置"界面可以切换"自动"与"手动"模式，如图 5.21 所示。在自动模式下用户可以设置阈值，关联的传感器会根据阈值自动开关；在手动模式下，用户可以在"运营主页"界面手动控制设备。

在"运营主页"界面可以查看各个传感器的实时状态，如图 5.22 所示。

图 5.20　查看无线节点的 MAC 地址信息

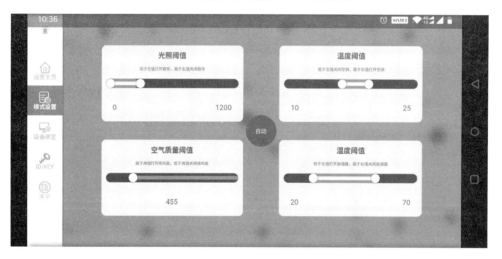

图 5.21　"模式设置"界面

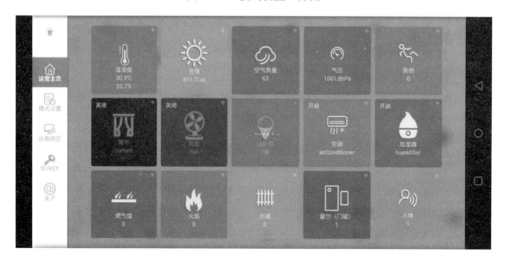

图 5.22　"运营主页"界面

5.1.5 小结

本节介绍了物联网网关的概念和智云物联平台的模型，还介绍了平台开发调试工具的使用方法。读者通过学习智能网关组网与测试开发实践，可以理解智能网关在整个物联网项目中的作用，了解智云协议通信测试步骤，掌握智能网关功能需求的设计方法，为后面的具体功能开发提供明确的设计目标。

5.1.6 思考与拓展

（1）什么是物联网网关，网关的功能与作用是什么？
（2）ZigBee 网络组网参数有哪些？

5.2 Linux 智能网关设计

5.2.1 Linux 智能网关系统分析

在 5.1.1 节中介绍过物联网网关所具备的三个能力：广泛的接入能力、可管理能力、协议转换能力，要针对这三个能力对 Linux 智能网关进行设计。

无线 ZigBee、BLE、WiFi、LoRa、LTE 等节点的底层通信协议和数据包各不相同，但不同的网络数据最终都通过一个统一的数据协议上传到云。图 5.23 所示为云中获取的数据截图，可以看出，不同的 MAC 地址（代表不同的网络硬件）的数据最终以相同格式上传到云。

MAC 地址	信息
00:12:4B:00:15:D3:57:B4	{A0=28.4,A1=30.0,A2=472.5,A3=115,A4=1012.1,A5=0,A6=0.0,D1=0}
00:12:4B:00:15:D1:35:C1	{TYPE=12603}
00:12:4B:00:15:D1:49:7A	{D1=0}
00:12:4B:00:15:D3:57:B4	{TYPE=12601}
00:12:4B:00:15:D1:49:7A	{TYPE=12602}

图 5.23 云中获取的数据截图

Linux 智能网关 ZigBee 通信原理如图 5.24 所示。

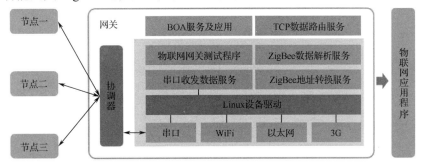

图 5.24 Linux 智能网关 ZigBee 通信原理

说明：

① 节点一、节点二、节点三为采集类、控制类或安防类 ZigBee 节点，需要分别烧录 sensor-a.hex、sensor-b.hex、sensor-c.hex 等固件，通过 ZigBee 以无线方式与 ZigBee 协调器通信。

② 协调器自动与周围 ZigBee 节点建立连接，前提是它们处于同一个 PANID 下。
③ 各个节点与协调器都通过相同的 51 单片机来控制，只是节点连接的外设不同，烧录的程序不同。
④ 协调器与串口在出厂时已经连接好了硬件，协调器与网关的串口进行通信。
⑤ 串口默认硬件参数已经配置好，应用层只需要调用相关接口函数，本项目用到的串口是/dev/ttyZigBee。
⑥ 本项目只用到了串口收发数据服务。

5.2.2 协议解析服务设计

1. 串口通信服务整体设计

协调器与网关之间通过串口实现数据通信。串口数据测试流程如图 5.25 所示，串口读写操作流程如图 5.26 所示。

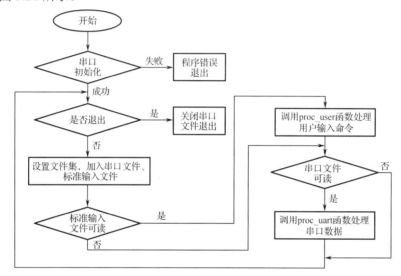

图 5.25 串口数据测试流程

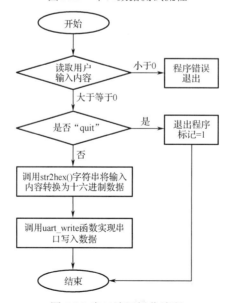

图 5.26 串口读写操作流程

程序文件与函数说明如表 5.1 所示。

表 5.1 程序文件与函数说明

程序文件	函数名称	参 数	返 回 值	功 能
uart-test.c 文件	void proc_user(int fd)	fd：串口文件描述符	无	检查是否有用户输入指令，如果有则读取并处理指令
uart-test.c 文件	void proc_uart(int fd)	fd：串口文件描述符	无	检查串口是否有数据需要读取，如果有则读取并处理数据
	int main(int argc, char *argv[])	argc：参数个数 argv：参数列表	程序退出码	主函数，循环监测用户的指令，循环接收串口数据并处理
util.c 文件	int uart_open(char *pdev)	pdev：串口文件路径与文件名	int 串口文件描述符	串口初始化
	int uart_write(int fd, char *dat, int len)	fd：串口文件描述符 buf：写入数据缓存 len：缓存长度	写入的字节数	通过串口向外界发送数据
	int uart_read(int fd, char *buf, int len)	fd：串口文件描述符 buf：读取数据缓存 len：缓存长度	若返回值<0 则读取失败，否则返回读取的字节数	从串口读取数据
	void uart_close(int fd)	fd：串口文件描述符	无	关闭串口
	int _str2hex(char *str)	str：字符串缓冲区	转换的十六进制数据	将 2 个字符转换成十六进制
	int str2hex(char *str, char *buf, int len)	str：字符串缓冲区 buf：十六进制数缓冲区 len：数据长度	转换的字符个数	将字符串转换成十六进制
	char calc_fcs(char *dat, int len)	dat：待校验的数据 len：待校验的数据长度	校验结果	数据校验
	char * mac2str(char *mac)	mac：MAC 地址	buf：字符串形式的 MAC 地址	将 MAC 地址转换成字符串形式可以通过串口显示出来
	int str2mac(char *pmac, char *mac)	pmac：字符串形式的 MAC 地址 mac：MAC 地址	成功：0 失败：−4	将字符串形式的 MAC 地址转换成十六进制

2．串口通信服务程序分析

下面对程序框架里的函数进行分析。
串口的打开函数如下。

```c
int fd;
fd = open(pdev, O_RDWR);
    if (fd < 0) {
        perror("error open uart file");
        exit(1);
    }
```

串口的初始化设置如下。

```c
    uart_fd = fd;
    struct termios opt;
    tcgetattr(fd, &opt);
    tcsetattr(fd, TCSANOW, &opt);
    opt.c_cflag &= ~CSIZE;
    opt.c_cflag |= CS8 //设置数据位为 8 bit
    opt.c_cflag &= ~PARENB; //清除校验位
    opt.c_iflag &= ~INPCK;//设置奇偶校验位
    opt.c_cflag &= ~CSTOPB; //停止位为 1
    opt.c_lflag   &= ~(ICANON | ECHO | ECHOE | ISIG); //设置终端编辑功能
    //opt.c_iflag &= ~(INLCR | ICRNL | IGNCR);
    opt.c_oflag &=   ~OPOST; //~(ONLCR | OCRNL); //设置终端输出方式
    opt.c_iflag &= ~(ICRNL | IXON);//设置终端输入方式
    cfsetspeed(&opt, B38400);//设置波特率为 38400 bps
    tcsetattr(fd, TCSANOW, &opt);//在传输完毕前改变属性
    return fd;
}
```

串口的读函数（通过串口读取外界的数据）如下。

```c
int uart_read(int fd, char *buf, int len)
{
    int i, ret;
    if (fd < 0){
        fd = uart_fd;
    }
    ret = read(fd, &buf[0], len);
    if (ret < 0) {
        perror("read uart");
        return -1;
    }
#if DEBUG_UART
    printf("uart >>> ");
    for (i=0; i<ret; i++) {
        printf("%02X ", buf[i]);
    }
    printf("\n");
#endif
    return ret;
}
```

串口的写函数（通过串口向外界发送数据）如下。

```c
int uart_write(int fd, char *dat, int len)
{
    if (fd < 0){
        fd = uart_fd;
    }
#if DEBUG_UART
    int i;
    printf("uart <<< ");
    for (i=0; i<len; i++) {
        printf("%02X ", dat[i]);
    }
    printf("\n");
#endif
    return write(fd, dat, len);
}
```

串口的关闭函数如下。

```c
void uart_close(int fd)
{
    if (fd < 0){
        fd = uart_fd;
    }
    close(fd);
}
```

处理用户命令的函数如下。

```c
void proc_user(int fd)
{
    static int offset = 0;
    static char buf[BUFSIZE];
    int i, ret;
    ret = read(fd, &buf[offset], BUFSIZE-offset);
    if (ret < 0) {
            perror("read uart");
            exit(1);
    }
        offset += ret;
        if (buf[offset-1] == '\n') {
                buf[offset-1] = '\0';
            if (strcmp(buf, "quit") == 0) {
                    gQuit = 1; //退出程序
                    return;
            } else {
                    /* 将数据转换成16进制发送出去*/
                    char hex[128];
```

```c
                    int i;
                    int r = str2hex(buf, hex, 128);
                    /*printf("uart <<<");
                    for (i=0; i<r; i++) {
                            printf(" %02X", hex[i]);
                    }
                        printf("\n");
                    uart_write(gDevFd, buf, 15); */
                    uart_write(gDevFd, hex, r);
            }
            offset = 0;
        }
}
```

说明：上述函数主要用来检查是否有用户输入指令，如果有，则读取并处理。

串口接收数据的处理函数如下。

```c
void proc_uart(int fd)
{
        static int offset = 0;
        static char buf[BUFSIZE];
        int i, ret;
        if (offset >= BUFSIZE) {
                printf("invalate data\n");
                offset = 0;
        }
        ret = uart_read(fd, &buf[offset], BUFSIZE-offset);
        if (ret < 0) {
                perror("read uart");
                exit(1);
        }
        /*printf("uart >>> ");
        for (i=offset; i<offset+ret; i++) {
                printf("%02X ", buf[i]);
        }
        printf("\n");
        */
    offset = 0;
}
```

说明：上述函数的功能是检查串口是否有数据需要读取，如果有则读取并处理数据。

3．协调器与网关的通信协议

协调器是网关与 ZigBee 节点通信的中介设备，所以必须理解协调器与网关的通信协议。

ZigBee 设备组网后，通过协调器汇集数据，协调器通过串口与上位机通信。Z-Stack 协议栈定义了协调器与上位机（网关）的数据通信协议。

(1) 串口参数设置。

波特率（38400bps），数据位（8bit），奇偶校验位（无），停止位（1）。

(2) 通信数据包格式如表 5.2 所示。

表 5.2　通信数据包格式

标识	帧头	长度	命令	数据	校验
	SOP	LEN	CMD	DATA	FCS
长度（B）	1	1	2	N	1

(3) 帧格式说明如下。

```
SOP：    固定为 0xFE
LEN：    DATA 的长度
CMD：    2900            //上位机发送数据到协调器
         6900            //协调器接收到正确指令后的响应帧
         6980            //协调器发送数据到上位机
```

特殊数据帧说明。

① 协调器根据给定的 MAC 地址，查询网络地址。

上位机向协调器发送查询指令，DATA（数据格式）：**02**+**NA**（协调器网络地址 00 00）+**APP_CMD**(01 01)+**APP_DATA**（要查询节点的 MAC 地址，8 字节）

协调器返回数据，DATA（数据格式）：**NA**（协调器网络地址 00 00）+**APP_CMD**(01 01) +**APP_DATA**（要查询节点的 MAC 地址，8 字节）+**NA1**（返回查询到的节点网络地址，2 字节）

② 协调器根据给定的网络地址，查询 MAC 地址。

上位机向协调器发送查询命令，DATA（数据格式）：**02**+**NA**（协调器网络地址 00 00）+**APP_CMD**(01 02)+**APP_DATA**（要查询节点的网络地址，2 字节）

协调器返回数据，DATA（数据格式）：**NA**（协调器网络地址 00 00）+**APP_CMD**(01 02) +**APP_DATA**（要查询节点的网络地址，2 字节）+**NA1**（返回查询到的节点 MAC 地址，8 字节）

(4) 协调器与网关的数据交互分析实例。

上位机向协调器发送查询数据的指令：

```
FE 0B 29 00 02 A0 63 00 00 7B 41 30 3D 3F 7D 96
FE                      # SOP
0B                      # LEN(02~7D)
29 00                   # CMD
02                      # 上位机发送数据到协调器，固定值：02
A0 63                   # 网络地址
00 00                   # 正常数据命令
7B 41 30 3D 3F 7D       # 数据包：{A0=?}
96                      # 校验和（0B~7D）
```

数据包含义解释如下：

通过查询 ASCII 码对照表可知，7B 对应"{"，41 对应"A"，30 对应"0"，3D 对应"="，3F 对应"？"，7D 对应"}"。

上位机收到协调器的响应帧：

FE 01 69 00 00 68	
FE	# SOP
01	# LEN(00)
69 00	# CMD
00	# 响应帧状态：00表示ture，01表示false
68	# 校验和（01~00）

上位机收到协调器返回的数据：

FE 0D 69 80 A0 63 00 00 7B 41 30 3D 32 34 2E 38 7D 7D	
FE	# SOP
0D	# LEN(A0~7D)
69 80	# CMD
A0 63	# 网络地址
00 00	# 正常数据命令
7B 41 30 3D 32 34 2E 38 7D	# 数据包：{A0=24.8}
7D	# 校验和（0D~7D）

上位机向协调器发送查询网络地址的指令：

FE 0D 29 00 02 00 00 01 01 00 12 4B 00 02 CB A9 C7 D8	
FE	# SOP
0D	# LEN(02~C7)
29 00	# CMD
02	# 上位机发送数据到协调器，固定值：02
00 00	# 协调器网络地址00 00
01 01	# 查询网络地址命令
00 12 4B 00 02 CB A9 C7	# 数据包：要查询节点的MAC地址
D8	# 校验和（0D~C7）

上位机收到协调器返回的包含网络地址的数据：

FE 0E 69 80 00 00 01 01 00 12 4B 00 02 CB A9 C7 15 AA A6	
FE	# SOP
0E	# LEN(00~AA)
69 80	# CMD
00 00	# 协调器网络地址00 00
01 01	# 查询网络地址命令
00 12 4B 00 02 CB A9 C7 15 AA	# 数据包：节点MAC地址 + 要查询的节点网络地址
A6	# 校验和（0E~AA）

上位机向协调器发送查询节点 MAC 地址的指令：

FE 07 29 00 02 00 00 01 02 15 AA 90	
FE	# SOP
07	# LEN(02~AA)
29 00	# CMD
02	# 上位机发送数据到协调器，固定值：02
00 00	# 协调器网络地址00 00
01 02	# 查询MAC地址命令
15 AA	# 数据包：要查询节点的网络地址
90	# 校验和（07~AA）

上位机收到协调器返回的 MAC 地址数据：

FE 0E 69 80 00 00 01 02 15 AA 00 12 4B 00 02 CB A9 C7 A5	
FE	# SOP
0E	# LEN(00~C7)
69 80	# CMD
00 00	# 协调器网络地址 00 00
01 02	# 查询MAC地址命令
15 AA 00 12 4B 00 02 CB A9 C7	# 数据包：节点网络地址 + 要查询的节点MAC地址

4．网关协议解析程序设计

网关协议解析程序的作用是对串口收到的数据进行提取，提取出用户需要的信息（短地址和传感器数据），如图 5.27 所示。

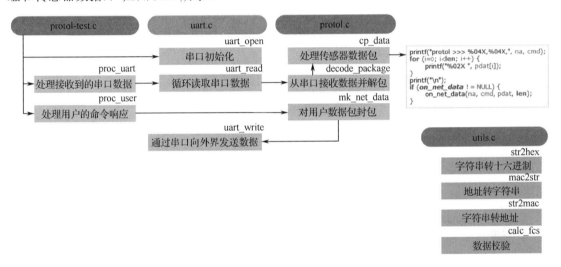

图 5.27　网关协议解析程序

本项目的程序文件和函数说明如表 5.3 所示。

表 5.3　程序文件和函数说明

程序文件	函数名称	参　　数	返　回　值	功　　能
protol-test.c	void proc_user(int fd)	fd：串口文件描述符	无	检查是否有用户输入指令，如果有则读取并处理指令
	void proc_uart(int fd)	fd：串口文件描述符	无	检查串口是否有数据需要读取，如果有则读取并处理
	int main(int argc, char *argv[])	argc：参数个数 argv：参数列表	程序退出码	循环监测用户的指令 循坏接收串口数据并处理

续表

程序文件	函数名称	参数	返回值	功能
uart.c	int uart_open(char *pdev)	pdev：串口文件路径与文件名	int 串口文件描述符	串口初始化
	int uart_write(int fd, char *dat, int len)	fd：串口文件描述符 buf：写入数据缓存 len：缓存长度	写入的字节数	通过串口向外界发送数据
	int uart_read(int fd, char *buf, int len)	fd：串口文件描述符 buf：读取数据缓存 len：缓存长度	若返回值<0 则读取失败，否则返回读取的字节数	从串口读取数据
	void uart_close(int fd)	fd：串口文件描述符	无	关闭串口
util.c	int _str2hex(char *str)	str：字符串缓冲区	转换的十六进制数据	将 2 个字符转换成十六进制
	int str2hex(char *str, char *buf, int len)	str：字符串缓冲区 buf：十六进制数缓冲区 len：数据长度	转换的字符个数	将字符串转换成十六进制
	char calc_fcs(char *dat, int len)	dat：待校验的数据 len：待校验的数据长度	校验结果	数据校验
	char * mac2str (char *mac)	mac：MAC 地址	buf：字符串形式的 MAC 地址	将 MAC 地址转换成字符串形式，可以通过串口显示出来
	int str2mac(char *pmac, char *mac)	pmac：字符串形式的 MAC 地址 mac：MAC 地址	成功：0 失败：-4	将字符串形式的 MAC 地址转换成十六进制
protol.c	int mk_net_data(int na, int cmd, char* pdat, int len, char **pout)	na：网络地址 cmd：应用命令字 pdat：需要打包的数据帧 APP_DATA len：需要打包的数据帧 APP_DATA 的长度 pout：打包好的数据包	pkg_len：返回数据包长度	生成应用程序数据包
	int decode_package (char* buf, int len)	buf：串口收到的数据 len：数据长度	解析数据包长度	解析串口收到的协调器发过来的数据包，并调用上层相应处理函数
	int cp_data(char* dat, int len)	dat：DATA len：DATA 长度	返回 0	收到协调器发来的有效数据帧 DATA

5．网关协议解析程序分析

下面对网关协议解析程序框架里的函数进行分析：
proc_user 函数：

```
void proc_user(int fd)
{
```

```c
static int offset = 0;
static char buf[BUFSIZE];
int i, ret;
ret = read(fd, &buf[offset], BUFSIZE-offset);
if (ret < 0) {
        perror("read uart");
        exit(1);
}
    offset += ret;
    if (buf[offset-1] == '\n') {
            buf[offset-1] = '\0';
    if (strcmp(buf, "quit") == 0) {
            gQuit = 1; //退出程序
            return;
    } else {
                /* 将数据转换成十六进制并发送出去*/
                char *pdat;
                char *paddr = buf;
                char *pcmd = strstr(buf, ",");

                if (pcmd == NULL) {
                        printf("格式错误\n");
                        offset = 0;
                        return;
                }
                *pcmd = '\0';
                pcmd += 1;
                pdat = strstr(pcmd, ",");
                if (pdat == NULL) {
                        printf("格式错误\n");
                        offset = 0;
                        return;
                }
                *pdat = '\0';
                pdat += 1;

                char hex[128];
                unsigned int addr = 0;
                unsigned int cmd  = 0;
        str2hex(paddr, hex, 2);
        addr = hex[0]<<8 | hex[1];
        str2hex(pcmd, hex, 2);
        cmd = hex[0]<<8 | hex[1];

        int r = str2hex(pdat, hex, 128);
        //int r = strlen(pdat);
        char *pkg;
```

```
                r = mk_net_data(addr, cmd, hex, r, &pkg);

                uart_write(gDevFd, pkg, r);
            }
            offset = 0;
        }
}
```

函数说明：该函数主要检查是否有用户输入指令，如果有则读取指令并处理。该函数会调用 mk_net_data 函数，然后将数据通过串口发送出去。

mk_net_data 函数：

```
int mk_net_data(int na, int cmd, char* pdat, int len, char **pout)
{
        int pkg_len = len + 5 + 1 + 2 + 2;
        int i;
        char *pkg = malloc(pkg_len);
        if (pkg == NULL) {
                printf("error malloc\n");
                exit(1);
        }

        printf("protol <<< %04X,%04X,", na, cmd);
        for (i=0; i<len; i++) {
                printf("%02X ", pdat[i]);
        }
        printf("\n");
        pkg[0] = 0xfe;
        pkg[1] = 1+2+2+len;
        pkg[2] = 0x29;
        pkg[3] = 0x00;
        pkg[4] = 0x02;
        pkg[5] = (na>>8) & 0xff;
        pkg[6] = na & 0xff;
        pkg[7] = (cmd>>8) & 0xff;
        pkg[8] = cmd & 0xff;
        for (i=0; i<len; i++) {
                pkg[9+i] = pdat[i];
        }
        pkg[9+len] = calc_fcs(&pkg[1], pkg_len-2);
        *pout = pkg;
         return pkg_len;
}
```

函数说明：

① 功能：生成应用程序数据包。

② 参数：

na：网络地址；
cmd：应用命令字；
pdat：需要打包的数据帧 APP_DATA；
len：需要打包的数据帧 APP_DATA 的长度；
pout：打包好的数据包。
③ 返回：数据包长度（pkg_len）。

proc_uart 函数：

```c
void proc_uart(int fd)
{
        static int offset = 0;
        static char buf[BUFSIZE];
        int ret, len;
        if (offset >= BUFSIZE) {
                printf("invalate data\n");
                offset = 0;
        }
        ret = uart_read(fd, &buf[offset], BUFSIZE-offset);
        if (ret < 0) {
                perror("read uart");
                exit(1);
        }
        len = offset + ret;
        /*调用协议解包程序*/
        do {
                ret = decode_package(buf, len);
                len = len - ret;
                if (len > 0) {
                        memcpy(buf, &buf[ret], len);
                }
        } while (len > 0 && ret > 0);
        offset = len;
}
```

函数说明：proc_uart 函数主要对串口收到的数据进行解析，检查串口是否有数据需要读取，如果有则读取数据并处理，该函数会调用 decode_package 函数。

decode_package 函数：

```c
int decode_package(char* buf, int len)
{
    int i, dlen;

    for (i=0; i<len; i++) {
        if (buf[i] == 0xFE) break;                  //检测数据帧头 FE
    }
    if (len-i < 5) return i;        //一个有效的数据帧至少包含 5 字节数据：SOP LEN CMD(2Byte) FCS

    dlen = buf[i+1];                                //提取数据帧 DATA 的长度
    if (dlen+5+i <= len) {                          //判断是否为一条完整的数据帧
```

```
                unsigned short cmd = ((buf[i+2]<<8)&0xff00) | (buf[i+3]&0xff);  //提取数据帧的 CMD 字段
                char *pdat = &buf[i+4];                                          //提取数据帧 DATA 字段
                int j;
                for (j=0; j<SIZE_CP; j++) {
                //printf("%04X == %04X\n", command_process[j].cmd , cmd);

                    if (command_process[j].cmd == cmd) {        //判断数据帧命令
                        command_process[j].fun(pdat, dlen);     //根据命令调用相关函数处理数据
                        break;
                    }
                }
                if (j >= SIZE_CP) {
                    printf("unknow command: %04X data: ", cmd);
                    for(j=0; j<dlen; j++) {
                        printf("%02X ", pdat[j]);
                    }
                }
                return dlen+5+i;
            }
        return i;
}
```

由于之前定义过接收到的数据结构体，所以 decode_package 函数会调用 cp_data 函数，并通过 command_process 结构体数组中的指针函数调用 cp_data 函数。

```
struct {
    unsigned short cmd;
    int (*fun)(char *dat, int len);
} command_process [] = {
    {0x4180, cp_reset},                 //命令帧：协调器上电复位
    {0x6980, cp_data},                  //命令帧：协调器发送数据到上位机
    {0x6900, cp_cosp}                   //命令帧：协调器接收到正确指令后的反馈帧
};
#define SIZE_CP (sizeof(command_process)/sizeof(command_process[0]))
```

cp_data 函数：

```
int cp_data(char* dat, int len)
{

    unsigned short na = ((dat[0]<<8)) | (dat[1]&0xff);          //提取数据包网络地址
    unsigned short cmd = ((dat[2]<<8)) | (dat[3]&0xff);         //提取数据包 APP_CMD
    char *pdat = &dat[4];

    int i;
    len = len - 4;
    printf("protol >>> %04X,%04X,", na, cmd);
    for (i=0; i<len; i++) {
```

```
            printf("%02X ", pdat[i]);
        }
        printf("\n");
        /**
    if (on_net_data != NULL) {
            on_net_data(na, cmd, pdat, len);
        }
        **/
        return 0;
}
```

当网关收到协调器发来的有效数据帧 DATA 时，cp_data 函数会提取数据包网络地址、数据包 APP_CMD，然后打印出收到的数据。

6．通信数据示例

通信数据示例如图 5.28 所示。

- 网关通过串口与协调器通信
- 示例：
    - 接收到数据：
        - 串口监听到数据：uart >>> FE 0A 69 80 D0 09 00 00 7B 41 30 3D 30 7D 40
        - 数据解析：地址D009的节点发送来数据，{A0=0}
    - 发送数据：
        - 命令格式：FE 0B 29 00 D0 09 00 00 7B 41 30 3D 3F 7D 8C
        - 数据解析：查询D009节点的A0数据，{A0=?}

图 5.28　通信数据示例

5.2.3　地址缓存服务设计

1．长短地址转换概述

（1）长短地址转换的原因。

在局域网内，协调器与终端和路由节点交互数据采用随机分配的短地址，网关在将各种节点的数据上传到服务器时必须使用长地址，以保证地址的唯一性。服务器里只有长地址的形式，服务器控制或者查询节点，网关必须先将服务器发送的长地址转换为短地址，再去控制节点。其中，将长地址转换为短地址是靠发送短地址查询命令来完成的，将短地址转换为长地址亦是如此。

（2）长短地址查询指令。

协调器内部存储底层节点的 MAC 地址和网络地址，以及 MAC 地址与网络地址的对应关系，可以通过给定的 MAC 地址查询网络地址，或者通过给定的网络地址查询 MAC 地址，具体查询数据帧格式请参考 5.2.3 节协调器与网关的通信协议部分内容。

(3)地址查询指令举例。

上位机向协调器发送查询网络地址的指令:

FE 0D 29 00 02 00 00 01 01 00 12 4B 00 02 CB A9 C7 D8

FE	# SOP
0D	# LEN(02~C7)
29 00	# CMD
02	# 上位机发送数据到协调器,固定值:02
00 00	# 协调器网络地址00 00
01 01	# 查询网络地址命令
00 12 4B 00 02 CB A9 C7	# 数据包:要查询节点的MAC地址
D8	# 校验和(0D~C7)

上位机收到协调器返回的数据:

FE 0E 69 80 00 00 01 01 00 12 4B 00 02 CB A9 C7 15 AA A6

FE	# SOP
0E	# LEN(00~AA)
69 80	# CMD
00 00	# 协调器网络地址00 00
01 01	# 查询网络地址命令
00 12 4B 00 02 CB A9 C7 **15 AA**	# 数据包:节点MAC地址 + 要查询的节点网络地址
A6	# 校验和(0E~AA)

上位机向协调器发送查询节点MAC地址的指令:

FE 07 29 00 02 00 00 01 02 15 AA 90

FE	# SOP
07	# LEN(02~AA)
29 00	# CMD
02	# 上位机发送数据到协调器,固定值:02
00 00	# 协调器网络地址00 00
01 02	# 查询MAC地址命令
15 AA	# 数据包:要查询节点的网络地址
90	# 校验和(07~AA)

上位机收到协调器返回的MAC地址数据:

FE 0E 69 80 00 00 01 02 15 AA 00 12 4B 00 02 CB A9 C7 A5

FE	# SOP
0E	# LEN(00~C7)
69 80	# CMD
00 00	# 协调器网络地址00 00
01 02	# 查询MAC地址命令
15 AA 00 12 4B 00 02 CB A9 C7	# 数据包:节点网络地址 + 要查询的节点MAC地址

2.地址缓存服务整体设计

地址缓存服务主要由接收串口数据、串口驱动、协议分析与数据处理和地址查询响应四种功能处理部分构成,详细架构如图5.29所示。

第5章 智能家居网关Linux开发案例

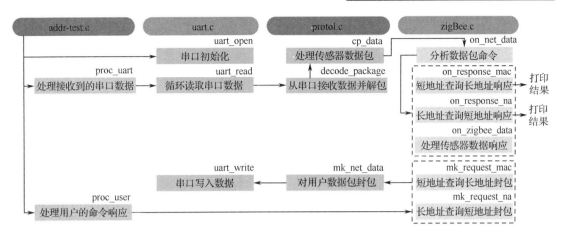

图 5.29 地址缓存服务架构

程序文件与函数说明如表 5.4 所示。

表 5.4 程序文件与函数说明

程序文件	函数名称	参 数	返 回 值	功 能
addr-test.c	void proc_user(int fd)	fd：串口文件描述符	无	检查是否有用户输入指令，如果有则读取数据并处理
	void proc_uart(int fd)	fd：串口文件描述符	无	检查串口是否有数据需要读取，如果有则读取数据并处理
	int main(int argc, char *argv[])	argc：参数个数 argv：参数列表	程序退出码	循环监测用户的指令 循环接收串口数据并处理
uart.c	int uart_open(char *pdev)	pdev：串口文件路径与文件名	int 串口文件描述符	串口初始化
	int uart_write(int fd, char *dat, int len)	fd：串口文件描述符 buf：写入数据缓存 len：缓存长度	写入的字节数	通过串口向外界发送数据
	int uart_read(int fd, char *buf, int len)	fd：串口文件描述符 buf：读取数据缓存 len：缓存长度	若返回值<0 则读取失败，否则返回读取的字节数	从串口读取数据
	void uart_close(int fd)	fd：串口文件描述符	无	关闭串口
util.c	int _str2hex(char *str)	str：字符串缓冲区	转换的十六进制数据	将2个字符转换十六进制
	int str2hex(char *str, char *buf, int len)	str：字符串缓冲区 buf：十六进制数缓冲区 len：数据长度	转换的字符个数	将字符串转换十六进制
	char calc_fcs(char *dat, int len)	dat：待校验的数据 len：待校验的数据长度	校验结果	数据校验

续表

程序文件	函数名称	参数	返回值	功能
util.c	char * mac2str(char *mac)	mac：MAC 地址	buf：字符串形式的 MAC 地址	将 MAC 地址转换成字符串形式，可以通过串口显示出来
	int str2mac(char *pmac, char *mac)	pmac：字符串形式的 MAC 地址 mac：MAC 地址	成功：0 失败：-4	将字符串形式的 MAC 地址转换成十六进制
protol.c	int mk_net_data(int na, int cmd, char* pdat, int len, char **pout)	na：网络地址 cmd：应用命令字 pdat：需要打包的数据帧 APP_DATA len：需要打包的数据帧 APP_DATA 的长度 pout：打包好的数据包	pkg_len：返回数据包长度	生成应用程序数据包
	int decode_package(char* buf, int len)	buf：串口收到的数据 len：数据长度	解析数据包长度	解析串口收到的协调器发过来的数据包，并调用上层相应函数处理数据
	int cp_data(char* dat, int len)	dat：DATA len：DATA 长度	返回 0	收到协调器发来的有效数据帧 DATA
zigbee.c	int mk_request_mac(int na, char **pout)	na：网络地址 pout：打包好的数据包	返回数据包长度	根据网络地址生成请求节点 MAC 地址的数据包
	int mk_request_na(char* mac, char **pout)	mac：MAC 地址 pout：打包好的数据包	返回数据包长度	根据 MAC 地址生成请求节点网络地址的数据包
	static int on_zigbee_data(int na, char* dat, int len)	na：网络地址 dat：MAC 地址 len：DATA 长度	返回 0	当收到传感器数据时调用此函数
	int zigbee_send_data(char *pmac, char *pdat, int len)	pmac：MAC 地址（字符串格式） pdat：数据 len：pdat 长度	返回数据包长度 -1：参数错误	向指定 MAC 地址发送数据
	int on_net_data(int na, int uc, char* dat, int len)	dat：DATA len：DATA 长度	返回 0	收到协调器发来的有效数据帧 DATA

3．长短地址转换程序分析

下面对长短地址转换程序中的重要函数进行分析与说明。

proc_user 函数：

```
void proc_user(int fd)
{
```

```c
static int offset = 0;
static char buf[BUFSIZE];
int i, ret;

ret = read(fd, &buf[offset], BUFSIZE-offset);
if (ret < 0) {
        perror("read uart");
        exit(1);
}
 offset += ret;
 if (buf[offset-1] == '\n') {
     buf[offset-1] = '\0';
    if (strcmp(buf, "quit") == 0) {
     gQuit = 1; //退出程序
     return;
    } else {
            //将数据转换成十六进制并发送出去
            int len = strlen(buf);
            if (len == 4) {   //判断输入的是否为短地址
                char hex[2];
                int ret = str2hex(buf, hex, 2);
                if (ret != 2) {
                    printf("地址格式错误\n");
                    return;
                }
                unsigned int addr = 0;
                addr = hex[0]<<8 | hex[1];
                char *pkg;
                ret = mk_request_mac(addr, &pkg);//生成短地址查询长地址指令
                if (ret > 0) {
                    uart_write(gDevFd, pkg, ret);
                }
            } else if (len == 23) { //判断输入的是否为长地址
                char mac[8];
                int ret = str2mac(buf, mac);
                if (ret < 0) {
                    printf("地址格式错误\n");
                    return;
                }
                char *pkg;
                ret = mk_request_na(mac, &pkg);//生成长地址查询短地址指令
                if (ret > 0) {
                    uart_write(gDevFd, pkg, ret);
                }
            } else {
                printf("地址格式错误\n");
            }
```

```
        }
            offset = 0;
        }
}
```

函数说明：该函数的主要作用是检查是否有用户输入指令，如果有则读取并处理指令。

mk_request_mac 函数：

```
int mk_request_mac(int na, char **pout)
{
    char dat[2];
    char *out;
    int r;
    dat[0] = na>>8;
    dat[1] = na & 0xff;
    r = mk_net_data(0, 0x0102, dat, 2, &out);
    *pout = out;
    return r;
}
```

函数说明：

（1）功能：根据网络地址生成请求节点 MAC 地址的数据包。
（2）参数：na 为网络地址；pout 为打包好的数据包。
（3）返回：数据包长度。

mk_request_na 函数：

```
int mk_request_na(char* mac, char **pout)
{
    char *out;
    int r;
    r = mk_net_data(0, 0x0101, mac, 8, &out);
    *pout = out;
    return r;
}
```

函数说明：

（1）功能：根据 MAC 地址生成请求节点网络地址的数据包。
（2）参数：mac 为 MAC 地址；pout 为打包好的数据包。
（3）返回：数据包长度。

mk_net_data 函数：

```
int mk_net_data(int na, int cmd, char* pdat, int len, char **pout)
{
    int pkg_len = len + 5 + 1 + 2 + 2;
    int i;
    char *pkg = malloc(pkg_len);
    if (pkg == NULL) {
```

```
            printf("error malloc\n");
            exit(1);
        }
        printf("protol <<< %04X,%04X,", na, cmd);
        for (i=0; i<len; i++) {
            printf("%02X ", pdat[i]);
        }
        printf("\n");
        pkg[0] = 0xfe;
        pkg[1] = 1+2+2+len;
        pkg[2] = 0x29;
        pkg[3] = 0x00;
        pkg[4] = 0x02;
        pkg[5] = (na>>8) & 0xff;
    pkg[6] = na & 0xff;
    pkg[7] = (cmd>>8) & 0xff;
    pkg[8] = cmd & 0xff;
    for (i=0; i<len; i++) {
        pkg[9+i] = pdat[i];
    }
    pkg[9+len] = calc_fcs(&pkg[1], pkg_len-2);
    *pout = pkg;
    return pkg_len;
}
```

函数说明：

（1）功能：生成应用程序数据包。
（2）参数：
        na：网络地址；
        cmd：应用命令字；
        pdat：需要打包的数据帧 APP_DATA；
        len：需要打包的数据帧 APP_DATA 的长度；
        pout：打包好的数据包。
（3）返回：数据包长度（pkg_len）。

串口收到协调器发来的数据包，最终会通过 proc_uart 函数中调用的 decode_package 函数来解析数据。

decode_package 函数：

```
int decode_package(char* buf, int len)
{
    int i, dlen;
    for (i=0; i<len; i++) {
        if (buf[i] == 0xFE) break;    //检测数据帧头 FE
    }
    if (len-i < 5) return i;    //一个有效的数据帧至少包含 5 字节：SOP LEN CMD(2Byte) FCS
    dlen = buf[i+1];    //提取数据帧 DATA 长度
```

```c
            if (dlen+5+i <= len) {    //判断是否为一条完整的数据帧
                unsigned short cmd = ((buf[i+2]<<8)&0xff00) | (buf[i+3]&0xff);    //提取数据帧的 CMD 字段
                char *pdat = &buf[i+4];    //提取数据帧的 DATA 字段
                int j;
                for (j=0; j<SIZE_CP; j++) {
                    //printf("%04X == %04X\n", command_process[j].cmd , cmd);
                    if (command_process[j].cmd == cmd) {    //判断数据帧命令
                        command_process[j].fun(pdat, dlen);    //根据命令调用相关函数,以处理数据
                        break;
                    }
                }
                if (j >= SIZE_CP) {
                    printf("unknow command: %04X data: ", cmd);
                    for(j=0; j<dlen; j++) {
                        printf("%02X ", pdat[j]);
                    }
                }
                return dlen+5+i;
            }
        }
        return i;
    }
```

函数说明:

(1) 功能:解析串口收到的协调器发来的数据包,并调用上层相应函数处理数据包。

(2) 参数:buf 为串口收到的数据;dlen 为提取数据帧 DATA 的长度。

cp_data 函数:

```c
int cp_data(char* dat, int len)
{
    unsigned short na = ((dat[0]<<8)) | (dat[1]&0xff);    //提取数据包的网络地址
    unsigned short cmd = ((dat[2]<<8)) | (dat[3]&0xff);    //提取数据包 APP_CMD
    char *pdat = &dat[4];

    int i;
    len = len - 4;
    printf("protol >>> %04X,%04X,", na, cmd);
    for (i=0; i<len; i++) {
        printf("%02X ", pdat[i]);
    }
    printf("\n");
    if (on_net_data != NULL) {
        on_net_data(na, cmd, pdat, len);
    }
    return 0;
}
```

函数说明：

（1）功能：收到协调器发来的有效数据帧 DATA。
（2）参数：dat 为 DATA；len 为 DATA 长度。

on_net_data 函数：

```c
int on_net_data(int na, int uc, char* dat, int len)
{
    //printf(" na %04X, cmd %04X, data len %d\n", na, uc, len);
    if (na == 0 && uc == 0x0101 && len == 10) {        //判断是否为查询上传网络地址
        char *mac = &dat[0];                            //将 MAC 地址赋予 mac
        unsigned short net_addr = (dat[8]<<8) | dat[9]; //将网络地址赋予 net_addr
        //cache_addr(mac, net_addr);

        on_response_na(mac, net_addr);                  //处理数据
    }
    if (na == 0 && uc == 0x0102 && len == 10) {        //判断是否为查询上传 MAC 地址
        char *mac = &dat[2];                            //将 MAC 地址赋予 mac
        unsigned short net_addr = dat[0]<<8 | dat[1];   //将网络地址赋予 net_addr
        //cache_addr(mac, net_addr);
        on_response_mac(net_addr, mac);                 //处理数据
    }
    if (uc == 0x0000) {                                 //判断是否为协调器与上位机之间数
                                                        //据的通信命令
        on_zigbee_data(na, dat, len);                   //处理数据
    }

    return 0;
}
```

函数说明：

（1）功能：收到协调器发来的有效数据帧 DATA。
（2）参数：
　　na：协调器地址或短地址；
　　uc：查询命令或者正常数据命令；
　　dat：DATA；
　　len：DATA 长度。

on_net_data 函数会调用 on_response_na 和 on_response_mac 函数来解析长短地址。

on_response_na 函数：

```c
static int on_response_na(char *mac, int na)
{
    //printf("on response na\n");
    printf("zigbee: %s ---> %04X\n", mac2str(mac), na);
    return 0;
}
```

函数说明：

（1）功能：当收到网络地址解析响应时调用此函数。
（2）参数：
　　mac：MAC 地址；
　　na：网络地址。

on_response_mac 函数：

```
static int on_response_mac(int na, char *mac)
{
    //printf("on response mac\n");
    printf("zigbee: %04X ---> %s\n", na, mac2str(mac));
    return 0;
}
```

函数说明：

（1）功能：当收到 MAC 地址解析响应时调用此函数。
（2）参数：
　　na：网络地址；
　　mac：MAC 地址。

4．地址缓存服务程序设计

地址缓存就是将收到的数据提取出短地址，然后查询出对应的长地址，再将长、短地址的对应关系缓存起来，这样以后收到包含短地址的数据后，就可以不通过串口查询来将其转换为长地址，进而将长地址和对应的传感器数据传输到服务器上，这是数据的上行过程。同样，当服务器发送一个长地址和命令给网关时，网关可以直接从缓存里找到长地址对应的短地址，也不需要通过串口查询就可以找到短地址，这样可以提高效率。

下面介绍地址缓存服务程序中的主要函数。

定义地址结构体代码如下。

```
typedef struct _a {
        struct _a *next;
        unsigned short net_addr;
        char mac[8];
} addr_t;

addr_t *pAddress = NULL;//结构体变量初始化
```

地址缓存 cache_addr 函数：

```
void cache_addr(char *mac, unsigned short na)
{
        addr_t *pa = pAddress;
        while (pa != NULL) {
                if (memcmp(pa->mac, mac, 8) == 0) {
                        pa->net_addr = na;
```

```
                return;
            }
            pa = pa->next;
        }
        addr_t * p = malloc(sizeof(addr_t));
        if (p == NULL) {
                printf("error malloc\n");
                exit(1);
        }
        memcpy(p->mac, mac, 8);
        p->net_addr = na;
        p->next = pAddress;
        pAddress = p;
}
```

函数说明:

(1) 功能: 将节点 MAC 地址与网络地址缓存起来。
(2) 参数:
    mac: MAC 地址;
    na: 网络地址。

通过短地址查询长地址的 cache_na2mac 函数:

```
char* cache_na2mac(int na)
{
        addr_t *p = pAddress;
        while (p != NULL) {
                if (na == p->net_addr) {
                        return p->mac;
                }
                p = p->next;
        }
        return NULL;
}
```

函数说明:

(1) 功能: 根据给定的网络地址查找节点 MAC 地址。
(2) 参数: na 为网络地址。

通过长地址查询短地址的 cache_mac2na 函数:

```
int cache_mac2na(char mac[8])
{
        addr_t *p = pAddress;
        while (p != NULL) {
                if (0 == memcmp(mac, p->mac, 8)) {
                        return p->net_addr;
                }
```

```
                p = p->next;
            }
            return -1;
}
```

函数说明：

（1）功能：根据给定的 MAC 地址查找节点网络地址。
（2）参数：mac 为 MAC 地址。

清空缓存信息的 cache_reset 函数：

```
void cache_reset(void)
{
        addr_t *pa = pAddress;
        while (pa != NULL) {
                addr_t *p = pa->next;
                free(pa);
                pa = p;
        }
}
```

函数功能说明：清空地址缓存信息，一般在协调器复位之后会清空一次地址缓存信息。

5.2.4 数据处理服务设计

1. 数据处理服务总体设计

ZigBee 综合应用程序通过串口获取传感器上报的数据，并且通过串口向传感器发送控制指令，数据处理服务总体设计如图 5.30 所示。

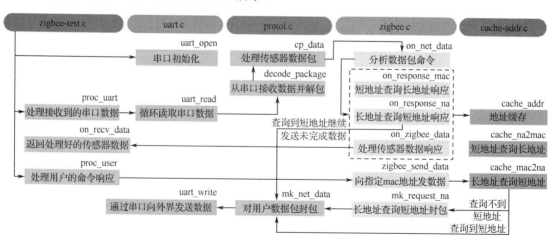

图 5.30 数据处理服务总体设计

程序结构总共分为两部分：一部分是数据的封包（打包），一部分是数据的解包。其中封包就是输入 MAC 地址和对应的命令，然后通过串口发送完整的命令给节点。解包就是将串口收到的传感器信息以 MAC 地址和数据的形式解析出来。

程序文件与函数说明如表 5.5 所示。

表 5.5 程序文件与函数说明

程序文件	函数名称	参　　数	返 回 值	功　　能
zigbee-test.c	void proc_user(int fd)	fd：串口文件描述符	无	检查是否有用户输入指令，如果有则读取，并处理
	void proc_uart(int fd)	fd：串口文件描述符	无	检查串口是否有数据需要读取，如果有则读取，并处理
	int main(int argc, char *argv[])	argc：参数个数 argv：参数列表	程序退出码	循环监测用户的指令循环接收串口数据并处理
uart.c	int uart_open(char *pdev)	pdev：串口文件路径与文件名	int 串口文件描述符	串口初始化
	int uart_write(int fd, char *dat, int len)	fd：串口文件描述符 buf：写入数据缓存 len：缓存长度	写入的字节数	通过串口向外界发送数据
	int uart_read(int fd, char *buf, int len)	fd：串口文件描述符 buf：读取数据缓存 len：缓存长度	<0，读取失败，否则读取数据的字节数	从串口读取数据
	void uart_close(int fd)	fd：串口文件描述符	无	关闭串口
util.c	int _str2hex(char *str)	str：字符串缓冲区	转换的十六进制数据	将 2 个字符转换成 1 个十六进制数据
	int str2hex(char *str, char *buf, int len)	str：字符串缓冲区 buf：十六进制数据缓冲区 len：数据长度	转换的字符个数	将字符串转换成十六进制
	char calc_fcs(char *dat, int len)	dat：待校验的数据 len：待校验的数据长度	校验结果	数据校验
	char * mac2str(char *mac)	mac：MAC 地址	buf：字符串形式的 MAC 地址	将 MAC 地址转换成字符串形式可以通过串口显示出来
	int str2mac(char *pmac, char *mac)	pmac：字符串形式的 MAC 地址 mac：MAC 地址	成功：0 失败：-4	将字符串形式的 MAC 地址转换成十六进制

续表

程序文件	函数名称	参　　　数	返　回　值	功　　能
protol.c	int mk_net_data(int na, int cmd, char* pdat, int len, char **pout)	na：网络地址 cmd：应用命令字 pdat：需要打包的数据帧 APP_DATA len：需要打包的数据帧 APP_DATA 长度 pout：打包好的数据包	pkg_len：返回数据包长度	生成应用程序数据包
	int decode_package(char* buf, int len)	buf：串口收到的数据 len：数据长度	解析数据包长度	解析串口收到的协调器发来的数据包，并调用上层相应函数处理数据
	int cp_data(char* dat, int len)	dat：DATA len：DATA 长度	返回 0	收到协调器发来的有效数据帧 DATA
zigbee.c	int mk_request_mac(int na, char **pout)	na：网络地址 pout：打包好的数据包	返回数据包长度	根据网络地址生成请求节点 MAC 地址的数据包
	int mk_request_na(char* mac, char **pout)	mac：MAC 地址 pout：打包好的数据包	返回数据包长度	根据 MAC 地址生成请求节点网络地址的数据包
	static int on_zigbee_data (int na, char* dat, int len)	na：网络地址 dat：MAC 地址 len：dat 长度	返回 0	当收到传感器数据时调用该函数
	int zigbee_send_data(char *pmac, char *pdat, int len)	pmac：MAC 地址（字符串格式） pdat：数据 len：pdat 长度	返回数据包长度 -1：参数错误	向指定 MAC 地址发送数据
	int on_net_data(int na, int uc, char* dat, int len)	dat：DATA len：DATA 长度	返回 0	收到协调器发来的有效数据帧 DATA
cache-addr.c	void cache_addr (char *mac, unsigned short na)	mac：MAC 地址 na：网络地址	无	将节点 MAC 与网络地址缓存起来
	void cache_reset(void)	无	无	清空地址缓存信息，一般协调器复位之后会清空一次
	int cache_mac2na (char mac [8])	mac：MAC 地址	返回网络节点地址 -1 错误	根据给定的 MAC 地址查找节点网络地址
	char* cache_na2mac(int na)	na：网络地址	返回 MAC 地址指针	根据给定的网络地址，查找节点 MAC 地址

2. 数据处理服务程序分析

（1）封包程序设计。

要理解封包程序设计主要需要理解下面几个关键函数。

proc_user 函数：

```c
void proc_user(int fd)
{
    static int offset = 0;
    static char buf[BUFSIZE];
    int i, ret;

    ret = read(fd, &buf[offset], BUFSIZE-offset);
    if (ret < 0) {
        perror("read uart");
        exit(1);
    }
    offset += ret;
    if (buf[offset-1] == '\n') {
        buf[offset-1] = '\0';
        if (strcmp(buf, "quit") == 0) {
            gQuit = 1; //退出程序
            return;
        } else {

            char *pdat = strstr(buf, ",");
            if (pdat == NULL) {
                printf("格式错误\n");
                offset = 0;
                return;
            }
            *pdat++ = '\0';
            int len = strlen(buf);
            if (len != 23) {
                offset = 0;
                printf("地址格式错误\n");
                return;
            }
            if (strlen(pdat) == 0) {
                offset = 0;
                printf("发送数据长度不能为 0\n");
                return;
            }
            printf("%s <<< %s\n", buf, pdat);
            zigbee_send_data(buf, pdat, strlen(pdat));
```

            }
            offset = 0;
        }
    }

函数说明：该函数的作用是检查是否有用户输入指令，如果有则读取并处理指令。
zigbee_send_data 函数：

```c
int zigbee_send_data(char *pmac, char *pdat, int len)
{
    int ret;
    char mac[8];

    if (pmac == NULL || pdat == NULL) return -1;

    //printf("zigbee: %s <<< %s\n", pmac, pdat);

    ret = str2mac(pmac, mac);
    if (ret < 0) {
        printf("error macaddrees: %s\n", pmac);
        return -1;
    }

    int na = cache_mac2na(mac);
    char *pkg;
    if (na < 0) {                              //如果没有缓存地址，则发送命令查询网络地址，并缓存
        if (pSendOut != NULL) {
            free(pSendOut);
        }
        pSendOut = malloc(sizeof(req_t));
        if (pSendOut != NULL) {
            memcpy(pSendOut->mac, mac, 8);
            memcpy(pSendOut->dat, pdat, len);
            pSendOut->len = len;
        }

        ret = mk_request_na(mac, &pkg);        //如果没有缓存地址，则发送查询网络地址的命令（该命令
                                               //会判断是否接着发送用户数据）
    } else {
        ret = mk_net_data(na, 0, pdat, len, &pkg);
    }
    if (ret > 0) {
        uart_write(-1, pkg, ret);
        free(pkg);
    }
    return ret;
}
```

函数说明：

（1）功能：向指定 MAC 地址发送数据。
（2）参数：
    pmac：MAC 地址(字符串格式)；
    pdat：数据；
    len：pdat 的长度。

mk_net_data 函数：

```c
int mk_net_data(int na, int cmd, char* pdat, int len, char **pout)
{
    int pkg_len = len + 5 + 1 + 2 + 2;
    int i;
    char *pkg = malloc(pkg_len);
    if (pkg == NULL) {
        printf("error malloc\n");
        exit(1);
    }

    printf("protol <<< %04X,%04X,", na, cmd);
    for (i=0; i<len; i++) {
        printf("%02X ", pdat[i]);
    }
    printf("\n");

    pkg[0] = 0xfe;
    pkg[1] = 1+2+2+len;
    pkg[2] = 0x29;
    pkg[3] = 0x00;

    pkg[4] = 0x02;

    pkg[5] = (na>>8) & 0xff;
    pkg[6] = na & 0xff;
    pkg[7] = (cmd>>8) & 0xff;
    pkg[8] = cmd & 0xff;


    for (i=0; i<len; i++) {
        pkg[9+i] = pdat[i];
    }
    pkg[9+len] = calc_fcs(&pkg[1], pkg_len-2);

    *pout = pkg;
    return pkg_len;
}
```

函数说明：

(1) 功能：生成应用程序数据包。
(2) 参数：
  na：网络地址；
  cmd：应用命令字；
  pdat：需要打包的数据帧 APP_DATA；
  len：APP_DATA 的长度；
  pout：打包好的数据包
(3) 返回：数据包长度（pkg_len）。

(2) 解包程序设计。

要理解解包程序设计主要需要理解下面几个关键函数。

decode_package 函数：

```c
int decode_package(char* buf, int len)
{
    int i, dlen;

    for (i=0; i<len; i++) {
        if (buf[i] == 0xFE) break;              //检测数据帧头 FE
    }

    if (len-i < 5) return i;                    //一个有效的数据帧至少包含 5 字
                                                //节：SOP LEN CMD(2Byte) FCS

    dlen = buf[i+1];                            //提取数据帧 DATA 的长度
    if (dlen+5+i <= len) {                      //判断是否为一条完整的数据帧
        unsigned short cmd = ((buf[i+2]<<8)&0xff00) | (buf[i+3]&0xff);  //提取数据帧的 CMD 字段
        char *pdat = &buf[i+4];                 //提取数据帧的 DATA 字段
        int j;
        for (j=0; j<SIZE_CP; j++) {
            //printf("%04X == %04X\n", command_process[j].cmd , cmd);
            if (command_process[j].cmd == cmd) {    //判断数据帧命令
                command_process[j].fun(pdat, dlen); //根据命令调用相关函数，处理数据
                break;
            }
        }
        if (j >= SIZE_CP) {
            printf("unknow command: %04X data: ", cmd);
            for(j=0; j<dlen; j++) {
                printf("%02X ", pdat[j]);
            }
        }
        return dlen+5+i;
    }
    return i;
}
```

函数说明：

（1）功能：解析串口收到的协调器发来的数据包，并调用上层相应处理函数。
（2）参数：
　　　　buf：串口收到的数据；
　　　　len：数据长度。

在串口收到数据包时会调用 on_net_data 函数。

on_net_data 函数：

```
int on_net_data(int na, int uc, char* dat, int len)
{
    //printf(" na %04X, cmd %04X, data len %d\n", na, uc, len);
    if (na == 0 && uc == 0x0101 && len == 10) {          //判断命令：是否为查询上传网络地址
        char *mac = &dat[0];                              //将 MAC 地址赋予 mac
        unsigned short net_addr = (dat[8]<<8) | dat[9];   //将网络地址赋予 net_addr
        //cache_addr(mac, net_addr);

        on_response_na(mac, net_addr);                    //处理数据
    }
    if (na == 0 && uc == 0x0102 && len == 10) {          //判断命令：是否为查询上传 MAC 地址
        char *mac = &dat[2];                              //将 MAC 地址赋予 mac
        unsigned short net_addr = dat[0]<<8 | dat[1];     //将网络地址赋予 net_addr
        //cache_addr(mac, net_addr);
        on_response_mac(net_addr, mac);                   //处理数据
    }
    if (uc == 0x0000) {                                   //判断命令：是否为协调器与上位机之间数据的通信命令
        on_zigbee_data(na, dat, len);                     //处理数据
    }

    return 0;
}
```

函数说明：

（1）功能：收到协调器发来的有效数据帧 DATA。
（2）参数：
　　　　dat：DATA；
　　　　len：DATA 长度。

on_zigbee_data 函数：

```
static int on_zigbee_data(int na, char* dat, int len)
{
    char *mac = cache_na2mac(na);
    if (mac == NULL) {                    //如果没有缓存地址，则发送命令查询 MAC 地址，并缓存
        char *pkg;
        int ret;
```

```
            if (pRecvIn != NULL) {
                free(pRecvIn);
            }
            pRecvIn = malloc(sizeof(req_t));
            if (pRecvIn != NULL) {
                pRecvIn->na = na;
                memcpy(pRecvIn->dat, dat, len);
                pRecvIn->len = len;
            }
            ret = mk_request_mac(na, &pkg);
            if (ret > 0) {
                uart_write(-1, pkg, ret);
                free(pkg);
            }
        } else {
            //dat[len] = 0; //
            //printf("zigbee: %s >>> %s\n", mac2str(mac), dat);        //打印收到的数据
            if (zigbee_recv_data != NULL) {
                zigbee_recv_data(mac2str(mac), dat, len);
            }
        }
        return 0;
}
```

函数说明：

（1）功能：当收到传感器数据时调用此函数。
（2）参数：
    na：网络地址；
    dat：MAC 地址；
    len：dat 长度。

zigbee_recv_data 函数：

zigbee_recv_data 会被赋值为 on_recv_data，主程序最终会调用 on_recv_data 函数。

```
void on_recv_data(char *mac, char *dat, int len)
{
    char buf[128];
    memcpy(buf, dat, len);
    buf[len] = '\0';
    printf("%s >>> %s\n", mac, buf);
}
```

函数功能说明：当收到 zigbee 数据时调用此函数，并显示数据。

5.2.5 开发实践：Linux 智能网关本地服务设计

1. 串口通信服务设计

（1）把实验目录下的 uart-test 文件夹通过 MobaXterm 软件复制到开发板的/home/zonesion 目录下。

（2）在终端输入以下命令，进入本节实验目录，通过查看文件信息命令（ls）查看当前文件夹内容。

```
test@rk3399:~$ cd uart-test/
test@rk3399:~/uart-test$ ls
Makefile   uart.c   uart.h   uart-test   uart-test.c   util.c   util.h
```

（3）在终端输入 make，进行编译，查看 uart-test 文件是否生成。

```
test@rk3399:~/uart-test$ make
gcc    -static -pthread   uart.c util.c uart-test.c -o uart-test
test@rk3399:~/uart-test$ ls
Makefile   uart.c   uart.h   uart-test   uart-test.c   util.c   util.h
```

（4）输入命令"./uart-test"，运行该程序。

```
test@rk3399:~/uart-test$ ./uart-test
```

（5）若运行程序后出现如下信息，说明连接串口通信成功。

```
test@rk3399:~/uart-test$ ./uart-test
        zigbee uart test program v0.1
uart >>> FE 0A 69 80 32 FE 00 00 7B 44 31 3D 30 7D 51
```

说明：运行程序后会在 20s 内收到数据。

（6）数据分析：

① FE：帧头（SOP）
② 0A：数据长度（LEN）
③ 69 80：协调器发送数据给上位机
④ 32 FE：网络地址（短地址）
⑤ 00 00：正常数据命令
⑥ 7B 44 31 3D 30 7D：传感器数据
⑦ 51：校验位

上面的实验得到的是很多个十六进制数据，其中包含了帧头、数据长度、网络地址、正常数据命令、传感器数据、校验位等很多信息，实际上对于用户而言，帧头、数据长度、命令和校验位等信息不是必要的，这些信息只是为了让数据在网络传输中能正确运行。对用户而言真正有用的是某个节点上的传感器对应的测量值，这里"网络地址"就相当于节点的名称，实验中获得的"32 FE"就是该节点的网络地址，也把它称为短地址，"7B 44 31 3D 30 7D"是传感器数据，对应"{D1=0}"，表明该控制类传感器的状态为关闭状态。

2. 协议解析服务设计

（1）将实验目录下的 protol-test 文件夹通过 MobaXterm 软件复制到开发板的/home/zonesion 目录下。

（2）在终端输入以下命令，进入该目录。

```
test@rk3399:~$ cd protol-test/
test@rk3399:~/protol-test$ ls
Makefile    protol.h       protol-test.c    uart.h    util.h
protol.c    protol-test    uart.c           util.c
```

（3）输入 make 指令，进行编译。

```
test@rk3399:~/protol-test$ make
gcc    -static -pthread    uart.c util.c    protol.c protol-test.c -o protol-test
protol.c: In function 'mk_net_data':
protol.c:70:15: warning: implicit declaration of function 'calc_fcs' [-Wimplicit-function-declaration]
   pkg[9+len] = calc_fcs(&pkg[1], pkg_len-2);
```

说明：此处出现警告信息并不影响实验进行。

（4）查看是否生成 protol-test 文件。

```
test@rk3399:~/protol-test$ ls
Makefile  protol.c  protol.h  protol-test  protol-test.c  uart.c  uart.h  util.c  util.h
```

（5）输入以下命令，运行程序。

```
test@rk3399:~/protol-test$ ./protol-test
```

（6）等待 20 秒左右，会出现如图 5.31 所示测试信息。

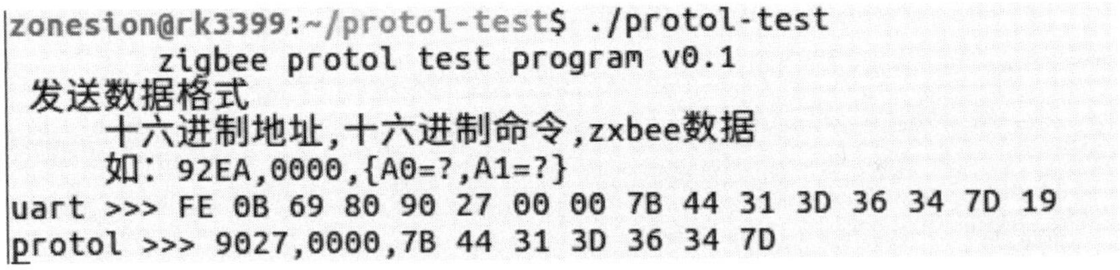

```
zonesion@rk3399:~/protol-test$ ./protol-test
        zigbee protol test program v0.1
发送数据格式
        十六进制地址,十六进制命令,zxbee数据
        如: 92EA,0000,{A0=?,A1=?}
uart >>> FE 0B 69 80 90 27 00 00 7B 44 31 3D 36 34 7D 19
protol >>> 9027,0000,7B 44 31 3D 36 34 7D
```

图 5.31　测试信息

可以看到短地址"9027"和传感器数据 7B 44 31 3D 36 34 7D 都被打印出来了，即协议解析实验成功。

（7）本节测试还提供了交互功能，即不仅能够解析出数据，还可以通过串口发送数据给节点，来查询节点上对应传感器的状态。

在开发板终端界面按下回车键，输入如下信息："9027,0000,7B 4F 44 31 3D 36 34 7D"，其中"9027"为短地址，要根据实际节点的短地址来填写相应数据，然后继续按下回车键，会出现如图 5.32 所示信息。

```
9027,0000,7B 4F 44 31 3D 36 34 7D
protol <<< 9027,0000,7B 4F 44 31 3D 36 34 7D
uart <<< FE 0D 29 00 02 90 27 00 00 7B 4F 44 31 3D 36 34 7D 92
uart >>> FE 01 69 00 00 68
```

图 5.32　交互功能测试

继电器通信协议如表 5.6 所示。

表 5.6　继电器通信协议

功　　能	控 制 指 令	指令 Hex 数据
打开继电器	{OD1=64}	7B 4F 44 31 3D 36 34 7D
关闭继电器	{CD1=64}	7B 43 44 31 3D 36 34 7D

下面测试继电器，打开继电器 1，如果操作成功可以听到继电器开关的声音，同时对应的 LED 状态灯亮起，如图 5.33 所示。

图 5.33　继电器测试

说明：

①"9027,0000,7B 4F 44 31 3D 36 34 7D"中的"7B 4F 44 31 3D 36 34 7D"，对应发送"{OD1=64}"控制指令。

②"uart <<<FE 0D 29 00 02 90 27 00 00 7B 4F 44 31 3D 36 34 7D 92"代表程序对"9027,0000,7B 4F 44 31 3D 36 34 7D"进行打包，即将短地址和传感器数据增加了帧头、长度等内容并打包发送出去。

③"uart >>> FE 01 69 00 00 68"是协调器的响应帧，表明协调器正确响应了上一条串口发送指令。

④"uart >>> FE 0B 69 80 90 27 00 00 7B 44 31 3D 36 34 7D 19"代表串口接收到数据。

3．地址缓存服务设计

（1）将实验目录下的 cache-test 文件通过 MobaXterm 软件或者 U 盘复制到开发板的 /home/zonesion 目录下，进入本节实验目录。

```
test@rk3399:~/ $ cd cache-test/
test@rk3399:~/cache-test$ ls
cache-addr.c   Makefile   protol.h   uart.h   util.h    zigbee.h
cache-addr.h   protol.c   uart.c     util.c   zigbee.c  zigbee-test.c
```

(2)在终端输入 make 指令，进行编译。

test@rk3399:~/cache-test$ make
gcc   -static -pthread   uart.c util.c   protol.c zigbee.c cache-addr.c zigbee-test.c -o zigbee-test
protol.c: In function 'mk_net_data':
protol.c:70:15: warning: implicit declaration of function 'calc_fcs' [-Wimplicit-function-declaration]
   pkg[9+len] = calc_fcs(&pkg[1], pkg_len-2);

(3)查看是否生成 cache-test 文件。

test@rk3399:~/work/cache-test$ ls
cache-addr.c   Makefile   protol.h   uart.h   util.h   zigbee.h   zigbee-test.c
cache-addr.h   protol.c   uart.c   util.c   zigbee.c zigbee-test

(4)运行 cache-test。

test@rk3399:~/work/cache-test$ ./zigbee-test

(5)等待 20 秒，可以看到串口终端打印出以下信息。

uart >>> FE 0A 69 80 12 85 00 00 7B 44 31 3D 30 7D 0A
protol >>> 1258,0000,7B 44 31 3D 30 7D
protol <<< 0000,0102,12 58
uart <<< FE 07 29 00 02 00 00 01 02 12 85 B8
uart >>> FE 01 69 00 00 68
uart >>> FE 0E 69 80 00 00 01 02 12 85 00 12 4B 00 15 D1 49 07 A0
protol >>> 0000,0102, 12 85 00 12 4B 00 15 D1 49 07
zigbee: 1285 ---> 00:12:4B:00:15:D1:49: 07

对打印出的信息进行分析：

①uart >>> FE 0A 69 80 12 85 00 00 7B 44 31 3D 30 7D 0A //完整数据帧
②protol >>> 1285,0000,7B 44 31 3D 30 7D //提取短地址
③protol <<< 0000,0102,1285 //短地址查询
④uart <<< FE 07 29 00 02 00 00 01 02 12 85 B8 //通过串口发送长地址查询指令
⑤uart >>> FE 01 69 00 00 68 //协调器正确响应
⑥uart >>> FE 0E 69 80 00 00 01 02 12 85 00 12 4B 00 15 D1 49 07 A0 //收到包含长地址的信息
⑦protol >>> 0000,0102,12 85 00 12 4B 00 15 D1 49 07 //提取长地址
⑧zigbee: 1285 ---> 00:12:4B:00:15:D1:49:07/打印短地址对应的长地址

可以看到短地址对应的长地址已经被打印出来。

(6)继续等待 20 秒，等待接收下一次数据，会出现以下信息。

uart >>> FE 0A 69 80 12 85 00 00 7B 44 31 3D 30 7D 0A
protol >>> 1285,0000,7B 44 31 3D 30 7D
zigbee: 1285 ---> 00:12:4B:00:15:D1:49: 07

可以看到，本次测试没有通过串口发送查询指令的步骤，而是直接提取短地址并打印其对应的长地址，说明短地址对应的长地址已经被缓存起来了。

(7)接下来，在终端手动输入一个长地址，查看对应的短地址是否已被缓存。在终端输入 MAC 地址，然后按回车键。

```
00:12:4B:00:15:D1:49:07
```

注意：读者在输入 MAC 地址时一定要输入自己终端节点的实际 MAC 地址，不要与上述实验步骤中的 MAC 地址一致。

（8）可以看到串口会立即打印如下信息。

```
00:12:4B:00:15:D1:49:07
correct macaddrees: 00:12:4B:00:15:D1:49:07
zigbee_test: 00:12:4B:00:15:D1:49:07 --->1285
```

5.2.6 小结

本节介绍了 Linux 智能网关系统分析和本地服务设计架构，并通过协议解析服务设计、地址缓存服务设计、数据处理服务设计三部分的程序案例分析，完成 Linux 智能网关的本地服务设计。

5.2.7 思考与拓展

（1）Linux 智能网关本地服务有哪些功能？
（2）请描述协调器与网关通信协议数据包格式。

5.3 Linux 网关远程服务设计

5.3.1 Linux 网关远程服务设计总体介绍

Linux 网关的远程服务设计主要包括 TCP 网络服务设计、MQTT 数据服务设计和 Linux 网关协议设计三部分。

（1）TCP 网络服务设计。

网关收到串口的数据后，可以通过 UDP 或者 TCP 服务将传感器的 MAC 地址和传感器数据传输到服务器上，实现 ZigBee 上行数据通信。这里选择传输比较稳定的 TCP 服务来实现这种上行数据通信方式，TCP 网络服务设计框架如图 5.34 所示。

（2）MQTT 数据服务设计。

MQTT 数据服务通过调用 Linux 系统环境中的 mosquitto 库，实现 MQTT 客户端，向服务器推送消息并接收处理用户控制指令。MQTT 数据服务设计框架如图 5.35 所示。

（3）Linux 网关协议设计。

Linux 网关协议设计是在 TCP 网络服务设计的基础上，通过 TCP 网络编程并实现信息通信，与服务器进行数据交互。

Linux 网关协议设计将在网关上建立一个 TCP 客户端，在连接时需要发送网关认证数据包进行认证。认证通过后，数据按照 ZXBee 协议进行封包与解包处理。

Linux 网关协议设计框架如图 5.36 所示。

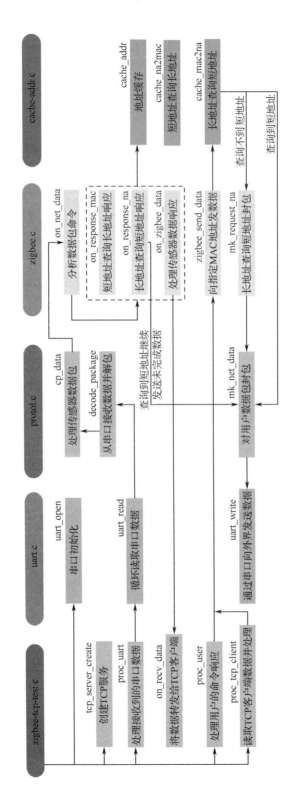

图5.34 TCP网络服务设计框架

第 5 章 智能家居网关 Linux 开发案例

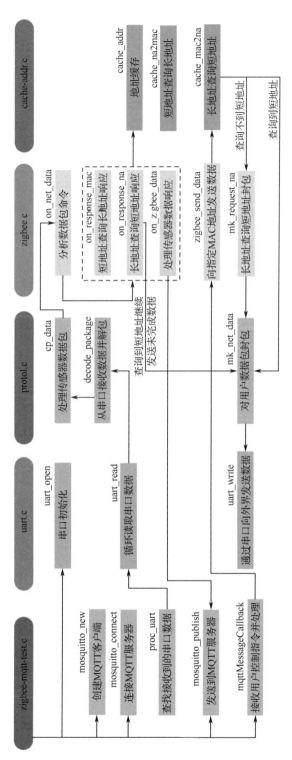

图 5.35 MQTT 数据服务设计框架

Linux 人工智能开发实例

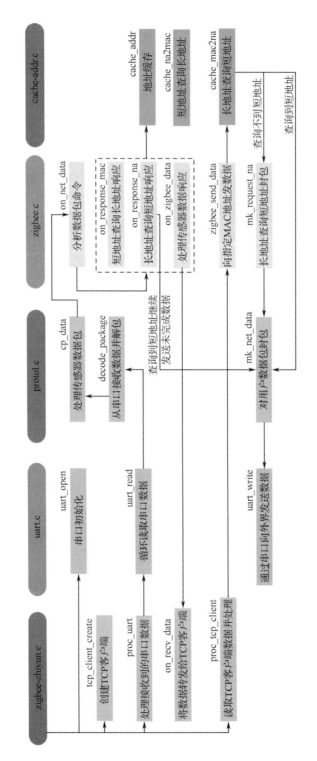

图5.36　Linux网关协议设计框架

5.3.2 TCP 网络服务设计

1．TCP 网络服务整体设计

数据转发服务设计将在网关上建立一个 TCP 服务器，然后将传感器数据转发到其连接的客户端，客户端由 TCP&UDP 测试工具来模拟。

数据转发服务设计主要由两部分组成：一部分是网关（服务器）发送数据给客户端，我们把这个过程叫作 ZigBee 上行数据通信；另外一部分是客户端发送数据给网关（服务器），网关对数据进行处理，最后发送命令给 ZigBee 节点，我们把这个过程叫作 ZigBee 下行数据通信。

本项目的程序文件与函数说明如表 5.7 所示。

表 5.7 程序文件与函数说明

程序文件	函数名称	参 数	返 回 值	功 能
zigbee-tcp-test.c	int tcp_server_create()	创建 TCP 服务器	服务器端文件描述符	创建 TCP 服务
	int proc_tcp_client(int cfd)	cfd：客户端文件描述符	处理的字节数	读取 TCP 客户端数据并处理
	void on_recv_data(char *mac, char *dat, int len)	mac：MAC 地址 dat：数据缓冲区 len：数据长度	无	将数据发送给每个 TCP 客户端
	void proc_user(int fd)	fd：串口文件描述符	无	检查是否有用户输入指令，如果有则读取，并处理
	void proc_uart(int fd)	fd：串口文件描述符	无	检查串口是否有数据需要读取，如果有则读取，并处理
	int main(int argc, char *argv[])	argc：参数个数 argv:参数列表	程序退出码	循环监测用户的指令循环接收串口数据并处理
uart.c	int uart_open(char *pdev)	pdev：串口文件路径与文件名	int 串口文件描述符	串口初始化
	int uart_write(int fd, char *dat, int len)	fd：串口文件描述符 buf：写入数据缓存 len：缓存长度	写入的字节数	通过串口向外界发送数据
	int uart_read(int fd, char *buf, int len)	fd：串口文件描述符 buf：读取数据缓存 len：缓存长度	若返回值<0 则读取失败，否则返回读取的字节数	从串口读取数据
	void uart_close(int fd)	fd：串口文件描述符	无	关闭串口

续表

程序文件	函数名称	参 数	返 回 值	功 能
util.c	int _str2hex(char *str)	str：字符串缓冲区	转换的十六进制数据	将2个字符转换成1个十六进制数据
	int str2hex(char *str, char *buf, int len)	str：字符串缓冲区 buf：十六进制数缓冲区 len：数据长度	转换的字符个数	将字符串转换为十六进制
	char calc_fcs(char *dat, int len)	dat：待校验的数据 len：待校验的数据长度	校验结果	数据校验
	char * mac2str(char *mac)	mac：MAC地址	buf：字符串形式的MAC地址	将MAC地址转换成字符串形式使其可以通过串口显示出来
	int str2mac(char *pmac, char *mac)	pmac：字符串形式的MAC地址 mac：MAC地址	成功：0 失败：-4	将字符串形式的MAC地址转换成十六进制
protol.c	int mk_net_data(int na, int cmd, char* pdat, int len, char **pout)	na：网络地址 cmd：应用命令字 pdat：需要打包的数据帧APP_DATA len：需要打包的数据帧APP_DATA的长度 pout：打包好的数据包	(pkg_len)返回数据包长度	生成应用程序数据包
	int decode_package (char* buf, int len)	buf：串口收到的数据 len：数据长度	解析数据包长度	解析串口收到的协调器发过来的数据包，并调用上层相应处理函数
	int cp_data(char* dat, int len)	dat：DATA len：DATA长度	返回0	收到协调器发来的有效数据帧DATA
zigbee.c	int mk_request_mac(int na, char **pout)	na：网络地址 pout：打包好的数据包	返回数据包长度	根据网络地址生成请求节点MAC地址的数据包
	int mk_request_na (char* mac, char **pout)	mac：MAC地址 pout：打包好的数据包	返回数据包长度	根据MAC地址生成请求节点网络地址的数据包
	static int on_zigbee_data (int na, char* dat, int len)	na：网络地址 dat：MAC地址 len：dat长度	返回0	处理传感器数据响应
	int zigbee_send_data (char *pmac, char *pdat, int len)	pmac：MAC地址（字符串格式） pdat：数据 len：pdat长度	返回数据包长度 -1：参数错误	向指定MAC地址发送数据

续表

程序文件	函数名称	参数	返回值	功能
zigbee.c	int on_net_data(int na, int uc, char* dat, int len)	dat：DATA len：DATA 长度	返回 0	收到协调器发来的有效数据帧 DATA
cache-addr.c	void cache_addr(char *mac, unsigned short na)	mac：MAC 地址 na：网络地址	无	将节点 MAC 地址与网络地址缓存起来
	void cache_reset(void)	无	无	清空地址缓存信息，一般协调器复位之后会清空一次
	int cache_mac2na(char mac[8])	mac：MAC 地址	返回网络节点地址 -1：参数错误	根据给定的 MAC 地址查找节点网络地址
	char* cache_na2mac(int na)	na：网络地址	返回 MAC 地址指针	根据给定的网络地址查找节点 MAC 地址

2．TCP 网络服务程序分析

要理解数据转发服务设计主要需要理解以下几个函数。

（1）main 函数。

```
int main(int argc, char *argv[])
{
    int ret;
    fd_set fds;
    int mfd;
    int i;

    printf("    zigbee zigbee test program v0.1\n");
    printf("  发送数据格式\n");
    printf("    MAC 地址,数据\n");
    printf("    例如：00:12:4B:00:06:1B:5F:BB,{A0=?}\n");
    printf("    \n");

    gDevFd = uart_open(ZXBEE_UART);
    if (gDevFd < 0) {
        perror(ZXBEE_UART);
        exit(1);
    }

    set_on_net_data(on_net_data);
    set_on_co_reset(on_coordinate_reset);
    zigbee_set_on_recv_data(on_recv_data);

    int sock = tcp_server_create();
```

```c
        if (sock < 0) {

            return 1;
        }

loop:

        FD_ZERO(&fds);
        FD_SET(STDIN_FILENO, &fds);
        FD_SET(gDevFd, &fds);
        FD_SET(sock, &fds);
        mfd = sock;
        for (i=0; i<MAX_CLIENTS; i++) {
            if (clients[i] > 0) {
                if (clients[i] > mfd) mfd = clients[i];
                FD_SET(clients[i], &fds);
            }
        }
        ret = select(mfd+1, &fds, NULL, NULL, NULL);

        if (ret < 0){
            perror("error: select");
            exit(1);
        }
        if (FD_ISSET(STDIN_FILENO, &fds)) {
            proc_user(STDIN_FILENO);                    //循环监测用户的指令
        }
        if (FD_ISSET(gDevFd, &fds)) {
            proc_uart(gDevFd);                          //循环接收串口数据并处理
        }
        for (i=0;i<MAX_CLIENTS; i++) {
            if (clients[i]>0 && FD_ISSET(clients[i], &fds)) {
                /* 读取客户端数据*/
                ret = proc_tcp_client(clients[i]);
                if (ret <= 0) {
                    printf("close tcp client fd %d\n", clients[i]);
                    close(clients[i]);
                    clients[i] = 0;
                }
            }
        }
        if (FD_ISSET(sock, &fds)) {
            /* 处理新建立的客户端连接 */
            struct sockaddr_in addr;
            int alen;
            int cfd = accept(sock, (struct sockaddr*)&addr, &alen);
            if (cfd < 0) {
```

```
                perror("error: accept");
                return 1;
            }
            printf("new tcp client fd %d\n", cfd);
            char *msg = "Welcome!\n";
            ret = send(cfd, msg, strlen(msg), 0);
            if (ret < 0) {
                perror("error: send");
                printf("close tcp client fd %d\n", cfd);
                close(cfd);
                cfd = -1;
            }
            for (i=0; cfd>0 && i<MAX_CLIENTS; i++) {
                if (clients[i]<=0) {
                    clients[i] = cfd;
                    break;
                }
            }
        }
        if (gQuit == 0)
            goto loop;
exit:
        close(gDevFd);
        return 0;
}
```

说明：在 main 函数里主要通过以下三个函数实现了三个重要功能。

① int sock = tcp_server_create();//创建 TCP 服务器，并做一些初始化工作。
② ret = proc_tcp_client(clients[i]);//处理客户端的数据。
③ int cfd = accept(sock, (struct sockaddr*)&addr, &alen);//处理新建立的客户端。

下面对这三个函数进行分析。

tcp_server_create 函数：

该函数的主要功能是创建 TCP 服务器，并对服务器的属性做初始化操作，具体的程序代码如下。

```
int tcp_server_create()
{
    int ret;
    int fd;
    struct sockaddr_in addr;

    fd = socket(AF_INET, SOCK_STREAM, 0);
    if (fd < 0) {
        perror("error: socket");
        return -1;
    }
```

```c
    bzero(&addr, sizeof(addr));
    addr.sin_family = AF_INET;
    addr.sin_addr.s_addr = htonl(INADDR_ANY);
    addr.sin_port = htons(LISTEN_PORT);

    ret = bind(fd, (struct sockaddr *)&addr, sizeof(addr));
    if (ret < 0) {
        perror("error: bind");
        return -1;
    }
    listen(fd, MAX_CLIENTS);
    printf(" tcp server listen port %d\n", LISTEN_PORT);
    return fd;
}
```

proc_tcp_client 函数：

该函数的功能主要是将客户端发送过来的数据进行解析，然后通过串口和协调器将数据发送给终端节点，此过程为 ZigBee 下行数据通信。其中 cfd 是客户端文件描述符，具体的程序代码如下。

```c
int proc_tcp_client(int cfd)
{
    char *pdat;
    char buf[512];
    int r = recv(cfd, buf, 512, 0);
    if (r <= 0) {
        return r;
    }
    /* 解码用户数据 */
    buf[r] = '\0';
    printf(" tcp client fd %d >>> %s\n", cfd, buf);
    pdat = strstr(buf, ",");
    if (pdat != NULL) {
        *pdat++ = '\0';
        zigbee_send_data(buf, pdat, strlen(pdat));
    }
    return r;
}
```

proc_tcp_client 函数会调用 zigbee_send_data 函数，由于 zigbee_send_data 函数在本书前面已经有过介绍，此处不再赘述。

accept 函数：

该函数的主要功能是产生新的客户端描述符，然后将其存储到 client[i] 数组中。具体的程序代码如下。

```c
int cfd = accept(sock, (struct sockaddr*)&addr, &alen);
if (cfd < 0) {
```

```
    perror("error: accept");
        return 1;
    }
    printf("new tcp client fd %d\n", cfd);
    char *msg = "Welcome!\n";
    ret = send(cfd, msg, strlen(msg), 0);
    if (ret < 0) {
    perror("error: send");
    printf("close tcp client fd %d\n", cfd);
    close(cfd);
    cfd = -1;
    }
    for (i=0; cfd>0 && i<MAX_CLIENTS; i++) {
    if (clients[i]<=0) {
    clients[i] = cfd;
    break;
    }
```

（2）ZigBee 上行数据通信。

on_recv_data 函数：

当网关收到 ZigBee 数据时会调用数据，并将数据发送到客户端，同时在终端打印并显示数据，程序代码如下。

```
void on_recv_data(char *mac, char *dat, int len)
{
    char buf[128];

    memcpy(buf, dat, len);
    buf[len] = '\0';
    printf("%s >>> %s\n", mac, buf);

    /* 发送到每个 TCP 客户端 */
    char msg[1024];
    int i;
    int ret;
    snprintf(msg, 1024, "%s,%s\r\n",mac, buf);
    for (i=0; i<MAX_CLIENTS; i++) {
        if (clients[i]>0) {
            ret = send(clients[i], msg, strlen(msg), 0);
            if (ret < 0) {
                perror("error: send");
                printf("close tcp client fd %d\n", clients[i]);
                close(clients[i]);
                clients[i] = 0;
            }
        }
    }
}
```

5.3.3 MQTT 数据服务设计

1．MQTT 协议概述

MQTT（Message Queuing Telemetry Transport，消息队列遥测传输）协议是 ISO 标准（ISO/IEC PRF 20922）下基于发布/订阅范式的消息协议。它工作在 TCP/IP 协议族上，是为硬件性能低下的远程设备以及网络状况糟糕的情况而设计的发布/订阅型消息协议。MQTT 的设计原理是最小化网络带宽。

MQTT 协议具有以下特性：
（1）用发布/订阅消息模式，提供一对多的消息发布，解除应用程序耦合；
（2）对负载内容屏蔽的消息传输机制；
（3）使用 TCP/IP 提供网络连接；
（4）小型传输，开销很小，协议交换最小化，以降低网络流量；
（5）使用 Last Will 和 Testament 特性通知有关各方客户端异常中断的机制。（Last Will：遗言机制，用于通知同一主题下的其他设备发送遗言的设备已经断开了连接。Testament：遗嘱机制。）

1）MQTT 协议中的订阅、主题名和会话

订阅（Subscription）：订阅包含主题筛选器（Topic Filter）和最大服务质量（QoS）。订阅会与一个会话（Session）关联。一个会话可以包含多个订阅，每个会话中的每个订阅都有一个不同的主题筛选器。

会话（Session）：每个客户端与服务器建立连接后就是一个会话，客户端和服务器之间有状态交互。会话可能存在于一个网络之间，也可能在客户端和服务器之间，跨越多个连续的网络连接。

主题名（Topic Name）：连接到一个应用程序消息的标签，该标签与服务器的订阅相匹配。服务器会将消息发送给订阅所匹配标签的每个客户端。

主题筛选器（Topic Filter）：一个对主题名通配符的筛选器，在订阅表达式中使用，表示订阅所匹配到的多个主题。

负载（Payload）：消息订阅者所具体接收的内容。

MQTT 协议会构建底层网络传输：它将建立客户端到服务器的连接，提供两者之间的一个有序的、无损的、基于字节流的双向传输。当应用通过 MQTT 网络发送数据时，MQTT 会把与之相关的服务质量和主题名相关联。

2）MQTT 客户端

MQTT 客户端是使用 MQTT 协议的应用程序或者设备，它总是建立到服务器的网络连接。MQTT 客户端具有以下作用：
（1）发布其他客户端可能会订阅的信息；
（2）订阅其他客户端发布的消息；
（3）退订或删除应用程序的消息；
（4）断开与服务器的连接。

3）MQTT 服务器

MQTT 服务器可以称为"消息代理"（Broker），它可以是一个应用程序或一台设备，位于消息发布者和订阅者之间，它主要有以下作用：

（1）接收来自客户端的网络连接；

（2）接收客户端发布的应用信息；

（3）处理来自客户端的订阅和退订请求；

（4）向订阅的客户端转发应用程序消息。

MQTT 通信架构如图 5.37 所示。

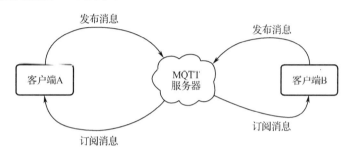

图 5.37　MQTT 通信架构图

4）MQTT 协议中的方法

在 MQTT 协议中定义了一些方法，用来表示对确定资源进行操作。这个资源可以是预先存在的数据或动态生成的数据，取决于服务器功能的实现。通常来说资源指服务器上的文件或输出内容。MQTT 中的主要方法有：

（1）Connect：等待与服务器建立连接。

（2）Disconnect：等待 MQTT 客户端完成所做的工作，并与服务器断开 TCP/IP 会话。

（3）Subscribe：等待完成订阅。

（4）UnSubscribe：等待服务器取消客户端的一个或多个主题订阅。

（5）Publish：MQTT 客户端发送消息请求，发送完成后返回应用程序线程。

5）MQTT 协议数据包结构

在 MQTT 协议中，一个 MQTT 协议数据包由固定头（Fixed header）、可变头（Variable header）和消息体（Payload）三部分构成。MQTT 协议数据包结构如下：

（1）固定头：存在于所有 MQTT 数据包中，表示数据包类型和数据包的分组类标识。

（2）可变头：存在于部分 MQTT 数据包中，数据包类型决定了可变头是否存在及其具体内容。

（3）消息体：存在于部分 MQTT 数据包中，表示客户端收到的具体内容。

6）MQTT 协议实现方式

实现 MQTT 协议需要客户端和服务器端通信完成，在通信过程中，MQTT 协议中有三种身份：发布者（Publish）、代理（Broker）（服务器）、订阅者（Subscribe），如图 5.38 所示。其中，消息的发布者和订阅者都是客户端，代理是服务器，消息发布者可以同时是订阅者。

（1）发布者将消息发布至代理服务器中，消息在代理服务器中以树的方式存储。

（2）订阅者通过 Subscribe 接收订阅的消息，代理服务器接收到订阅消息后将订阅者放置在对应末端节点的下方。

（3）代理根据消息的设置决定是否发送一些以前的消息，或者当发布者发布消息时，代理将消息推送到订阅者服务器。

图 5.38　MQTT 协议的实现方式

2．Mosquitto 的安装与测试

Mosquitto 是一个开源（BSD 许可）的消息代理，是一款实现了 MQTT 协议的开源消息代理软件，提供轻量级的、支持可发布/可订阅的消息推送模式，使设备对设备之间的短消息通信变得简单，比如现在应用广泛的低功耗传感器、手机、嵌入式计算机、微型控制器等移动设备，其安装与测试步骤如下：

在 Mosquitto 官方网站（http://mosquitto.org/files/source/）下载 Mosquitto 服务器，并安装。

```
#解压  tar zxfv mosquitto-x.x.x.tar.gz
#进入目录  cd mosquitto-1.4.9
# 编译  make
# 安装  sudo make install
```

Mosquitto 的功能命令如下：

```
mosquitto  －  代理器主程序
mosquitto.conf  －  配置文件
mosquitto_passwd  －  用户密码管理工具
mosquitto_tls – very rough cheat sheet for helping with SSL/TLS
mosquitto_pub  －  用于发布消息的命令行客户端
mosquitto_sub  －  用于订阅消息的命令行客户端
mqtt  －  MQTT 的后台进程
libmosquitto  －  客户端编译的库文件
```

Mosquitto 服务器安装完成后，通过以下三个命令对服务器进行测试。这三个命令需要在三个 Linux 命令行终端中运行。

```
mosquitto  －  代理器主程序
mosquitto_pub  －  用于发布消息的命令行客户端
mosquitto_sub  －  用于订阅消息的命令行客户端
```

在 Linux 命令行终端启动 Mosquitto 服务。

```
root@zonesion:/home/mysdk/gw3399-linux/mosquitto-1.6.8# mosquitto -v
1600304111: mosquitto version 1.6.8 starting
1600304111: Using default config.
1600304111: Opening ipv4 listen socket on port 1883.
1600304111: Opening ipv6 listen socket on port 1883.
```

mosquitto_pub 为发布主题的命令，mosquitto_sub 为订阅主题的命令。常用参数如表 5.8 所示。

表 5.8 常用参数

参数	描述
-h	服务器主机，默认为 localhost
-t	指定主题
-u	用户名
-p	密码
-i	客户端 ID，唯一
-m	发布的消息内容

新建一个命令行终端，如图 5.39 所示。

图 5.39 新建命令行终端

输入以下命令订阅主题。

test@zonesion:~$ mosquitto_sub -h 127.0.0.1 -p 1883 -v -t testtopic

服务程序会显示客户端连接的相关信息，如下所示。

1600304795: New connection from 127.0.0.1 on port 1883.
1600304795: New client connected from 127.0.0.1 as mosq-QiDVSNBTaq0rMsndxS (p2, c1, k60).
1600304795: No will message specified.
1600304795: Sending CONNACK to mosq-QiDVSNBTaq0rMsndxS (0, 0)
1600304795: Received SUBSCRIBE from mosq-QiDVSNBTaq0rMsndxS
1600304795:   testtopic (QoS 0)
1600304795: mosq-QiDVSNBTaq0rMsndxS 0 testtopic
1600304795: Sending SUBACK to mosq-QiDVSNBTaq0rMsndxS

再新建一个命令行终端，输入命令"mosquitto_pub -h 127.0.0.1 -p 1883 -t testtopic -m helloworld"发布主题。

test@zonesion:~$ mosquitto_pub -h 127.0.0.1 -p 1883 -t -m helloworld

服务端的订阅服务会接收到对应的主题。

test@zonesion:~$ mosquitto_sub -h 127.0.0.1 -p 1883 -v -t testtopic
testtopic hello world

3．MQTT 数据服务整体设计

程序文件与函数说明如表 5.9 所示。

表 5.9 程序文件与函数说明

程序文件	函数名称	参 数	返 回 值	功 能
zigbee-mqtt-test.c	void mqttMessageCallback(struct mosquitto *mosq, void *obj, const struct mosquitto_message *message)	mosq：Mosquitto 实例 obj：用户数据 message：消息缓冲区	无	接收用户控制指令并处理
	void on_recv_data(char *mac, char *dat, int len)	mac：MAC 地址 dat：数据缓冲区 len：数据长度	无	将 ZigBee 数据发送到 MQTT 服务器
	void proc_uart(int fd)	fd：串口文件描述符	无	检查串口是否有数据需要读取，如果有则读取并处理
	int main(int argc, char *argv[])	argc：参数个数 argv：参数列表	程序退出码	循环监测用户的指令 循环接收串口数据并处理
uart.c	int uart_open(char *pdev)	pdev：串口文件路径与文件名	int 串口文件描述符	串口初始化
	int uart_write(int fd, char *dat, int len)	fd：串口文件描述符 buf：写入数据缓存 len：缓存长度	写入的字节数	通过串口向外界发送数据
	int uart_read(int fd, char *buf, int len)	fd：串口文件描述符 buf：读取数据缓存 len：缓存长度	若返回值<0 则读取失败，否则返回读取的字节数	从串口读取数据
	void uart_close(int fd)	fd：串口文件描述符	无	关闭串口
util.c	int _str2hex(char *str)	str：字符串缓冲区	转换的十六进制数据	将 2 个字符转换 1 个十六进制数据
	int str2hex(char *str, char *buf, int len)	str：字符串缓冲区 buf：十六进制数缓冲区 len：数据长度	转换的字符个数	将字符串转换成十六进制
	char calc_fcs(char *dat, int len)	dat：待校验的数据 len：待校验的数据长度	校验结果	数据校验
	char * mac2str(char *mac)	mac：MAC 地址	buf：字符串形式的 MAC 地址	将 MAC 地址转换成字符串形式并通过串口显示出来

续表

程序文件	函数名称	参　数	返回值	功　能
util.c	int str2mac(char *pmac, char *mac)	pmac：字符串形式的 MAC 地址 mac：MAC 地址	成功：0 失败：-4	将字符串形式的 MAC 地址转换成十六进制
protol.c	int mk_net_data(int na, int cmd, char* pdat, int len, char **pout)	na：网络地址 cmd：应用命令字 pdat：需要打包的数据帧 APP_DATA len：需要打包的数据帧 APP_DATA 长度 pout：打包好的数据包	pkg_len：返回数据包长度	生成应用程序数据包
	int decode_package(char* buf, int len)	buf：串口收到的数据包 len：数据包长度	解析数据包长度	解析串口收到的协调器发过来的数据包，并调用上层相应处理函数
	int cp_data(char* dat, int len)	dat：DATA len：DATA 长度	返回 0	收到协调器发来的有效数据帧 DATA
zigbee.c	int mk_request_mac(int na, char **pout)	na：网络地址 pout：打包好的数据包	返回数据包长度	根据网络地址生成请求节点 MAC 地址的数据包
	int mk_request_na(char* mac, char **pout)	mac：MAC 地址 pout：打包好的数据包	返回数据包长度	根据 MAC 地址生成请求节点网络地址的数据包
	static int on_zigbee_data(int na, char* dat, int len)	na：网络地址 dat：MAC 地址 len：dat 长度	返回 0	处理传感器数据响应
	int zigbee_send_data(char *pmac, char *pdat, int len)	pmac：MAC 地址（字符串格式） pdat：数据 len：pdat 长度	返回数据包长度 -1：参数错误	向指定 MAC 地址发送数据
	int on_net_data(int na, int uc, char* dat, int len)	dat：DATA len：DATA 长度	返回 0	收到协调器发来的有效数据帧 DATA
cache-addr.c	void cache_addr(char *mac, unsigned short na)	mac：MAC 地址 na：网络地址	无	将节点 MAC 与网络地址缓存起来
	void cache_reset(void)	无	无	清空地址缓存信息，一般协调器复位之后会清空一次

续表

程序文件	函数名称	参　数	返回值	功　能
cache-addr.c	int cache_mac2na(char mac[8])	mac：MAC 地址	返回网络节点地址 -1 错误	根据给定的 MAC 地址查找节点网络地址
	char* cache_na2mac(int na)	na：网络地址	返回 MAC 地址指针	根据给定的网络地址查找节点 MAC 地址

4．Mosquitto 编程开发接口

libmosq_EXPORT int mosquitto_lib_init(void)

必须在任何其他 mosquitto 函数之前调用此函数。

返回值：总是 MOSQ_ERR_SUCCESS。

创建一个新的客户端实例，新建客户端。

libmosq_EXPORT struct mosquitto *mosquitto_new(const char *id,bool clean_session,void *obj)

函数说明：

（1）功能：创建新的 Mosquitto 实例。
（2）参数：
　　　　id：用作 Mosquitto 实例 ID 的字符串。如果 id 值为空，将生成随机 ID。且如果 id 值为空，则 clean_session 参数必须为 true；
　　　　clean_session：将其设置为 true，可指示代理清除断开连接时的所有消息和订阅，将其设置为 false 可指示代理保留这些消息和订阅；
　　　　obj 指针：作为参数传递给指定回调。
　　　　返回值：如果失败则返回空指针，并询问 errno 以确定失败的原因；如果成功则返回结构 Mosquitto 的指针。

libmosq_EXPORT void mosquitto_destroy(struct mosquitto *mosq);

函数功能：用来释放 Mosquitto 实例关联的内存，参数*mosq 是 mosquitto_new 返回的实例。

运行完 mosquitto 函数之后，要通过以下函数来执行清除工作。

libmosq_EXPORT int mosquitto_lib_cleanup(void);

函数功能：用来释放库相关的资源。

通过以下函数来连接到 MQTT 服务器。注意，主题订阅要在连接服务器之后进行。

libmosq_EXPORT int mosquitto_connect(struct mosquitto *mosq,const char *host,int port,int keepalive);

函数说明：

（1）功能：连接 MQTT 服务器。
（2）参数：
*mosq：mosquitto_new 返回的实例；
*host：MQTT 服务器的 IP 地址；
port：MQTT 服务器的端口；

keepalive：超时时间。
返回值：成功返回 MOSQ_ERR_SUCCESS

libmosq_EXPORT int mosquitto_publish(struct mosquitto *mosq,int *mid,const char *topic,int payloadlen,const void *payload,int qos,bool retain);

函数说明：

(1) 功能：消息发布。
(2) 参数：
　　*mosq：mosquitto_new 返回的实例；
　　*mid：int 类型的指针。如果不为 NULL，函数会将其设置为此特定消息的消息 ID。然后，可以将其与发布回调一起使用，以确定何时发送消息。
　　*topic：发布的主题。
　　payloadlen：载荷长度。
　　*payload：载荷。
　　qos：服务质量。
　　retain：将此参数设置为 true 可保留消息。
返回值：成功返回 MOSQ_ERR_SUCCESS

5．MQTT 数据服务程序分析

zigbee-mqtt-test.c 文件中的 MQTT 数据服务程序主要包含以下几个函数：

(1) main 函数：

```c
int main(int argc, char *argv[])
{
    int ret;
    fd_set fds;
    int mfd;
    int i;
    printf("zigbee mqtt test program v0.1\n");
    mosquitto_lib_init();
    mqttClient = mosquitto_new(NULL, True, NULL);
    mosquitto_message_callback_set(mqttClient, &mqttMessageCallback);

    if (MOSQ_ERR_SUCCESS != mosquitto_connect(mqttClient, mqttServer, 1883, 60)){
        printf("Error connect to mqtt server %s!\n", mqttServer);
        exit(1);
    }
    char subTopic[128];
    sprintf(subTopic, "/gw/%s/control/+", gwID);
    if (MOSQ_ERR_SUCCESS != mosquitto_subscribe(mqttClient, NULL, subTopic, 0)) {
        printf("Error subscribe\n");
        exit(1);
    }
    mosquitto_loop_start(mqttClient);

    gDevFd = uart_open(ZXBEE_UART);
    if (gDevFd < 0) {
        perror(ZXBEE_UART);
        exit(1);
```

```
        }
        set_on_net_data(on_net_data);
        set_on_co_reset(on_coordinate_reset);
        zigbee_set_on_recv_data(on_recv_data);
        while (1) {
            proc_uart(gDevFd);                          //循环接收串口数据并处理
        }
        return 0;
}
```

上述代码中重点关注 Mosquitto 编程接口的使用：

```
mosquitto_lib_init();//初始化 Mosquitto 接口库
mqttClient = mosquitto_new(NULL, True, NULL);//实例化 Mosquitto 对象
mosquitto_message_callback_set(mqttClient, &mqttMessageCallback);//设置消息回调函数
mosquitto_connect(mqttClient, mqttServer, 1883, 60);//连接 MQTT 服务器
mosquitto_subscribe(mqttClient, NULL, subTopic, 0);//设置订阅主题
mosquitto_loop_start(mqttClient);//启动客户端
```

（2）on_recv_data 函数：

```
void on_recv_data(char *mac, char *dat, int len)
{
    char buf[128];

    memcpy(buf, dat, len);
    buf[len] = '\0';
    printf("%s >>> %s\n", mac, buf);
    /* 发送到 MQTT 服务器 */
    char topic[128];
    sprintf(topic, "/gw/%s/sensor/%s", gwID, mac);
    printf("%s\n", topic);
    printf("    %s\n", buf);
    mosquitto_publish(mqttClient, NULL, topic, len, buf, 0, False);
}
```

on_recv_data 函数接收到 ZigBee 节点数据并通过 mosquitto_publish 函数实现消息发布。

（3）mqttMessageCallback 函数：

```
void mqttMessageCallback(struct mosquitto *mosq, void *obj, const struct mosquitto_message *message)
{
    char buf[128];
    memcpy(buf, message->payload, message->payloadlen);
    buf[message->payloadlen] = '\0';
    printf("%s\n", message->topic);
    printf("    %s\n", buf);

    char *pmac = &message->topic[strlen(message->topic)-1];
    while (*pmac != '/') pmac -= 1;
    pmac += 1;
    printf("%s <<< %s\n", pmac, buf);
    zigbee_send_data(pmac, buf, message->payloadlen);
}
```

mqttMessageCallback 函数接收用户控制指令，并通过 zigbee_send_data 函数进行处理。

5.3.4 Linux 网关协议设计

1．Linux 网关协议整体设计

程序文件与函数说明如表 5.10 所示。

表 5.10 程序文件与函数说明

程序文件	函数名称	参　　数	返　回　值	功　　能
zigbee-zhiyun.c	static void msg2Server (char *msg)	msg：消息缓冲区	无	发送数据到服务器
	static void onPackage (char *pkg)	pkg：用户发送的数据	无	客户端数据处理
	int proc_tcp_client(int cfd)	cfd：客户端文件描述符	读取的字节数	读取 TCP 客户端数据并处理
	int tcp_client_create()	无	服务器端文件描述符	创建 TCP 客户端
	void on_recv_data (char *mac, char *dat, int len)	mac：MAC 地址 dat：数据缓冲区 len：数据长度	无	收到 ZigBee 数据调用，发送到服务器
	void proc_uart(int fd)	fd：串口文件描述符	无	检查串口是否有数据需要读取，如果有则读取并处理
	int main(int argc, char *argv[])	argc：参数个数 argv：参数列表	程序退出码	循环监测用户的指令循环接收串口数据并处理
uart.c	int uart_open(char *pdev)	pdev：串口文件路径与文件名	int 串口文件描述符	串口初始化
	int uart_write(int fd, char *dat, int len)	fd：串口文件描述符 buf：写入数据缓存 len：缓存长度	写入的字节数	向串口发送数据
	int uart_read(int fd, char *buf, int len)	fd：串口文件描述符 buf：读取数据缓存 len：缓存长度	若返回值<0 则读取失败，否则返回读取的字节数	从串口读取数据
	void uart_close(int fd)	fd：串口文件描述符	无	关闭串口
util.c	int _str2hex(char *str)	str：字符串缓冲区	转换的十六进制数据	将 2 个字符转换成 1 个十六进制数据
	int str2hex(char *str, char *buf, int len)	str：字符串缓冲区 buf：十六进制数缓冲区 len：数据长度	转换的字符个数	将字符串转换成十六进制

续表

程序文件	函数名称	参数	返回值	功　能
util.c	char calc_fcs(char *dat, int len)	dat：待校验的数据 len：待校验的数据长度	校验结果	数据校验
	char * mac2str(char *mac)	mac：MAC 地址	buf：字符串形式的 MAC 地址	将 MAC 地址转换成字符串形式，使其可以通过串口显示出来
	int str2mac(char *pmac, char *mac)	pmac：字符串形式的 MAC 地址 mac：MAC 地址	成功：0 失败：-4	将字符串形式的 MAC 地址转换成十六进制
protol.c	int mk_net_data(int na, int cmd, char* pdat, int len, char **pout)	na：网络地址 cmd：应用命令字 pdat：需要打包的数据帧 APP_DATA len：需要打包的数据帧 APP_DATA 长度 pout：打包好的数据包	pkg_len：返回数据包长度	生成应用程序数据包
	int decode_package(char* buf, int len)	buf：串口收到的数据包 len：数据包长度	解析数据包长度	解析串口收到的协调器发过来的数据包，并调用上层相应处理函数
	int cp_data(char* dat, int len)	dat：DATA len：DATA 长度	返回 0	收到协调器发来的有效数据帧 DATA
zigbee.c	int mk_request_mac(int na, char **pout)	na：网络地址 pout：打包好的数据包	返回数据包长度	根据网络地址生成请求节点 MAC 地址的数据包
	int mk_request_na (char* mac, char **pout)	mac：MAC 地址 pout：打包好的数据包	返回数据包长度	根据 MAC 地址生成请求节点网络地址的数据包
	static int on_zigbee_data(int na, char* dat, int len)	na：网络地址 dat：MAC 地址 len：dat 长度	返回 0	处理传感器数据响应
	int zigbee_send_data (char *pmac, char *pdat, int len)	pmac：MAC 地址（字符串格式） pdat：数据 len：pdat 长度	返回数据包长度 -1：参数错误	向指定 MAC 地址发送数据
	int on_net_data(int na, int uc, char* dat, int len)	dat：数据 len：数据长度	返回 0	收到协调器发来的有效数据帧

续表

程序文件	函数名称	参 数	返 回 值	功 能
cache-addr.c	void cache_addr(char *mac, unsigned short na)	mac：MAC 地址 na：网络地址	无	将节点 MAC 地址与网络地址缓存起来
	void cache_reset(void)	无	无	清空地址缓存信息，一般协调器复位之后会清空一次
	int cache_mac2na(char mac[8])	mac：MAC 地址	返回网络节点地址 -1：参数错误	根据给定的 MAC 地址查找节点网络地址
	char* cache_na2mac(int na)	na：网络地址	返回 MAC 地址指针	根据给定的网络地址查找节点 MAC 地址

2．Linux 网关协议程序分析

要理解 zigbee-zhiyun.c 文件的 Linux 网关协议程序主要需要理解以下几个函数：

（1）main 函数。

```
int main(int argc, char *argv[])
{
    int ret;
    fd_set fds;
    int mfd;
    int i;
    printf("     zigbee to zhiyun v0.1\n");
    printf("        AID: "AID"\n");
    printf("        AKEY: "AKEY"\n");
    int sock = tcp_client_create();
    if (sock < 0) {
        printf("Error: fail connect server\n");
        return 1;
    }

    gDevFd = uart_open(ZXBEE_UART);
    if (gDevFd < 0) {
        perror(ZXBEE_UART);
        exit(1);
    }
    set_on_net_data(on_net_data);
    set_on_co_reset(on_coordinate_reset);
    zigbee_set_on_recv_data(on_recv_data);

    gwSocket = sock;
    auth();                                              //发送网关认证数据包
loop:
```

```
        FD_ZERO(&fds);
        FD_SET(gDevFd, &fds);
        FD_SET(sock, &fds);
        mfd = sock>gDevFd?sock:gDevFd;

        ret = select(mfd+1, &fds, NULL, NULL, NULL);

        if (ret < 0){
            perror("error: select");
            exit(1);
        }

        if (FD_ISSET(gDevFd, &fds)) {
            proc_uart(gDevFd);                              //循环接收串口数据并处理
        }
        if (FD_ISSET(sock, &fds)) {
            proc_tcp_client(sock);
        }
        goto loop;
exit:
        close(gDevFd);
        return 0;
}
```

下面介绍 main 函数中与网络相关的处理函数：

① tcp_client_create();   //创建 TCP 客户端
② proc_tcp_client(sock);   //读取 TCP 客户端数据并处理

tcp_client_create 函数的代码如下。

```
int tcp_client_create()
{
    int ret;
    int fd;
    struct sockaddr_in addr;
    struct hostent *hptr;
    hptr = gethostbyname(ZHIYUN_SERVER);
    if (hptr == NULL) {
        printf("Error: gethostbyname for %s\n", ZHIYUN_SERVER);
        return -1;
    }
    char **pptr;
    #define IP_SIZE 32
    char ip[IP_SIZE];
    char find = 0;
    for(pptr = hptr->h_addr_list ; *pptr != NULL; pptr++){
        if (NULL != inet_ntop(hptr->h_addrtype, *pptr, ip, IP_SIZE) ){
```

```
                printf("Server Ip: %s\n", ip);
                find = 1;
                break;
            }
        }
        if (find == 0) {
            printf("Error: get server ip\n");
            return -1;
        }
        fd = socket(AF_INET, SOCK_STREAM, 0);
        if (fd < 0) {
            perror("error: create socket");
            exit(1);
        }
        bzero(&addr, sizeof(addr));
        addr.sin_family = AF_INET;
        addr.sin_addr.s_addr = inet_addr(ip);
        addr.sin_port = htons(ZHIYUN_PORT);
        if(connect(fd, (struct sockaddr *)&addr, sizeof(addr)) < 0){
            printf("Error: connect server %s:%d\n", ip, ZHIYUN_PORT);
            return -1;
        }
        return fd;
}
```

proc_tcp_client 函数的代码如下。

```
int proc_tcp_client(int cfd)
{
    static char cache[1024*2] = {0};
    static int cacheLen = 0;
    char buf[1024];
    int i;
    int r = recv(cfd, buf, 1024, 0);
    if (r <= 0) {
        return r;
    }
    for (i=0; i<r; i++) {
        cache[cacheLen++] = buf[i];
    }
    int begin = 0;
    for (i=0; i<cacheLen; i++) {
        if (cache[i] == '\0') {
            onPackage(&cache[begin]);
            begin += i+1;
        }
    }
```

```
            cacheLen = cacheLen - begin;
            if (cacheLen > 0 && begin != 0) {
                memcpy(cache, cache+begin, cacheLen);
            }
            return 0;
}
```

（2）msg2Server 函数。

msg2Server 函数的主要功能是通过 send 函数发送 msg 缓冲区内容，函数实现代码如下。

```
static void msg2Server(char *msg)
{
    int wlen = 0;
    int r;
    printf("tcp <<< %s\n", msg);
    if (gwSocket < 0) {
        printf("Error gw not connect!\n");
        return;
    }
    int len = strlen(msg)+1;
    while (wlen < len) {
        r = send(gwSocket, &msg[wlen], len-wlen, 0);
        if (r < 0) {
            printf("Error send msg to server\n");
            exit(1);
        }
        wlen += r;
    }
}
```

（3）onPackage 函数。

onPackage 函数的主要功能是对 json 包进行解析，并通过 zigbee_send_data 命令发送数据，函数实现代码如下。

```
static void onPackage(char *pkg)
{
    int len = strlen(pkg);
    printf("tcp >>> %s\n", pkg);
    /*json 包解析*/
    struct jsonparse_state jst, *parser;
    parser = &jst;
    jsonparse_setup(parser, pkg, strlen(pkg));
    char method[64];
    char mac[64];
    char data[256];
    int type;
    method[0] = '\0';
    mac[0] = '\0';
```

```
            data[0] = '\0';
            while((type = jsonparse_next(parser)) != 0) {
                if(type == JSON_TYPE_PAIR_NAME) {
                    if(jsonparse_strcmp_value(parser, "method") == 0) {
                        jsonparse_next(parser);
                        jsonparse_next(parser);
                        jsonparse_copy_value(parser, method, sizeof method);
                    }
                    if(jsonparse_strcmp_value(parser, "addr") == 0) {
                        jsonparse_next(parser);
                        jsonparse_next(parser);
                        jsonparse_copy_value(parser, mac, sizeof mac);
                    }
                    if(jsonparse_strcmp_value(parser, "data") == 0) {
                        jsonparse_next(parser);
                        jsonparse_next(parser);
                        jsonparse_copy_value(parser, data, sizeof data);
                    }
                }
            }
            if (strcmp(method, "control")==0) {
                if (strlen(mac) && strlen(data)){
                    printf("%s <<< %s\n", mac, data);
                    zigbee_send_data(mac, data, strlen(data));
                }
            }
        }
}
```

5.3.5 开发实践：Linux 网关远程服务设计

1. TCP 网络服务设计

（1）通过 MobaXterm 软件将 zigbee-tcp-test 文件复制到开发板的/home/zonesion 目录下，在终端输入以下命令进入实验目录：

```
test@rk3399:~/work$ cd zigbee-tcp-test/
test@rk3399:~/work/zigbee-tcp-test$ ls
cache-addr.c   Makefile    protol.h    uart.h    util.h    zigbee.h
cache-addr.h   protol.c    uart.c      util.c    zigbee.c  zigbee-tcp-test.c
```

（2）输入 make 命令进行编译，查看是否生成目标文件。

```
test@rk3399:~/work/zigbee-tcp-test$ make
gcc    -static -pthread   uart.c util.c   protol.c zigbee.c cache-addr.c zigbee-tcp-test.c -o zigbee-tcp-test
protol.c: In function 'mk_net_data':
protol.c:70:15: warning: implicit declaration of function 'calc_fcs' [-Wimplicit-function-declaration]
   pkg[9+len] = calc_fcs(&pkg[1], pkg_len-2);
               ^
```

(3) 输入 ifconfig 命令,查看网关的以太网地址。

```
test@rk3399:~/work/zigbee-tcp-test$ ifconfig
wlan0     Link encap:以太网    硬件地址:6c:21:a2:ec:55:eb
          inet 地址:192.168.100.61  广播:192.168.100.255  掩码:255.255.255.0
          inet6 地址: fe80::38c6:ca99:8363:32b5/64 Scope:Link
          UP BROADCAST RUNNING MULTICAST    MTU:1500    跃点数:1
          接收数据包:791 错误:0 丢弃:2 过载:0 帧数:0
          发送数据包:677 错误:0 丢弃:0 过载:0 载波:0
          碰撞:0 发送队列长度:1000
          接收字节:118235 (118.2 KB)  发送字节:132562 (132.5 KB)
```

这里网关使用的无线 IP 地址是 192.168.100.61。

(4) 输入 ./zigbee-tcp-test 命令运行测试程序,终端打印出如下信息:

```
test@rk3399:~/work/zigbee-tcp-test$ ./zigbee-tcp-test
        zigbee zigbee test program v0.1
发送数据格式
    MAC 地址,数据
    例如: 00:12:4B:00:06:1B:5F:BB,{A0=?}

tcp server listen port 60000
```

可以看到这里监听的端口号是 60000。

(5) 打开 TCP 测试工具,会出现如图 5.40 所示界面,说明 ZigBee 数据的上行通信验证成功。

图 5.40 TCP 测试工具界面

（6）在发送区输入信息"00:12:4B:00:15:D1:49:7A,{OD1=64,D1=?}"，单击 TCP 发送按钮，注意 MAC 地址必须对应自己控制类节点的地址。（如果节点原来的状态是 D1=64，则需要先发送命令"00:12:4B:00:15:D1:49:7A,{CD1=64,D1=?}"，关闭继电器 1。）

之后会看到接收区立即出现一行新的应答信息"00:12:4B:00:15:D1:49:7A,{D1=64}"，如图 5.41 所示。说明数据的下行和上行通信验证都已成功。

图 5.41　TCP 测试

2．MQTT 数据服务设计

（1）启动 MQTT 服务器中的 Mosquitto 服务。

（2）启动网关消息发布程序。

```
test@rk3399:~/work/zigbee-mqtt$ ./zigbee-mqtt-test
        zigbee mqtt test program v0.1
uart >>> FE 0A 69 80 16 A1 00 00 7B 41 30 3D 31 7D 2F
protol >>> 16A1,0000,7B 41 30 3D 31 7D
protol <<< 0000,0102,16 A1
uart <<< FE 07 29 00 02 00 00 01 02 16 A1 98
uart >>> FE 01 69 00 00 68
uart >>> FE 0E 69 80 00 00 01 02 16 A1 00 12 4B 00 15 D3 62 9C 32
protol >>> 0000,0102,16 A1 00 12 4B 00 15 D3 62 9C
zigbee: 16A1 ---> 00:12:4B:00:15:D3:62:9C
00:12:4B:00:15:D3:62:9C >>> {A0=1}
/gw/123456/sensor/00:12:4B:00:15:D3:62:9C
   {A0=1}
```

在服务端可查看到以下连接信息：

root@zonesion:/home/mysdk/gw3399-linux/mosquitto-1.6.8# mosquitto -v
1600307230: mosquitto version 1.6.8 starting
1600307230: Using default config.
1600307230: Opening ipv4 listen socket on port 1883.
1600307230: Opening ipv6 listen socket on port 1883.
1600307234: New connection from 192.168.100.144 on port 1883.
1600307234: New client connected from 192.168.100.144 as mosq-hGUaNRMSlRIx5DSReI (p2, c1, k60).
1600307234: No will message specified.
1600307234: Sending CONNACK to mosq-hGUaNRMSlRIx5DSReI (0, 0)
1600307234: Received SUBSCRIBE from mosq-hGUaNRMSlRIx5DSReI
1600307234:   /gw/123456/control/+ (QoS 0)
1600307234: mosq-hGUaNRMSlRIx5DSReI 0 /gw/123456/control/+
1600307234: Sending SUBACK to mosq-hGUaNRMSlRIx5DSReI
1600307237: Received PUBLISH from mosq-hGUaNRMSlRIx5DSReI (d0, q0, r0, m0, '/gw/123456/sensor/00:12:4B:00:15:D3:62:9C', ... (6 bytes))

（3）在服务器端订阅主题。

在服务器上按照程序中的主题格式，订阅主题。

发布主题 /gw/<id>/sensor/<mac>
接收主题 /gw/<id>/control/<mac>

在服务器的终端命令行输入以下命令。

test@zonesion:~$ mosquitto_sub -h 127.0.0.1 -p 1883 -v -t /gw/123456/sensor/00:12:4B:00:15:D3:62:9C

当网关有数据发布时，在服务器端可查收订阅主题的内容。

test@zonesion:~$ mosquitto_sub -h 127.0.0.1 -p 1883 -v -t /gw/123456/sensor/00:12:4B:00:15:D3:62:9C
/gw/123456/sensor/00:12:4B:00:15:D3:62:9C {A0=1}
/gw/123456/sensor/00:12:4B:00:15:D3:62:9C {A5=1}

（4）Android 端的 MQTT 服务测试。

将 droid-mqttclient-test 目录中的 mqttclient-test.apk 文件复制到 Android 终端并安装。

启动应用后，在地址输入框中输入 MQTT 服务器的 IP 地址"192.168.100.81"（请自行修改为实际实验中的服务器 IP 地址），ID 为 123456，如图 5.42 所示。

单击连接按钮，连接成功后，显示图 5.43 所示界面。

等待一段时间后，界面中会显示接收到的信息，如图 5.44 所示。

在测试界面下方发送区的 MAC 地址栏，输入控制节点的 MAC 地址"00:12:4B:00:1B:D8:8D:90"，以及控制命令"{OD1=64}"，可以打开控制类节点上的继电器，如图 5.45 所示。

图 5.42 测试界面（1）

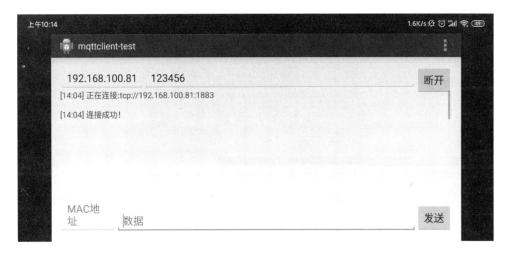

图 5.43 测试界面（2）

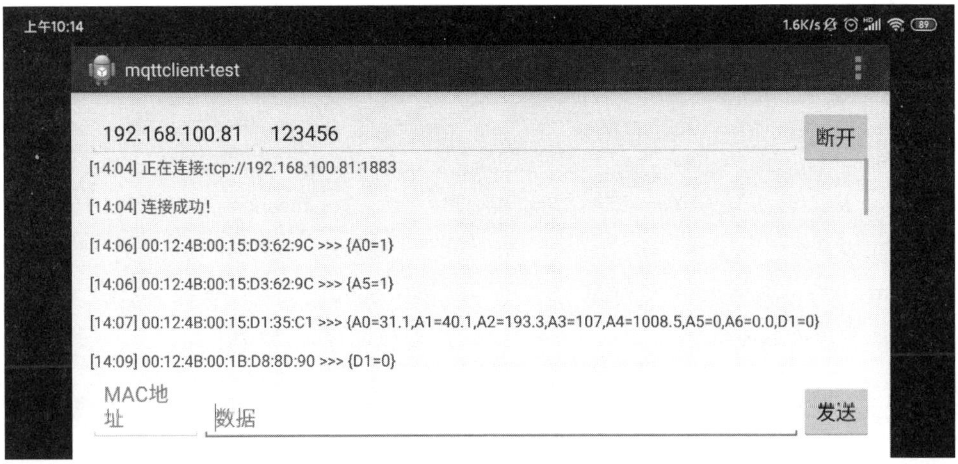

图 5.44 测试界面（3）

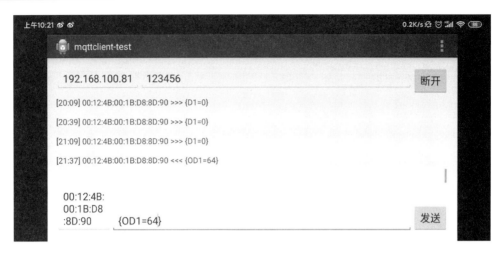

图 5.45　测试界面（4）

如果控制类节点接收到命令，会听到继电器开启的声音，LED3 灯会亮起，如图 5.46 所示。

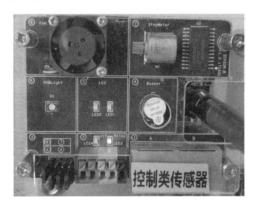

图 5.46　测试效果

3．Linux 网关协议设计

（1）将 zigbee-tcp_send 文件夹通过 MobaXtrem 软件复制到开发板的/home/zonesion/zcloud 目录下，进入 zigbee-zhiyun 目录并查看当前目录文件，如下。

```
test@rk3399:~/zcloud$ cd zigbee-zhiyun/
test@rk3399:~/zcloud/zigbee-zhiyun$ ls
cache-addr.c   json        protol.c   uart.c   util.c   zigbee.c   zigbee-zhiyun.c
cache-addr.h   Makefile    protol.h   uart.h   util.h   zigbee.h
```

通过 vim zigbee-zhiyun.c 命令编辑修改下述代码中的宏定义，注意在"AID"与"AKEY"处请填写用户申请的有效智云账号与密码。修改完成后保存并退出。

```
#define ZHIYUN_SERVER        "api.zhiyun360.com"
#define ZHIYUN_PORT          28082
#define AID          "1231231" //填写用户申请的有效智云账号
#define AKEY         "adfasdfwafwfawfasdfwefwfewfewqf"//填写用户智云账号的密码
```

（2）编译并运行测试程序。

zigbee-zhiyun.c 程序修改完成后，在当前目录运行 make 命令，调用 Makefile 文件编译程序，编译成功后会在当前目录生成 zigbee-zhiyun 可执行程序。

```
test@rk3399:~/zcloud/zigbee-zhiyun$ make
test@rk3399:~/zcloud/zigbee-zhiyun$ ls
cache-addr.c   json       protol.c   uart.c   util.c   zigbee.c   zigbee-zhiyun
cache-addr.h   Makefile   protol.h   uart.h   util.h   zigbee.h   zigbee-zhiyun.c
```

输入命令 ./zigbee-zhiyun 运行程序，程序运行信息如下。

```
test@rk3399:~/zcloud/zigbee-zhiyun$ ./zigbee-zhiyun
         zigbee to zhiyun v0.1
     AID: 721354371188
     AKEY: AVEDAlQGVlQEBF1aRVkCAAwNGQ
Server Ip: 120.24.67.222
    tcp   <<<   {"method":"authenticate","uid":"721354371188","key":"AVEDAlQGVlQEBF1aRVkCAAwNGQ","version":"0.1.0", "autodb":true}
    tcp   >>> {"method":"authenticate_rsp","status":"ok"}
    uart >>> FE 0E 69 80 00 00 01 02 16 A1 00 12 4B 00 15 D3 62 9C 32 FE 0E 69 80 00 00 01 02 16 A1 00 12 4B 00 15 D3 62 9C 32
    protol >>> 0000,0102,16 A1 00 12 4B 00 15 D3 62 9C
    zigbee: 16A1 ---> 00:12:4B:00:15:D3:62:9C
    00:12:4B:00:15:D3:62:9C >>> {A0=1,A5=1}
    tcp <<< {"method":"sensor","addr":"00:12:4B:00:15:D3:62:9C","data":"{A0=1,A5=1}"}
    protol >>> 0000,0102,16 A1 00 12 4B 00 15 D3 62 9C
    zigbee: 16A1 ---> 00:12:4B:00:15:D3:62:9C
    uart >>> FE 0F 69 80 16 A1 00 00 7B 41 30 3D 31 2C 41 35 3D 31 7D 7E
    protol >>> 16A1,0000,7B 41 30 3D 31 2C 41 35 3D 31 7D
    00:12:4B:00:15:D3:62:9C >>> {A0=1,A5=1}
    tcp <<< {"method":"sensor","addr":"00:12:4B:00:15:D3:62:9C","data":"{A0=1,A5=1}"}
    uart >>> FE 40 69 80 BF 25 00 00 7B 41 30 3D 32 37 2E 38 2C 41 31 3D 35 30 2E 32 2C 41 32 3D 31 39 35 2E 38 2C 41 33 3D 31 31 37 2C 41 34 3D 31 30 30 38 2E 34 2C 41 35 3D 30 2C 41 36 3D 30 2E 30 2C 44 31 3D 30 7D 31
    protol >>> BF25,0000,7B 41 30 3D 32 37 2E 38 2C 41 31 3D 35 30 2E 32 2C 41 32 3D 31 39 35 2E 38 2C 41 33 3D 31 31 37 2C 41 34 3D 31 30 30 38 2E 34 2C 41 35 3D 30 2C 41 36 3D 30 2E 30 2C 44 31 3D 30 7D
    protol <<< 0000,0102,BF 25
    uart <<< FE 07 29 00 02 00 00 01 02 BF 25 B5
    uart >>> FE 01 69 00 00 68
    uart >>> FE 0E 69 80 00 00 01 02 BF 25 00 12 4B 00 15 D1 35 C1 17
    protol >>> 0000,0102,BF 25 00 12 4B 00 15 D1 35 C1
    zigbee: BF25 ---> 00:12:4B:00:15:D1:35:C1
    00:12:4B:00:15:D1:35:C1 >>> {A0=27.8,A1=50.2,A2=195.8,A3=117,A4=1008.4,A5=0,A6=0.0,D1=0}
```

程序运行信息分析如下。

```
zigbee to zhiyun v0.1
     AID: *****
```

```
            AKEY: *******
Server Ip: 120.24.67.222    //服务器的外网 IP 地址
//下面是通过 TCP 通信向服务器发送的网关认证数据包
tcp <<< {"method":"authenticate","uid":"*****","key":"*****","version":"0.1.0", "autodb":true}
//TCP 接口接收到的服务器认证返回信息，显示"ok"
tcp >>> {"method":"authenticate_rsp","status":"ok"}


//接收到 ZigBee 数据
00:12:4B:00:15:D3:62:9C >>> {A0=1,A5=1}
//ZigBee 数据封包成协议包并通过 TCP 上传到服务器
tcp <<< {"method":"sensor","addr":"00:12:4B:00:15:D3:62:9C","data":"{A0=1,A5=1}"}
```

（3）协议测试。

打开调试工具 ZCloudTools，选择实时数据测试工具，输入程序中设置的 ID\KEY，单击连接按钮，等待 30 秒左右会显示接收到的节点数据,协议测试的各类节点数据如表 5.11 所示。

表 5.11　协议测试的各类节点数据

采集类节点数据	00:12:4B:00:15:D3:57:B4	{A0=26.5,A1=33.3,A2=292.5,A3=112,A4=1011.9,A5=0,A6=0.0,D1=O}
控制类节点数据	00:12:4B:00:15:D1:49:7A	{D1=0}
安防类节点数据	00:12:4B:00:15:D1:35:C1	{A0=0,A4=0,A5=0,D1=0}

实时数据测试工具如图 5.47 所示。

图 5.47　实时数据测试工具

在"地址"栏内分别输入 3 个节点的 MAC 地址,在"数据"栏内输入协议命令{TYPE=？}，可以查询节点的类型，如图 5.48 所示。

图 5.48　查询节点的类型

接收的信息中 12601 代表采集类节点，12602 代表控制类节点，12603 代表安防类节点。

通过协议命令设置控制类节点上继电器 1 的开关操作，在"地址"栏内输入"00:12:4B:00:15:D1:49:7A"，在"数据"栏内输入{OD1=64,OD1=?}，单击"发送"按钮，如图 5.49 所示。

图 5.49　测试命令

如果控制类节点接收到命令，会听到继电器开启的声音，LED3 灯会亮起，如图 5.50 所示。

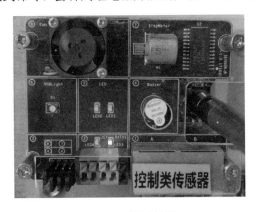

图 5.50　测试效果

在"数据"栏输入{CD1=64,OD1=?}命令，可以关闭继电器 1，如图 5.51 所示。

图 5.51　测试命令

5.3.6 小结

本节首先介绍了 Linux 网关的远程服务设计架构,接着通过 TCP 网络服务设计、MQTT 数据服务设计、Linux 网关协议设计三部分的程序分析与示例,讲解了 Linux 网关的远程服务开发与实践。

5.3.7 思考与拓展

(1) 什么是 MQTT 协议?MQTT 协议有什么特性?

(2) 描述 MQTT 协议的实现方式。

(3) TCP 网络服务设计、MQTT 数据服务设计与 Linux 网关协议设计这三个功能设计有什么区别与联系?

第6章 智能车牌识别 Linux 开发案例

本章分析 Linux 技术在智能车牌识别中的应用,主要包含以下三部分。

(1)系统总体设计与 OpenCV 开发框架:依次介绍系统总体设计分析、OpenCV 技术简介、OpenCV 开发环境和 OpenCV 常用接口,实现 OpenCV 视频流采集的开发实践。

(2)车牌识别功能开发:依次介绍车牌识别原理、卷积神经网络技术、车牌识别开源库和图像与视频文件识别程序设计,实现视频车牌识别开发实践。

(3)基于 Flask 的车牌识别功能开发:依次介绍 Flask 应用框架、Flask 安装测试和 Flask 应用分析,实现基于 Flask 的视频车牌识别开发实践。

6.1 系统总体设计与 OpenCV 开发框架

6.1.1 系统总体设计

1. 系统需求分析

智能车牌识别系统是集数字图像处理技术、计算机视觉技术和模式识别技术为一体的综合系统,包含车牌图像预处理、车牌区域定位、字符分割和字符识别等功能。

本项目基于开源计算机视觉库的 OpenCV,采用基于深度学习的高性能中文车牌库 HyperLPR,大大降低了系统实现的复杂度,实现了快速、准确识别中文车牌号码的功能,本项目的功能需求分析如表 6.1 所示。

表 6.1 本项目的功能需求分析

功 能	需 求 分 析
视频流采集功能	基于 OpenCV 采集视频流
中文车牌识别功能	基于高性能中文车牌库 HyperLPR 对图像、视频中的车牌进行识别
Web 用户界面功能	基于 Flask 应用框架显示视频流与识别结果

2. 系统硬件与软件结构

本项目的硬件主要由边缘计算网关和高清摄像头构成。边缘计算网关连接高清摄像头，通过 OpenCV 采集实时视频数据，再通过 HyperLPR 对视频流中的中文车牌进行识别，PC 端的 Web 管理界面可实时显示 OpenCV 采集的视频流与识别结果，系统硬件结构如图 6.1 所示。

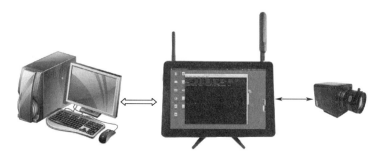

图 6.1　系统硬件结构示意图

中文车牌识别系统，其软件模块主要由 OpenCV、HyperLPR、Flask 软件、PC 端 Web 管理软件构成，项目主要开发语言为 Python 语言，系统软件结构如图 6.2 所示。

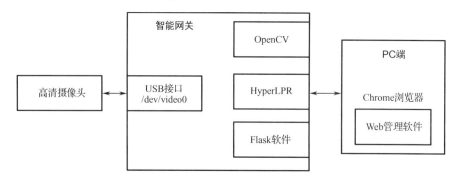

图 6.2　系统软件结构框图

6.1.2　OpenCV 技术简介

计算机视觉研究的核心问题是如何对输入的图像信息进行组织，对物体和场景进行识别，进而对图像内容给予解释。计算机视觉的研究目标是使计算机具有通过二维图像认知三维环境信息的能力。计算机视觉以图像处理技术、信号处理技术、概率统计分析、计算几何、神经网络、机器学习理论和计算机信息处理技术等为基础，通过计算机分析与处理视觉信息。

OpenCV（Open Source Computer Vision Library，开源计算机视觉库）是一个基于 BSD 许可证（开源）发行的跨平台计算机视觉和机器学习软件库，可以运行在 Linux、Windows、Android 和 Mac OS 操作系统上。它具有轻量级和高效的优点，同时提供了 C++、Python、Java 和 MATLAB 等语言的接口，实现了图像处理和计算机视觉方面的很多通用算法。

OpenCV 共包含 5 个模块，分别是图像和视觉算法（CV），机器学习库（ML），图像和视频输入/输出库（HighGUI），CxCore（基本结构和算法、XML 支持、绘图函数），以及 CvAux 模块，其中前 4 个模块结构如图 6.3 所示。

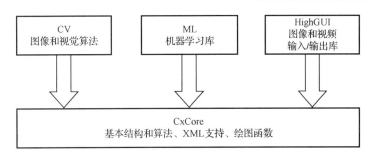

图 6.3　OpenCV 中前 4 个模块结构

OpenCV 是计算机视觉中经典的专用库，它支持多语言、跨平台操作，功能强大。OpenCV-Python 为 OpenCV 提供了 Python 接口，使得使用者在 Python 中能够调用 C/C++，在保证程序易读性和运行效率的前提下，实现所需的功能。Python 接口的安装方式有两种：离线安装和在线安装，这里介绍在线安装 Python 接口和 OpenCV 的过程。

6.1.3　OpenCV 开发环境

本项目在 Linux 操作系统中通过 Python 编程语言进行 OpenCV 开发。软件开发环境需要两个主要的库：Python-OpenCV 和 Numpy，此外，Matplotlib 库可选。

1．安装 Python3

首先在 Linux 操作系统中安装 Python 开发环境，本项目所使用的 Python 版本号为 3.5.2，配套边缘计算网关和 Linux 虚拟机中默认已经安装好了 Python 开发环境。若在新的系统下安装 Python 开发环境，请参考以下步骤。

（1）在 Python 官网中下载 Python 最新源代码和相关文档资料。

（2）在 Unix 或 Linux 平台中编译安装 Python 源代码包。需要选择适用于 Unix/Linux 系统压缩包的 Python 源代码压缩包，下载并解压压缩包 Python-3.x.x.tgz，其中"3.x.x"为版本号。下面以 Python-3.5.2 版本为例进行安装。

```
$ tar -zxvf Python-3.5.2.tgz
$ cd Python-3.5.2
$ ./configure
$ make && make install
```

检查 Python 是否正常可用。

```
$ python3 -V
Python 3.5.2
```

（3）环境变量配置。

PATH（路径）是由操作系统维护的一个命名的字符串，存储在环境变量中，这些变量包含可用的命令行解释器和其他程序的信息。在 Unix 或 Windows 系统中路径变量为 PATH（在 Unix 系统中区分大小写，在 Windows 系统中不区分大小写）。在 Unix 或 Linux 系统中设置环境变量的代码如下。

在 csh shell 中输入：

$ setenv PATH "$PATH:/usr/local/bin/python"

在 bash shell (Linux)中输入：

$ export PATH="$PATH:/usr/local/bin/python"

在 sh 或 ksh shell 中输入：

$ PATH="$PATH:/usr/local/bin/python"

注意：/usr/local/bin/python 是 Python 的安装目录。

（4）Python 环境变量。

表 6.2 中展示了应用于 Python 中的几个重要的环境变量。

表 6.2　环境变量

变量名	描述
PYTHONPATH	PYTHONPATH 是 Python 搜索路径，默认 import 的模块都会从 PYTHONPATH 里面寻找
PYTHONSTARTUP	Python 启动后，先寻找 PYTHONSTARTUP 环境变量，然后执行此变量指定文件中的代码
PYTHONCASEOK	将 PYTHONCASEOK 加入环境变量，在导入 Python 模块时就不需要再区分大小写了
PYTHONHOME	另一种模块搜索路径，它通常内嵌于的 PYTHONSTARTUP 或 PYTHONPATH 目录中，使得两个模块库更容易切换

（5）安装 pip。

下载安装脚本的代码如下：

$ wget https://bootstrap.pypa.io/get-pip.py

运行安装脚本的代码如下：

$ sudo python3 get-pip.py

检查使用 pip 命令安装的第三方包的路径的代码如下：

$ pip -V

（6）运行 Python。

有三种方式可以运行 Python：在交互式解释器中运行 Python、以文件方式运行 Python，以及以命令行方式运行 Python。

① 在交互式解释器中运行 Python。可以通过命令行窗口进入 Python 并在交互式解释器中进行 Python 开发，也可以在 Unix、DOS 或任何其他提供命令行或者 shell 的系统中进行 Python 开发。

$ python3
Python 3.5.2 (default, Nov 27 2017, 18:23:56)
[GCC 5.4.0 20160609] on linux2
Type "help", "copyright", "credits" or "license" for more information.

Python 命令行参数如表 6.3 所示。

表 6.3　Python 命令行参数

参　　数	描　　述
-d	在解析时显示调试信息
-o	生成优化代码（.pyo 文件）
-s	在启动时不引入查找 Python 路径的位置
-v	输出 Python 版本号
-c cmd	执行 Python 脚本，并将运行结果作为 cmd 字符串
file	在给定的 Python 文件中执行 Python 脚本

② 以文件方式运行 Python 代码如下：

```
$python3 somefile.py
hello, world!
```

③ 以命令行方式运行 Python 代码如下：

```
$python3 -c 'print("hello, world!")'
hello, world!
```

2．安装 OpenCV

Numpy 是 Python 语言中关于数值计算的一个扩充程序库，它对高维度数组与矩阵的运算提供支持，经常在科学计算领域被用来协助存储和处理大型矩阵，本项目主要利用 Numpy 的数组功能。Numpy 和 OpenCV 的安装过程如下。

在 Linux 终端输入下列命令安装 Numpy：

```
$ pip3 install numpy==1.16.4
```

在 Linux 终端输入下列命令安装 OpenCV：

```
$ pip3 install OpenCV-Python==3.4.5
```

运行 Python 并执行下列命令来确保安装成功：

```
import cv2
import numpy
```

6.1.4　OpenCV 常用接口

OpenCV 提供大量的函数接口，开发者在使用 OpenCV 时只需要引入 OpenCV 的库即可调用众多函数。本书介绍几种非常基础的函数，首先介绍如何调用 OpenCV 中的 imread 函数来读取图像；然后介绍如何调用 imwrite 函数保存图像；最后介绍如何通过 VideoCapture 类来读取视频流。

1．图像读取与保存

（1）读取图像。

OpenCV 提供了 imread 函数来读取图像，imread 函数及其参数如下。

```
imread(filename[, flags]) -> retval
# filename：加载的文件名
# flags：图像的颜色空间参数，例如是灰度图还是彩色图像等，具体参考官方文档
```

imread 函数支持的文件格式如下。

```
- Windows bitmaps - *.bmp, *.dib
- JPEG files - *.jpeg, *.jpg, *.jpe
- JPEG 2000 files - *.jp2
- Portable Network Graphics - *.png
- WebP - *.webp (see the Note section)
- Portable image format - *.pbm, *.pgm, *.ppm *.pxm, *.pnm
- Sun rasters - *.sr, *.ras
- TIFF files - *.tiff, *.tif
- OpenEXR Image files - *.exr
- Radiance HDR - *.hdr, *.pic
```

导入 cv2 包后读取图像，命令如下。

```
import cv2 as cv
# 默认会从当前目录下读取 test.jpg 图像，当前目录即运行 Python 解释器的目录
img = cv.imread("test.png")
```

改变图像的颜色空间参数，可以导入 BGR 彩色图像。

```
# 导入一个彩色图像
# imread 函数默认读取的就是 BGR 彩色图像，即下面代码和 img = cv.imread("test.jpg")的作用一样
# 以前流行的都是 BGR 格式的数据结构，后来 RGB 格式才逐渐流行起来
img = cv.imread('test.png, cv.IMREAD_COLOR)
```

如果想导入灰度图，则可以运行以下命令：

```
img = cv.imread('test.png, cv.IMREAD_GRAYSCALE)
```

imread 函数返回的是 numpy.ndarray 对象。读取完图像后，可以通过 cvtColor 函数进行颜色域的转换。cvtColor 函数的作用是将一个图像从一个颜色空间转换到另一个颜色空间，但是从 BGR 格式向其他类型转换时，必须明确指出图像的颜色通道。在 OpenCV 中，默认的颜色制式排列是 BGR 而非 RGB，所以对于 24 位颜色图像来说，前 8 位是蓝色，中间 8 位是绿色，最后 8 位是红色。

cvtColor 函数及参数如下。

```
dst = cv.cvtColor(src, code[, dst[, dstCn]])
#src 代表输入图像
#code 代表颜色空间转换码
#dst 代表输出图像
#dstCn 代表输出图像的通道数；如果参数为 0, 则直接根据输入图像推断输出图像的通道数
```

（2）显示图像。

可以通过 cv2 的 imshow 函数显示图像：

```
# 导入一个彩色图像
img = cv.imread('test.png, cv.IMREAD_COLOR)
```

```
cv.imshow("frame", img)
# "frame"为窗口名
# img 是需要显示的图像
```

（3）打印图像的属性信息。

通过以下代码可以打印图像的属性信息。

```
# 导入一个图像
img = cv.imread('test.png, cv.IMREAD_COLOR)
print("================打印图像的属性================")
print("图像对象的类型  {}".format(type(img)))
print("图像的尺寸", img.shape)
print("图像高度: {} pixels".format(img.shape[0]))
print("图像宽度: {} pixels".format(img.shape[1]))
print("通道· {}".format(img.shape[2]))
print("图像分辨率: {} * {}".format(img.shape[1], img.shape[0]))
print("数据类型: {}".format(img.dtype))
```

（4）保存图像。

可以通过 imwrite 函数来保存图像。

```
# cv.imwrite(filename,img[,params])
# filename      写入的文件名
# img       需要写入的图像
# params     表示为特定保存格式的参数编码，在一般情况下不需要更改
# 读取图像
img = cv.imread('test.png, cv.IMREAD_COLOR)

# 转换颜色空间
gray   = cv.cvtColor(img, cv.COLOR_BGR2GRAY)
# 将 img 图像写入 gray.png 文件中
cv.imwrite('gray.png, gray)
# 显示图像
cv.imshow('cat', gray)
```

2．读取视频流

在 OpenCV 中可以通过 VideoCapture 类来读取视频流。

（1）VideoCapture 的实例化与释放。

在 OpenCV 中读取视频时需要用到 VideoCapture 类，该类描述如下：

```
# filename     可以是视频路径、视频流的 URL、图像序列或视频设备 ID
# apiPreference       指定播放器
<VideoCapture object> = cv.VideoCapture(filename[, apiPreference])
```

此处用的是 USB 摄像头，所以传入的第一个参数是摄像头编号：

```
## VideCapture 中序号的含义
# 0：默认为笔记本电脑上的摄像头（如果有的话）/ USB 摄像头
```

#1：USB 摄像头 2
#2：USB 摄像头 3，以此类推
#-1：代表最新插入的 USB 设备

# 创建一个 VideoCapture 的实例
cap = cv.VideoCapture(0)

在程序的最后，需要释放 VideoCapture。

# 释放 VideoCapture
cap.release()

（2）VideoCapture 属性的简单设置。

VideoCapture 共有 18 个属性可供查看或者修改。这些属性中的一部分是用于读取视频流的，另一部分是用于读取视频的。这里只设定了两个基本的属性（画面的宽度和高度），从而获取图像分辨率。本项目采用的摄像头为 200 万像素，最高分辨率为 1920×1080，在设定参数时可以将分辨率设成最大值，也就是最清晰的模式。

设置画面的尺寸
# 将画面宽度设定为 1920
cap.set(cv.CAP_PROP_FRAME_WIDTH, 1920)
# 将画面高度设定为 1080
cap.set(cv.CAP_PROP_FRAME_HEIGHT, 1080)

分辨率的设定会影响帧率，分辨率越大，帧率也就越低，所以需要在两者之间进行权衡。
（3）读取视频帧。

逐帧获取画面
如果画面读取成功则 ret=True，frame 是读取到的图像对象（Numpy 的 ndarray 格式）
ret, frame = cap.read()

根据 ret 可以知道图像是否被成功读取。如果图像没有读取成功（有可能是图像传输有损导致的失败），可以选择跳过，或者直接退出程序。

if not ret:
    # 如果图像没有读取成功
    print("图像读取失败，请按照说明进行问题排查")
    break

6.1.5 开发实践：OpenCV 视频流采集

通过 VideoCapture 类来读取视频流，并完成图像读取与保存，软件设计过程如下。
① 引入 Numpy、OpenCV 库函数；
② 创建 VideoCapture 对象；
③ 设置画面的尺寸；
④ 创建一个名为"M_win"的窗口；
⑤ 逐帧获取画面，如果获取成功，完成颜色空间变换，否则画面获取失败；
⑥ 将 BGR 彩色图像变换为灰度图；

⑦ 将图像镜像变换，同时实现图像的水平翻转与垂直翻转；
⑧ 更新窗口"M_win"中的图像；
⑨ 等待按键事件发生，如果按下键盘"x"键则退出程序；如果按下键盘"d"键则拍照并保存图像。

程序源代码如下：

```python
#!/bin/usr/python3
#-*- coding: UTF-8 -*-
# 引入 Numpy 用于矩阵运算
import Numpy as np
# 引入 OpenCV 库函数
import cv2 as cv

# 帮助信息
helpInfo = '''
提示-按键前需要选中当前画面显示的窗口

按下键盘"x"键：退出程序
按下键盘"d"键：拍照并保存图像
'''
print(helpInfo)

## VideCapture 中的序号
# 0：默认为笔记本电脑上的摄像头/ USB 摄像头
# 1：USB 摄像头 2
# 2：USB 摄像头 3，以此类推
# -1：代表最新插入的 USB 设备

# 创建一个 VideoCapture 的实例
capture= cv.VideoCapture(0)

# 查看 VideoCapture 是否已经打开
print("摄像头是否已经打开 ？   {}".format(capture.isOpened()))

# 设定画面宽度为 1920
capture.set(cv.CAP_PROP_FRAME_WIDTH, 1920)
# 设定画面高度为 1080
capture.set(cv.CAP_PROP_FRAME_HEIGHT, 1080)

## 创建一个名为"M_win"的窗口
# 窗口属性 flags
# WINDOW_NORMAL：窗口缩放
# WINDOW_KEEPRATIO：窗口在缩放过程中保持比例不变
# WINDOW_GUI_EXPANDED：  使用新版本功能增强的 GUI 窗口
cv.namedWindow('M_win',flags=cv.WINDOW_NORMAL|cv.WINDOW_KEEPRATIO|cv.WINDOW_GUI_EXPANDED)
```

```python
M_counter = 1
while(True):
    # 如果画面读取成功，ret=True
    ret, frame = capture.read()
    
    if not ret:
        print("图像读取失败，请按照说明进行问题排查")
        break
    
    ## 颜色空间变换
    # 将 BGR 彩色图像变换为灰度图
    # frame = cv.cvtColor(frame, cv.COLOR_BGR2GRAY)
    
    ## 图像镜像变换
    #水平翻转 flipCode = 1，垂直翻转 flipCode = 0，同时实现水平翻转与垂直翻转 flipCode = -1
    # flipCode = -1
    # frame = cv.flip(frame, flipCode)
    
    # 更新"M_win"图像
    cv.imshow('M_win ',frame)
    
    # 等待按键事件发生 等待 1ms
    keyflag = cv.waitKey(1)
    if keyflag == ord('x'):
        # 如果按下键盘 x 键则退出程序
        print("程序退出 ")
        break
    elif keyflag == ord('d'):
        ## 如果按下键盘"d"键，则保存图像
        # 写入图像，并命名图像为"图像编号.png"
        cv.imwrite("{}.png".format(M_counter), frame)
        print("截图，并保存为   {}.png".format(M_counter))
        # 图像编号计数自增 1
        M_counter += 1

# 释放 VideoCapture
capture.release()
# 销毁所有的窗口
cv.destroyAllWindows()
```

运行实验并分析结果。

使用 SSH 方式登录边缘计算网关的 Linux 终端，输入以下命令运行程序：

$ python3 opencv_cam.py
提示-按键前需要选中当前画面显示的窗口

按下键盘"x"键：退出程序
按下键盘"d"键：拍照并保存图像

程序将打开摄像头并显示预览的视频流，按下键盘"d"键将拍照并保存图像，按下键盘"x"键退出程序。测试效果如图 6.4 所示。

图 6.4　测试效果

6.1.6　小结

本节首先介绍了中文车牌识别系统的总体硬件与软件框架，接着介绍了 OpenCV 开发环境的构建，OpenCV 基本的图像读取与保存、视频流的读取操作，最后通过 OpenCV 视频开发实践，介绍了 OpenCV 视频流采集显示的流程与步骤。

6.1.7　思考与拓展

（1）简述 OpenCV 的特点与构成。
（2）简述 OpenCV 视频流读取的流程。

6.2　车牌识别功能开发

6.2.1　车牌识别原理

车牌识别是一个复杂的过程，涉及很多领域的知识。车牌识别的基本流程如图 6.5 所示。车牌识别系统一般由车牌定位、字符分割和字符识别三部分组成。

1）车牌定位

车牌定位是从静态图像或视频帧中找到车牌位置，并把车牌从图像中单独分离出来以供后续处理。目前车牌定位算法主要有基于边缘检测的车牌定位算法、基于数学形态学的车牌定位算法、基于纹理特征分析的车牌定位算法，以及基于模式识别的车牌定位算法等。

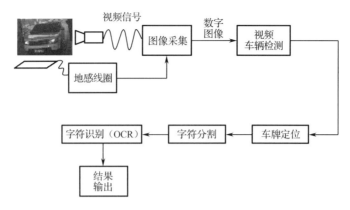

图 6.5 车牌识别的基本流程

2）字符分割

车牌的字符分割方法主要有以下几种。

（1）垂直投影分割法。

垂直投影分割法利用字符间存在一定的间距，在垂直方向上对灰度图进行投影，得到车牌图像在灰度空间的分布规律。

（2）连通域分割法。

包围图像连通部分的最小区域称为连通域。一个完整的字符通常是自然连通的，因此可以利用图像处理中的连通域查找法，查找车牌图像中所有的字符连通域。

（3）模板匹配分割法。

基于我国车牌字符分布的规律性，构造一个字符区域的模板，然后在车牌区域上滑动模板，寻找与模板的最佳匹配位置，以确定字符的分割位置。

3）字符识别

（1）模板匹配算法。

模板匹配算法需要建立标准字符模板，将其与经过二值化和归一化处理后的待识别字符进行匹配，比较单个字符像素点的灰度值，求出每个输入字符和模板的相似度，输出相似度最高的模板。

（2）统计特征匹配法。

统计特征匹配法的原理是先提取待识别字符的统计特征，再根据一定的规则和已经确定的决策函数进行匹配判断，字符的统计特征包括轮廓数、轮廓的形状和像素块数等。

（3）神经网络算法。

神经网络算法在使用前需要先进行大量训练，得到合适的阈值和权值。在训练时需要选择合适的样本输入神经网络，然后计算每层神经元输出和期望的差值并向上层神经元反馈，神经网络根据差值调整各项阈值和权值，再重新计算神经元输出和期望的差值。重复上述步骤，通过不断训练调整阈值和权值，最终得到训练效果最好的网络阈值和权值。

6.2.2 卷积神经网络技术

卷积神经网络（Convolutional Neural Network, CNN）是一种前馈神经网络，它的人工神经元可以响应一部分覆盖范围内的周围单元，对于大型图像处理有出色表现。

卷积神经网络由一个或多个卷积层和顶端的全连通层组成，同时也包括关联权重和池化层。这一结构使得卷积神经网络能够利用输入数据的二维结构。

感知器通过数学方式来形式化地表达神经元的工作原理。感知器的结构如图 6.6 所示，包含输入层 x、隐藏层 h 和输出层 y。设输入为 x_1、x_2……，引入权重序列 w_1、w_2……表示每个输入对输出的重要性。输出层 y 取值 0 或 1，输出层由输入序列和权重序列进行加权求和，并输入预定义的阈值函数计算得出。

最常见的神经网络是前馈网络架构，从输入到输出，信息仅向前流动，如图 6.7 所示，包括输入层、隐藏层和输出层。输出神经元是执行最终计算的神经元，其输出是整个网络的输出；执行中间计算的神经元被称为隐藏神经元，可以构成一个或多个隐藏层；输入层的神经元只是将输入作为变量传递给隐藏神经元，不对输入进行处理。

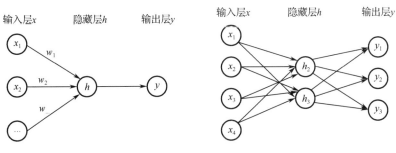

图 6.6　感知器的结构　　　　图 6.7　前馈网络架构

卷积神经网络本质上是一个多层感知器。卷积神经网络通过卷积核进行局部连接和权重共享，卷积神经网络架构中主要包含 3 类神经层：卷积层、池化层和全连接层，此外还有输入层和输出层，如图 6.8 所示。

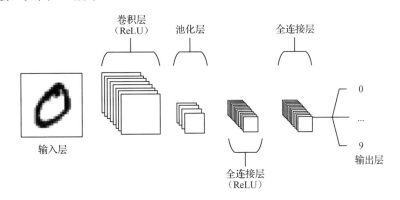

图 6.8　卷积神经网络架构

（1）输入层。卷积神经网络的输入层可以处理多维数据，如一维卷积神经网络的输入层接收一维或二维数组，其中一维数组通常为时间或频谱采样数据；二维数组可能包含多个通道；二维卷积神经网络的输入层接收二维或三维数组。

（2）卷积层。通过计算卷积核与覆盖区域像素值的点积来确定神经元的输出，卷积核的通道数与输入数据的通道数相同。每个卷积层后都有一个修正线性单元（Rectified Linear Unit，ReLU），其作用是修正卷积层的线性特征，即将激活函数应用于卷积层的输出。

（3）池化层。池化层沿给定的输入执行下采样，它的作用包括：①更关注是否存在某个特征而不是特征具体的位置，使学习到的特征能容忍一些变化；②减少后一层输入的尺寸，进而减少计算量和参数；③在一定程度上防止过度拟合。平均池化和最大池化是最常用的池化方法。

（4）全连接层。全连接层中的神经元与其前一层中的所有神经元完全连接。全连接层最终将二维/三维特征图转换为一维特征向量。输出的一维特征向量既可以被前馈到一定数量的类别中进行分类，也可以被认为是进一步处理的特征。

（5）输出层。卷积神经网络中输出层的上游通常是全连接层，因此其结构和工作原理与传统前馈神经网络中的输出层相同。对于图像分类问题，输出层使用逻辑函数或归一化指数函数（Softmax Function）输出分类标签。

基本卷积神经网络架构由一个卷积层和池化层组成，可选择增加一个全连接层用于监督分类。在实际应用中，卷积神经网络架构往往由多个卷积层、池化层和全连接层组合而成，以便更好地模拟输入数据的特征。

6.2.3 车牌识别开源库

深层神经网络（Deep Neural Networks，DNN）是目前深度学习概念中最基本的一种技术框架。OpenCV 自 3.1 版本开始就在 contrib 中加入了 DNN 模块，到 3.3 版本时，将 DNN 模块由 contrib 提升到了正式代码块中。DNN 可以支持所有主流的深度学习框架训练生成与导出模型，并实现数据加载，支持的深度学习框架包含 Caffe、TensorFlow、Torch、PyTorch 等，下面中的 HyperLPR 库中所使用的大多数模型都是通过 OpenCV 的 DNN 模块进行加载的。

1．HyperLPR 简介

HyperLPR 是一个基于深度学习的高性能中文车牌识别开源项目，采用 Python 语言编写，目前已经支持的车牌类型包括单行蓝牌、单行黄牌、新能源车牌、白色警用车牌、使馆/港澳车牌和教练车牌。

HyperLPR 的检测流程如下。

（1）使用 OpenCV 的 HAAR Cascade 检测车牌大致位置。
（2）使用类似于 MSER 多级二值化和 RANSAC 拟合的方式找到车牌的上下边界。
（3）使用 CNN Regression 算法找到车牌的左右边界。
（4）使用基于纹理场的算法进行车牌校正倾斜。
（5）使用 CNN 滑动窗切割字符。
（6）使用 CNN 识别字符。

在任意目录下执行以下命令，会自动创建 HyperLPR 目录。

```
git clone https://github.com/zeusees/HyperLPR.git
cd HyperLPR
```

HyperLPR 项目同时支持 Python 的两个版本：python2 和 python3，但是在目录结构上有所区分，pyhon2 版本的代码位于 hyperlpr 文件夹，python3 版本的代码位于 hyperlpr_py3 文件夹。图 6.9 所示为 hyperlpr_py3 文件夹所在的目录结构。

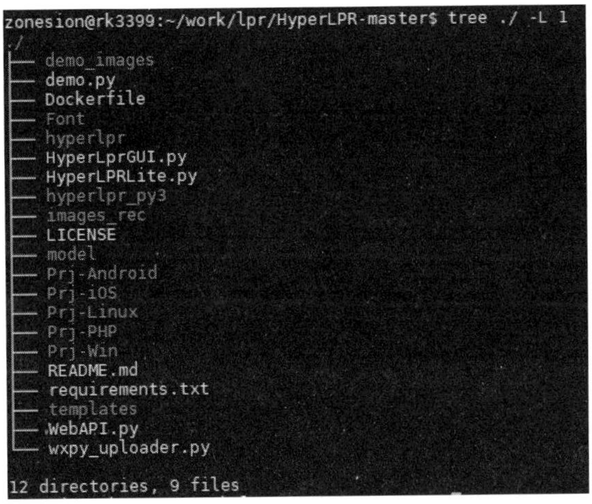

```
zonesion@rk3399:~/work/lpr/HyperLPR-master$ tree ./ -L 1
./
├── demo_images
├── demo.py
├── Dockerfile
├── Font
├── hyperlpr
├── HyperLprGUI.py
├── HyperLPRLite.py
├── hyperlpr_py3
├── images_rec
├── LICENSE
├── model
├── Prj-Android
├── Prj-iOS
├── Prj-Linux
├── Prj-PHP
├── Prj-Win
├── README.md
├── requirements.txt
├── templates
├── WebAPI.py
└── wxpy_uploader.py

12 directories, 9 files
```

图 6.9 hyperlpr_py3 文件夹所在的目录结构

此项目代码的运行环境所依赖的第三方 Python 库如下：

```
### Python 依赖
- Keras (>2.0.0)
- Theano(>0.9) or Tensorflow(>1.1.x)
- Numpy (>1.10)
- Scipy (0.19.1)
- OpenCV(>3.0)
- Scikit-image (0.13.0)
- PIL
```

2. Hyper LPR 源代码分析

（1）入口文件 demo.py（部分）的代码如下：

```
from hyperlpr import pipline as    pp
import cv2

#读取本地图像
image = cv2.imread("./test.jpg")

image, res = pp.SimpleRecognizePlate(image)

#打印识别结果信息
print(res)

#显示识别的图像
cv2.imshow("image",image)
cv2.waitKey(0)
```

通过 OpenCV 的 imread 函数导入图像，返回 Mat 类型参数。

（2）SimpleRecognizePlate 函数，此函数的功能是输入一张 Mat 类型的图像，返回识别到的车牌号以及 confidence（置信度），函数的实现代码如下：

```python
def SimpleRecognizePlate(image):
    images = detect.detectPlateRough(image,image.shape[0],top_bottom_padding_rate=0.1)
    res_set = []

    for j,plate in enumerate(images):
        plate, rect, origin_plate    =plate
        # plate = cv2.cvtColor(plate, cv2.COLOR_RGB2GRAY)
        plate   =cv2.resize(plate,(136,36*2))
        t1 = time.time()

        #根据车牌颜色判断车牌类型
        ptype = td.SimplePredict(plate)

        if ptype>0 and ptype<5:
            #bitwise_not 是对二进制数据进行"非"操作
            plate = cv2.bitwise_not(plate)

        #精确定位，倾斜校正等
        image_rgb = fm.findContoursAndDrawBoundingBox(plate)
        '''
        输入参数：
        裁剪车牌区域的图像（Mat 类型），rect 也是裁剪的车牌部分的图像（Mat 类型）
        实现处理：
        1.将输入的原始图像进行缩放；
        2.将原来的灰度图颜色通道[0, 255]转化为 float 类型[0,1];
        3.将 66*16(float)格式的图像输入模型中进行测试
        '''
        image_rgb = fv.finemappingVertical(image_rgb)

        cache.verticalMappingToFolder(image_rgb)
        print("e2e:", e2e.recognizeOne(image_rgb))
        image_gray = cv2.cvtColor(image_rgb,cv2.COLOR_RGB2GRAY)

        # image_gray = horizontalSegmentation(image_gray)
        #cv2.imshow("image_gray",image_gray)
        #cv2.waitKey()

        cv2.imwrite("./"+str(j)+".jpg",image_gray)

        #基于滑动窗口的字符分割
        val = segmentation.slidingWindowsEval(image_gray)

        #print("分割和识别",time.time() - t2,"s")
        if len(val)==3:
            blocks, res, confidence = val
```

```python
            if confidence/7>0.7:
                image =    drawRectBox(image,rect,res)
                res_set.append(res)
                for i,block in enumerate(blocks):

                    block_ = cv2.resize(block,(25,25))
                    block_ = cv2.cvtColor(block_,cv2.COLOR_GRAY2BGR)
                    image[j * 25:(j * 25) + 25, i * 25:(i * 25) + 25] = block_
                    if image[j*25:(j*25)+25,i*25:(i*25)+25].shape == block_.shape:
                        pass



            if confidence>0:
                print("车牌:",res,"置信度:",confidence/7)
            else:
                pass

            # print "不确定的车牌:", res, "置信度:", confidence

    return image,res_set
//函数输入为一个 Mat 类型的图像
//函数输出为识别的车牌字符串及 confidence（置信度）
```

（3）detectPlateRough 函数，此函数的功能是返回图像中检测到的所有车牌的区域坐标对象。实现代码如下：

```python
#返回图像中所有识别出来的车牌边框（bbox）
def detectPlateRough(image_gray,resize_h = 720,en_scale =1.08 ,top_bottom_padding_rate = 0.05):
    print(image_gray.shape)
    #top_bottom_padding_rate: 表示要裁剪掉图像的上下部分占比
    if top_bottom_padding_rate>0.2:
        print("error:top_bottom_padding_rate > 0.2:",top_bottom_padding_rate)
        exit(1)
    #resize_h: 重新设定的图像大小，此处保持图像大小不变
    height = image_gray.shape[0]
    padding =    int(height*top_bottom_padding_rate)
    scale = image_gray.shape[1]/float(image_gray.shape[0])
    image = cv2.resize(image_gray, (int(scale*resize_h), resize_h))

    #裁剪掉 top_bottom_padding_rate 比例的垂直部分
    image_color_cropped = image[padding:resize_h-padding,0:image_gray.shape[1]]
    #对裁剪之后的图像进行灰度化处理
    image_gray = cv2.cvtColor(image_color_cropped,cv2.COLOR_RGB2GRAY)
    #使用 OpenCV 的加载级联分类器 cv2.CascadeClassifier 来检测图像中车牌的大致区域，输入
```

image_gray 灰度图、边框可识别的最小尺寸、最大尺寸，输出车牌在图像中的 offset 参数，也就是边框左上角坐标(x,y)及边框高度(h)和宽度(w)

```
            watches = watch_cascade.detectMultiScale(image_gray, en_scale, 2, minSize=(36, 9),maxSize=(36*40,
9*40))
            #对得到的车牌边框进行扩大（此时得到的车牌图像可能由于车牌倾斜等原因导致其显示不完整），
先对宽度左右各扩大 0.14 倍，高度上下各扩大 0.6 倍
            cropped_images = []
            for (x, y, w, h) in watches:
                cropped_origin = cropped_from_image(image_color_cropped, (int(x), int(y), int(w), int(h)))
                x -= w * 0.14
                w += w * 0.28
                y -= h * 0.6
                h += h * 1.1;
                #按扩大后的大小进行裁剪
                cropped = cropped_from_image(image_color_cropped, (int(x), int(y), int(w), int(h)))
                cropped_images.append([cropped,[x, y+padding, w, h],cropped_origin])
            return cropped_images
```

（4）SimplePredict 函数。将图像输入模型中进行模型推理，根据车牌颜色判断车牌类型，如果车牌为深色背景、白色字体则返回 0，如果车牌为浅色背景、深色字体则返回大于零的值。

```
model = Getmodel_tensorflow(5)
model.load_weights("./model/plate_type.h5")
model.save("./model/plate_type.h5")
def SimplePredict(image):
    image = cv2.resize(image, (34, 9))    #重新设定车牌图像的大小：34*9
    image = image.astype(np.float) / 255   #将原来的灰度图颜色通道[0, 255]转化为 float 类型[0,1]
    res = np.array(model.predict(np.array([image]))[0])   #将 34*9(float)格式的图像输入模型进行测试
    return res.argmax()
```

（5）finemappingVertical 函数，此函数的功能如下：
① 重新设定车牌图像的大小：66*16*3；
② 将原来的灰度图颜色通道[0, 255]转化为 float 类型[0,1]；
③ 将 66*16(float)格式的图像输入模型进行测试。

```
输入：16*66*3 的张量
输出：长度为 2 的张量

def finemappingVertical(image):
    resized = cv2.resize(image,(66,16))
    resized = resized.astype(np.float)/255
    res= model.predict(np.array([resized]))[0]
    print("keras_predict",res)
    res   =res*image.shape[1]
    res = res.astype(np.int)
    H,T = res
    H-=3
```

```
#3 79.86
#4 79.3
#5 79.5
#6 78.3

#T
#T+1 80.9
#T+2 81.75
#T+3 81.75

if H<0:
    H=0
T+=2;

if T>= image.shape[1]-1:
    T= image.shape[1]-1

image = image[0:35,H:T+2]

image = cv2.resize(image, (int(136), int(36)))
return image
```

（6）recognizeOne 函数，此函数的功能是对图像中检测到的车牌区域进行 ocr 识别，实现代码如下。

```
def recognizeOne(src):
    # x_tempx= cv2.imread(src)
    x_tempx = src
    # x_tempx = cv2.bitwise_not(x_tempx)
    x_temp = cv2.resize(x_tempx,( 160,40))
    x_temp = x_temp.transpose(1, 0, 2)
    t0 = time.time()
    y_pred = pred_model.predict(np.array([x_temp]))
    y_pred = y_pred[:,2:,:]
    # plt.imshow(y_pred.reshape(16,66))
    # plt.show()

    #
    # cv2.imshow("x_temp",x_tempx)
    # cv2.waitKey(0)
    return fastdecode(y_pred)
```

ocr 部分的网络模型(keras 模型)
输入：160*40*3 的张量
输出：长度为 7 的张量，类别有 len(chars)+1 种

chars = ["京","沪","津","渝","冀","晋","蒙","辽","吉","黑","苏","浙","皖","闽","赣","鲁","豫","鄂"

","湘","粤","桂",

"琼","川","贵","云","藏","陕","甘","青","宁","新","0","1","2","3","4","5","6","7","8","9","A",

"B","C","D","E","F","G","H","J","K","L","M","N","P","Q","R","S","T","U","V","W","X",

"Y","Z","港","学","使","警","澳","挂","军","北","南","广","沈","兰","成","济","海","民","航","空"

];

（7）slidingWindowsEval 函数，此函数的功能是基于滑动窗口进行字符分割与识别。

```
def slidingWindowsEval(image):
    windows_size = 16;
    stride = 1
    height= image.shape[0]
    data_sets = []

    for i in range(0,image.shape[1]-windows_size+1,stride):
        data = image[0:height,i:i+windows_size]
        data = cv2.resize(data,(23,23))
        # cv2.imshow("image",data)
        data = cv2.equalizeHist(data)
        data = data.astype(np.float)/255
        data=  np.expand_dims(data,3)
        data_sets.append(data)

    res = model2.predict(np.array(data_sets))
    print("分割",time.time() - t0)

    pin = res
    p = 1 -   (res.T)[1]
    p = f.gaussian_filter1d(np.array(p,dtype=np.float),3)
    lmin = l.argrelmax(np.array(p),order = 3)[0]
    interval = []
    for i in range(len(lmin)-1):
        interval.append(lmin[i+1]-lmin[i])

    if(len(interval)>3):
        mid  = get_median(interval)
    else:
        return []
    pin = np.array(pin)
    res=  searchOptimalCuttingPoint(image,pin,0,mid,3)

    cutting_pts = res[1]
    last=   cutting_pts[-1] + mid
```

```python
        if last < image.shape[1]:
            cutting_pts.append(last)
        else:
            cutting_pts.append(image.shape[1]-1)
    name = ""
    confidence =0.00
    seg_block = []
    for x in range(1,len(cutting_pts)):
        if x != len(cutting_pts)-1 and x!=1:
            section = image[0:36,cutting_pts[x-1]-2:cutting_pts[x]+2]
        elif   x==1:
            c_head = cutting_pts[x - 1]- 2
            if c_head<0:
                c_head=0
            c_tail = cutting_pts[x] + 2
            section = image[0:36, c_head:c_tail]
        elif x==len(cutting_pts)-1:
            end = cutting_pts[x]
            diff = image.shape[1]-end
            c_head = cutting_pts[x - 1]
            c_tail = cutting_pts[x]
            if diff<7 :
                section = image[0:36, c_head-5:c_tail+5]
            else:
                diff-=1
                section = image[0:36, c_head - diff:c_tail + diff]
        elif   x==2:
            section = image[0:36, cutting_pts[x - 1] - 3:cutting_pts[x-1]+ mid]
        else:
            section = image[0:36,cutting_pts[x-1]:cutting_pts[x]]
        seg_block.append(section)
    refined = refineCrop(seg_block,mid-1)
    for i,one in enumerate(refined):
        res_pre = cRP.SimplePredict(one, i )
        # cv2.imshow(str(i),one)
        # cv2.waitKey(0)
        confidence+=res_pre[0]
        name+= res_pre[1]
        print("字符识别",time.time() - t0)
    return refined,name,confidence
```

6.2.4 图像与视频文件识别程序设计

1．图像文件识别

图像文件识别软件设计如下：

(1)从 hyperlpr_py3 目录中导入 pipline 模块。
(2)通过 import cv2 命令导入 OpenCV 模块。
(3)通过 OpenCV 的 imread 函数读取指定目录文件的图像。
(4)通过 HyperLPR 开源代码中识别模块 SimpleRecognizePlate 函数对图像中的车牌进行识别处理，将识别结果返回 res 并输出识别结果到屏幕。

图像文件测试程序 test.py 的代码如下。

```
from hyperlpr_py3 import pipline as pp
import cv2

image = cv2.imread("./images_rec/3.jpg")
image,res = pp.SimpleRecognizePlate(image)
print(res)
```

在 HyperLPR 源代码目录中运行测试文件 test.py，运行结果如下。

```
test@rk3399:~/work/HyperLPR-master$ python3 test.py
Using TensorFlow backend.
(560, 750, 3)
校正角度 h  0 v 90
keras_predict [0.07279087 0.9584856 ]
7020c54e
e2e: ('京N8P8F8', 0.9377301761082241)
校正 5.901950836181641 s
分割 0.41561222076416016
626
寻找最佳点 0.10375642776489258
字符识别 0.5297119617462158
分割和识别 1.0579910278320312 s
车牌: 京N8P8F8 置信度: 0.9193164535931179
7.175567626953125 s
['京N8P8F8']
```

使用开源 Python 库进行车牌识别，从前面的样本可以看出对于质量较高的图像识别效果好，而对于低质量图像或有逆光干扰的图像，则可能会出现多个识别结果供选择，可以根据置信度或提高图像分辨率来处理与选择。

2．视频文件识别

视频文件识别软件设计如下：
(1)从 hyperlpr_py3 目录中导入 pipline 模块。
(2)通过 import cv2 命令导入 OpenCV 模块。
(3)通过 OpenCV 的 VideoCapture 函数读取指定视频文件到流对象 stream。
(4)通过 grabbed, frame = stream.read 函数从视频流中获取每个视频帧对象。
(5)通过 HyperLPR 的 SimpleRecognizePlate 函数对图像 frame 中的车牌进行识别处理。
(6)通过 putText 函数输出识别结果到屏幕上。

视频文件识别测试程序 video_test.py 的代码如下：

```
from hyperlpr_py3 import pipeline as pp
import time
import cv2

stream = cv2.VideoCapture("./images_rec/车牌.mp4")
time.sleep(2.0)

while True:
    # grab the frame from the threaded video stream
    grabbed, frame = stream.read()
    if not grabbed:
        print('No data, break.')
        break

    _, res = pp.SimpleRecognizePlate(frame)

    cv2.putText(frame, str(res), (50, 50), cv2.FONT_HERSHEY_SIMPLEX, 0.75, (0, 255, 255), 2)

    cv2.imshow("Frame", frame)
    key = cv2.waitKey(1) & 0xFF

    # if the `q` key was pressed, break from the loop
    if key == ord("q"):
        break
# do a bit of cleanup
cv2.destroyAllWindows()
stream.release()
```

6.2.5 开发实践：视频车牌识别

1. 图像文件识别测试

在网关的 HyperLPR 源代码目录中编写图像文件识别测试程序 pic_test.py。程序运行前需要将车牌测试图像文件 test.jpg 复制到网关 HyperLPR-master 源代码的 image_rec 目录下。图 6.10 所示为车牌测试图像。

检查程序文件 pic_test.py 与图像文件 test.jpg 的存放路径是否正确。在 HyperLPR 源代码目录中运行 pic_test.py 程序，运行 python3 pic_test.py 命令。命令行会显示识别到的车牌信息，程序运行结果如图 6.11 所示。

图 6.10　车牌测试图像

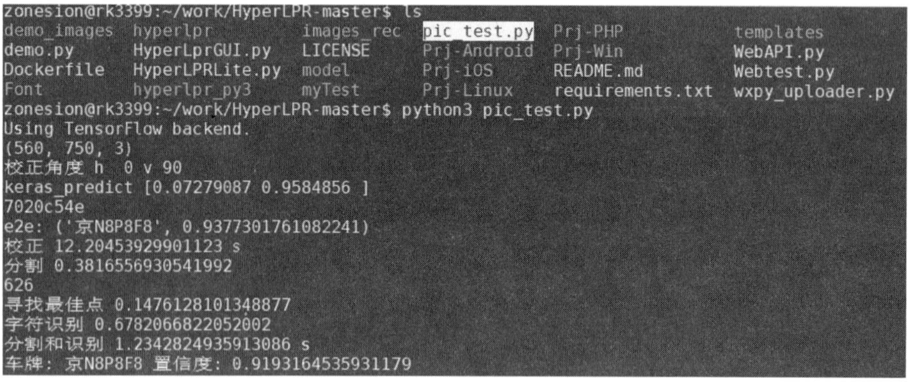

图 6.11 图像文件识别测试程序的运行结果

2. 视频文件识别测试

在网关的 HyperLPR 源代码目录中编写视频文件识别测试程序 video_test.py。程序运行前需要将车牌测试视频文件"车牌.mp4"复制到网关 HyperLPR-master 源代码的 image_rec 目录下。

在 HyperLPR 源代码目录中运行 video_test.py 程序，执行 python3 video_test.py 命令。在程序运行时会启动两个窗口：一个是视频播放检测窗口；另一个是识别车牌的显示窗口。程序运行结果如图 6.12 所示。

图 6.12 视频文件识别测试程序运行结果

3. 摄像头识别程序

在网关的 HyperLPR 源代码目录中编写摄像头识别测试程序 cam_test.py。

```python
from hyperlpr_py3 import pipeline as pp
import time
import cv2

cap = cv2.VideoCapture(0)
# 查看摄像头是否已经打开
print("摄像头是否已经打开？  {}".format(cap.isOpened()))

cap.set(cv2.CAP_PROP_FRAME_WIDTH, 800)
cap.set(cv2.CAP_PROP_FRAME_HEIGHT, 600)

time.sleep(2.0)

while True:
    # grab the frame from the threaded video stream
    grabbed, frame = cap.read()
    if not grabbed:
        print('No data, break.')
        break

    _, res = pp.SimpleRecognizePlate(frame)

    cv2.putText(frame, str(res), (50, 50), cv2.FONT_HERSHEY_SIMPLEX, 0.75, (0, 255, 255), 2)
    cv2.imshow("Frame", frame)
    key = cv2.waitKey(1) & 0xFF

    # if the `q` key was pressed, break from the loop
    if key == ord("q"):
        break
# do a bit of cleanup
cv2.destroyAllWindows()
stream.release()
```

检查摄像头是否连接到网关，在 HyperLPR 源代码目录中运行 cam_test.py 程序，执行 python3 cam_test.py 命令。

将车牌放在摄像头的正前方，保证光线充足，摄像头能拍摄到完整的车牌，程序识别出车牌内容后会在另一个窗口中显示车牌号，在显示画面中也会用方框标注出车牌位置和车牌号。测试效果如图 6.13 所示。

图 6.13　测试效果

6.2.6　小结

本节介绍了中文车牌识别系统的工作原理与 HyperLPR 开源库、HyperLPR 的关键源代码，以及基于图像文件和视频文件的车牌识别程序开发，最后通过视频车牌识别开发实践，介绍了 HyperLPR 视频流车牌识别的流程与步骤。

6.2.7　思考与拓展

（1）简述车牌识别的工作原理与基本流程。
（2）基于 HyperLPR 开源库进行视频流车牌识别编程分为哪些步骤？

6.3　基于 Flask 的车牌识别功能开发

6.3.1　Flask 应用框架简介

Flask 是一个使用 Python 编写的轻量级 Web 应用框架，它基于 Werkzeug WSGI 工具箱和 Jinja2 模板引擎，使用 BSD 授权。

Flask 主要包括 Werkzeug 和 Jinja2 两个核心函数库，分别负责实现业务处理和安全方面的功能。Werkzeug 函数库功能比较完善，支持 URL 路由请求集成，一次可以响应多个用户的访问请求；支持 Cookie 和会话管理，通过身份缓存数据建立长久连接关系，并提高用户访问速度；支持交互式 JavaScript 调试，可提升用户体验；可以处理 HTTP 基本事务，能快速响应客户端推送过来的访问请求。Jinja2 函数库支持自动 HTML 转移功能，能够很好地抵御外部黑客的脚本攻击。

Flask 的基本工作模式为在程序里将一个视图函数分配给一个 URL，每当用户访问这个 URL 时，系统就会执行为该 URL 分配好的视图函数，获取函数的返回值并将其显示到浏览器上。

6.3.2 Flask 安装与测试

在已激活的虚拟环境中使用 pip 安装 Flask。

```
pip install Flask
```

页面测试程序代码如下。

```
from flask import Flask
app = Flask(__name__)

@app.route('/')
def hello_world():
return 'Hello, World!'

if __name__ == '__main__':
app.run(debug=True, host='0.0.0.0', port=5000)
```

通过上述代码可实现导入 Flask 类并创建 Flask 的实例，代码中的第一个参数是应用模块或者包的名称。如果使用单一的模块（如本例），则应该使用__name__，因为模块的名称将会因其作为单独应用启动还是作为模块导入而有所不同,这样 Flask 才知道到哪里去寻找模板和静态文件等。

route()函数是一个装饰器，首先在该函数中输入 URL，即可在这个 URL 下执行对应的操作,该函数主体既可以直接实现也可以调用其他方法实现上述操作，并在浏览器上显示信息,之后通过 run()函数让应用运行在本地服务器上。其中"if __name__ =='__main__':"命令确保服务器只会在该脚本被 Python 解释器直接执行时才会运行，而不是在其作为模块导入的时候运行。"debug=True"命令开启了调试模式，相当于在发生错误时提供一个相当有用的调试器。"host='0.0.0.0'"可以允许同一个局域网内的其他用户访问，这个方法让操作系统监听所有公网 IP。"port"为自定义端口。

```
app.run(host, port, debug, options)
```

上述代码中所有的参数都是可选的，参数描述如表 6.4 所示。

表 6.4 参数描述

参 数	参 数 描 述
host	要监听的主机名，默认为 127.0.0.1（localhost）。将其设置为"0.0.0.0"可以使服务器在外部可用
port	默认值为 5000
debug	默认为 false，如果将其设置为 true，则可提供调试信息
options	要转发到底层的 Werkzeug 服务器

运行页面测试程序，前面介绍的 Python 脚本在 Python shell 中执行，运行结果如下。

```
Python Hello.py
```

Python shell 中的消息通知如图 6.14 所示。

```
* Running on http://127.0.0.1:5000/ (Press CTRL+C to quit)
```

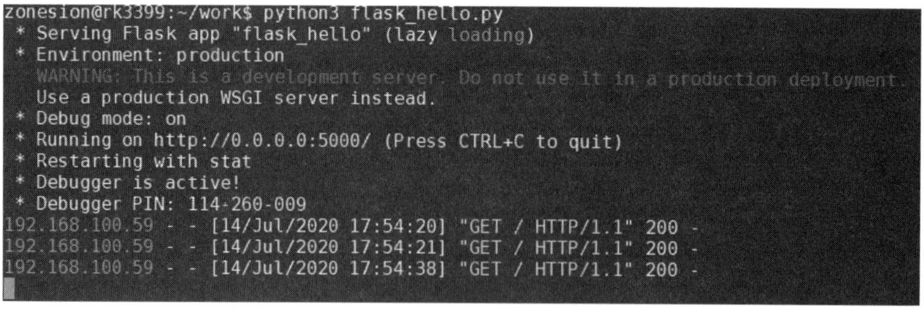

图 6.14　Python shell 中的消息通知

在浏览器中打开上述 URL（localhost：5000）。测试页面将显示“Hello World”消息，测试效果如图 6.15 所示。

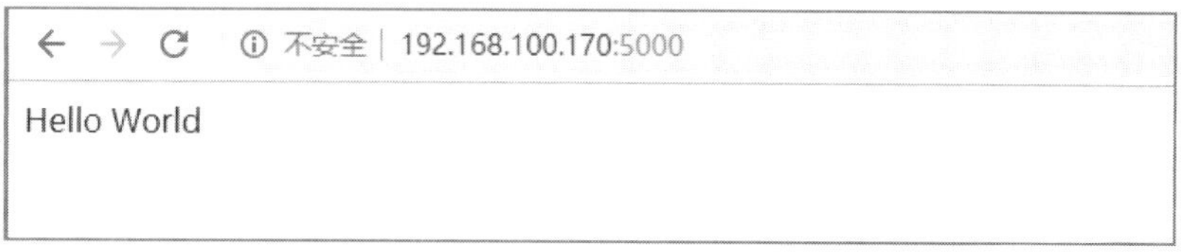

图 6.15　测试效果

6.3.3　Flask 应用分析

1．基于 HypertLPR 的识别程序分析

通过 OpenCV 读取图像进行车牌检测，然后将检测到的车牌进行字符识别。软件设计如下：

（1）导入 cv2 模块、numpy 函数库、os 模块和 imutils 图像操作函数库；

（2）通过 OpenCV 加载图像或者读取图像；

（3）detectPlateRough 函数使用 OpenCV 已经训练成的级联分类器进行车牌检测；

（4）通过 fineMapping 函数使用训练好的深度学习模型检测车牌中的字符。

程序源代码如下。

```
import cv2
import numpy as np
import os
import imutils

chars = [u"京", u"沪", u"津", u"渝", u"冀", u"晋", u"蒙", u"辽", u"吉", u"黑", u"苏", u"浙", u"皖", u"闽", u"
赣", u"鲁",
             u"豫", u"鄂", u"湘", u"粤", u"桂", u"琼", u"川", u"贵", u"云", u"藏", u"陕", u"甘", u"青", u"宁",
u"新", u"0",
             u"1", u"2", u"3", u"4", u"5", u"6", u"7", u"8", u"9", u"A", u"B", u"C", u"D", u"E", u"F", u"G",
u"H", u"J",
```

u"K", u"L", u"M", u"N", u"P", u"Q", u"R", u"S", u"T", u"U", u"V", u"W", u"X", u"Y", u"Z", u"港", u"学", u"使",
u"警", u"澳", u"挂", u"军", u"北", u"南", u"广", u"沈", u"兰", u"成", u"济", u"海", u"民", u"航", u"空"]

```
class LPR:
    def __init__(self, folder):
        """
        Init the recognition instance.

        # Argument
            model_detection:    opencv cascade model which detecting license plate.
            model_finemapping:  finemapping model which deskew the license plate
            model_rec:          CNN based sequence recognition model trained with CTC loss.
        """

        char_loc_path = os.path.join(folder, "cascade/char/char_single.xml")
        detector_path = os.path.join(folder, "cascade/detector/detector_ch.xml")
        model_recognition_path = [os.path.join(folder, "dnn/SegmenationFree-Inception.prototxt"),
                                  os.path.join(folder, "dnn/SegmenationFree-Inception.caffemodel")]
        model_fine_mapping_path = [os.path.join(folder, "dnn/HorizonalFinemapping.prototxt"),
                                   os.path.join(folder, "dnn/HorizonalFinemapping.caffemodel")]
        self.detector = cv2.CascadeClassifier(detector_path)
        self.charLoc = cv2.CascadeClassifier(char_loc_path)
        self.modelFineMapping = cv2.dnn.readNetFromCaffe(*model_fine_mapping_path)
        self.modelRecognition = cv2.dnn.readNetFromCaffe(*model_recognition_path)

    def detectPlateRough(self, image_gray, resize_h=720, en_scale=1.1, min_size=30):
        """
        Detect the approximate location of plate by opencv build-in cascade detection.

        # Argument
            image_gray:  input single channel image (gray).
            resize_h:    adjust input image size to a fixed size.
            en_scale:    the ratio of image between every scale of images in cascade detection.
            min_size:    minSize of plate increase this parameter can increase the speed of detection.

        # Return
            the results.
        """
        watches = self.detector.detectMultiScale(image_gray, en_scale, 3, minSize=(min_size*4, min_size))
        cropped_images = []
        for (x, y, w, h) in watches:
            x -= w * 0.14
            w += w * 0.28
            y -= h * 0.15
```

```python
            h += h * 0.35
            x1 = int(x)
            y1 = int(y)
            x2 = int(x + w)
            y2 = int(y + h)
            x1 = max(x1, 0)
            y1 = max(y1, 0)
            x2 = min(x2, image_gray.shape[1]-1)
            y2 = min(y2, image_gray.shape[0]-1)
            cropped = image_gray[y1:y2, x1:x2]
            cropped_images.append([cropped, [x1, y1, x2, y2]])
        return cropped_images

    @staticmethod
    def decodeCTC(y_pred):
        # """
        # Decode  the results from the last layer of recognition model.
        # :param y_pred:   the feature map output last feature map.
        # :return: decode results.
        # """
        results = ""
        confidence = 0.0
        y_pred = y_pred.T
        table_pred = y_pred
        res = table_pred.argmax(axis=1)
        for i, one in enumerate(res):
            if one < len(chars) and (i == 0 or (one != res[i-1])):
                results += chars[one]
                confidence += table_pred[i][one]
        confidence /= len(results)
        return results, confidence

    @staticmethod
    def fitLineRansac(pts, zero_add=0):
        if len(pts) >= 2:
            [vx, vy, x, y] = cv2.fitLine(pts, cv2.DIST_HUBER, 0, 0.01, 0.01)
            lefty = int((-x * vy / vx) + y)
            righty = int(((136 - x) * vy / vx) + y)
            return lefty + 30 + zero_add, righty + 30 + zero_add
        return 0, 0

    def fineMappingOrigin(self, image_rgb):
        line_upper = []
        line_lower = []
        line_experiment = []
        gray_image = cv2.cvtColor(image_rgb, cv2.COLOR_BGR2GRAY)
        for k in np.linspace(-50, 0, 16):
```

```python
            binary_niblack = cv2.adaptiveThreshold(gray_image, 255, cv2.ADAPTIVE_THRESH_MEAN_C,
                                    cv2.THRESH_BINARY, 17, k)
            contours    =    cv2.findContours(binary_niblack.copy(),    cv2.RETR_EXTERNAL,
cv2.CHAIN_APPROX_SIMPLE)
            contours = imutils.grab_contours(contours)
            for contour in contours:
                bdbox = cv2.boundingRect(contour)
                if ((bdbox[3] / float(bdbox[2]) > 0.7 and 100 < bdbox[3] * bdbox[2] < 1200) or
                    (bdbox[3] / float(bdbox[2]) > 3 and bdbox[3] * bdbox[2] < 100)):
                    line_upper.append([bdbox[0], bdbox[1]])
                    line_lower.append([bdbox[0] + bdbox[2], bdbox[1] + bdbox[3]])
                    line_experiment.append([bdbox[0], bdbox[1]])
                    line_experiment.append([bdbox[0] + bdbox[2], bdbox[1] + bdbox[3]])
        rgb = cv2.copyMakeBorder(image_rgb, 30, 30, 0, 0, cv2.BORDER_REPLICATE)
        leftyA, rightyA = LPR.fitLineRansac(np.array(line_lower), 3)
        leftyB, rightyB = LPR.fitLineRansac(np.array(line_upper), -3)
        rows, cols = rgb.shape[:2]
        pts_map1 = np.float32([[cols - 1, rightyA], [0, leftyA], [cols - 1, rightyB], [0, leftyB]])
        pts_map2 = np.float32([[136, 36], [0, 36], [136, 0], [0, 0]])
        mat = cv2.getPerspectiveTransform(pts_map1, pts_map2)
        image = cv2.warpPerspective(rgb, mat, (136, 36), flags=cv2.INTER_CUBIC)
        return image


    def fineMappingBySelect(self, image_rgb, line_upper, line_lower):
        rgb = cv2.copyMakeBorder(image_rgb, 30, 30, 0, 0, cv2.BORDER_REPLICATE)
        leftyA, rightyA = LPR.fitLineRansac(np.array(line_lower), 3)
        leftyB, rightyB = LPR.fitLineRansac(np.array(line_upper), -3)
        rows, cols = rgb.shape[:2]
        pts_map1 = np.float32([[cols - 1, rightyA], [0, leftyA], [cols - 1, rightyB], [0, leftyB]])
        pts_map2 = np.float32([[136, 36], [0, 36], [136, 0], [0, 0]])
        mat = cv2.getPerspectiveTransform(pts_map1, pts_map2)
        image = cv2.warpPerspective(rgb, mat, (136, 36), flags=cv2.INTER_CUBIC)
        return image


    def fineMapping(self, image, rect, charSelection=False):
        image = cv2.resize(image, (204, 54))
        watches = self.charLoc.detectMultiScale(image, 1.08, 1, minSize=(15, 15))
        upper = [[x, y] for x, y, w, h in watches]
        lower = [[x+w, y+h] for x, y, w, h in watches]
        if len(watches) > 3:
            fined = self.fineMappingBySelect(image, upper, lower)
        else:
            if charSelection:
                return None, None
            else:
                fined = self.fineMappingOrigin(image)
        blob = cv2.dnn.blobFromImage(fined.copy(), 1.0 / 255.0, (66, 16), (0, 0, 0), False, False)
```

```python
            self.modelFineMapping.setInput(blob)
            X1, X2 = self.modelFineMapping.forward()[0]
            W = fined.shape[1]
            margin = 0.03
            X1 -= margin
            X2 += margin
            X1 = max(0, int(X1*W))
            X2 = min(W, int(X2*W))
            fined = fined[:, X1:X2]
        return fined, rect

    def segmentationFreeRecognition(self, src):
        """
        :param src:
        :return:
        """
        temp = cv2.resize(src, (160, 40))
        temp = temp.transpose(1, 0, 2)
        blob = cv2.dnn.blobFromImage(temp, 1/255.0, (40, 160), (0, 0, 0), False, False)
        self.modelRecognition.setInput(blob)
        y_pred = self.modelRecognition.forward()[0]
        y_pred = y_pred[:, 2:, :]
        y_pred = np.squeeze(y_pred)
        return self.decodeCTC(y_pred)

    def plateRecognition(self, image, min_size=30, char_selection_deskew=True):
        """
        the simple pipline consists of detection . deskew , fine mapping alignment, recognition.

        # Argument
            image: the input BGR image from imread used by opencv
            min_size: the minSize of plate
            char_selection_deskew: use character detection when fine mapping stage which will reduce the False Accept
                            Rate as far as possible.
            will return [ [plate1 string ,confidence1, location1   ],
                        [plate2 string ,confidence2, location2   ] ....
                        ]
        # Usage
            import cv2
            import numpy as np
            from LPR import LPR
            pr = LPR("models")
            image   = cv2.imread("tests/image")
            print(pr.plateRecognition(image))
        """
        images = self.detectPlateRough(image, image.shape[0], min_size=min_size)
```

```python
            res_set = []
            for j, plate in enumerate(images):
                plate, rect = plate
                image_rgb, rect_refine = self.fineMapping(plate, rect, char_selection_deskew)
                if image_rgb is not None:
                    res, confidence = self.segmentationFreeRecognition(image_rgb)
                    res_set.append([res, confidence, rect_refine])
            return res_set


if __name__ == '__main__':
    from PIL import Image, ImageFont, ImageDraw

    model_path = './models'

    PR = LPR(model_path)
    cap = cv2.VideoCapture(0)
    width = cap.read()[1].shape[0]
    freq = cv2.getTickFrequency()

    while True:
        t1 = cv2.getTickCount()
        ret, image = cap.read()
        result = PR.plateRecognition(image)
        # result = PR.detectPlateRough(frame, frame.shape[0], min_size=30)

        if len(result) == 0:
            pass
        else:
            # convert the BGR image into gray
            img_rgb = cv2.cvtColor(image, cv2.COLOR_BGR2RGB)
            # transform the OpenCV image into PIL format
            # Note: OpenCV don't really support chinese
            pilimg = Image.fromarray(img_rgb)
            # print the image on the drawing board
            draw = ImageDraw.Draw(pilimg)
            font_size = 50
            # load the specific font in case of not recognizing chinese
            # font_path = os.path.join(settings.EXPERIMENTS_DIR, 'resources', "simhei.ttf")
            font_hei = ImageFont.truetype("./simhei.ttf", font_size, encoding="utf-8")
            height_y = 0

            # put the annotation of the plate on the drawing board
            for plate in result:
                draw.text((width - 5 * font_size, height_y), '{}   {:.2f}'.format(plate[0], plate[1]), (255, 0, 0),
                          font=font_hei)
                height_y += font_size
```

```
            # transform PIL format into the OpenCV image
            image = cv2.cvtColor(np.array(pilimg), cv2.COLOR_RGB2BGR)
            # draw the rectangle of the plate on the drawing board
            for plate in result:
                p1, p2 = (plate[2][0], plate[2][1]), (plate[2][2], plate[2][3])
                cv2.rectangle(image, p1, p2, color=(0, 0, 255), thickness=2)
        t2 = cv2.getTickCount()
        time1 = (t2 - t1) / freq
        frame_rate_calc = 1 / time1
        cv2.putText(image, "FPS: " + str(int(frame_rate_calc)), (10, 26), cv2.FONT_HERSHEY_SIMPLEX, 0.7,
                    (255, 0, 255), 2, cv2.LINE_AA)
        cv2.imshow('test', image)
        key = cv2.waitKey(1) & 0xFF
        if key == ord('q'):
            break
cap.release()
cv2.destroyAllWindows()

## print(result)
# cv2.imshow('result', _palte)
#
# cv2.waitKey(0)
```

2. Flask 程序分析

在 HyperLPR 中读取相机摄像头采集的图像数据,通过 Flask 框架入口把处理后的图像结果返回给页面并显示。软件设计如下:

(1) 导入必要的库,初始化 Flask 应用程序;
(2) 通过 frame = camera.get_frame()命令,不断从相机返回帧数据并将其作为响应块;
(3) 通过 video_feed 函数完成路由返回流式响应;
(4) 当用户访问给定的应用程序域时,通过 render_template 函数进行渲染;
(5) 启动 Flask 服务器。

程序源代码如下:

```
import os

from flask import Flask, render_template, Response, make_response
from cam import LPR


app = Flask(__name__)

#相机推流
def gen(camera):
    while True:
        frame = camera.get_frame()
```

```
            yield (b'--frame\r\n'
                    b'Content-Type: image/jpeg\r\n\r\n' + frame + b'\r\n\r\n')
#将视频流式传输到 Web 页面
@app.route('/')
def video_feed():
    return Response(gen(LPR()),
                    mimetype='multipart/x-mixed-replace; boundary=frame')

#当前实时相机画面
@app.route('/')
def cur_camera():
    return render_template('cur_camera.html')

if __name__ == '__main__':
    app.run(debug=True,port=5000,host='0.0.0.0')
```

Web 页面程序：路由的 URL 在图像标记的 "src" 属性中。

```
<html>
  <head>
    <title>监控</title>
  </head>

  <body bgcolor="#444444">
    <div align="center">
      <img id="bgm" src="{{ url_for('video_feed') }}" width=600>
    </div>
  </body>
</html>
```

6.3.4 开发实践：基于 Flask 的视频车牌识别

1. Flask 安装与测试

在网关使用 pip 命令安装 Flask（需要网络），代码如下。

```
pip install Flask
```

在当前用户目录，输入以下页面测试程序 flask_hello.py。

```
from flask import Flask
app = Flask(__name__)

@app.route('/')
def hello_world():
return 'Hello, World!'

if __name__ == '__main__':
app.run(debug=True, host='0.0.0.0', port=5000)
```

运行页面测试程序，代码如下。

Python3 flask_hello.py

在 Python shell 中通过以下代码运行服务器地址与端口号，如果有客户端连接则会显示其 IP 与时间，网关终端显示的运行测试结果如图 6.16 所示。

* Running on http://0.0.0.0:5000/ (Press CTRL+C to quit)//服务器地址与端口号

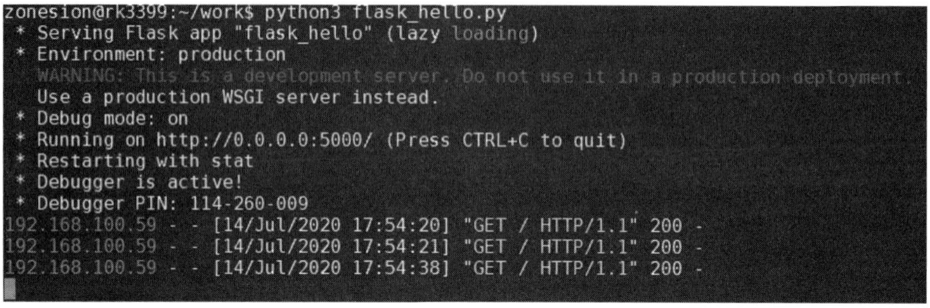

图 6.16　网关终端显示的运行测试结果

在浏览器中输入网关服务器地址与端口号 192.168.100.170:5000。（注意：主机与网关要在同一个局域网中，本项目网关地址是 192.168.100.170，主机地址是 192.168.100.159。）若访问成功则 Web 页面显示"Hello World"消息，测试效果如图 6.17 所示。

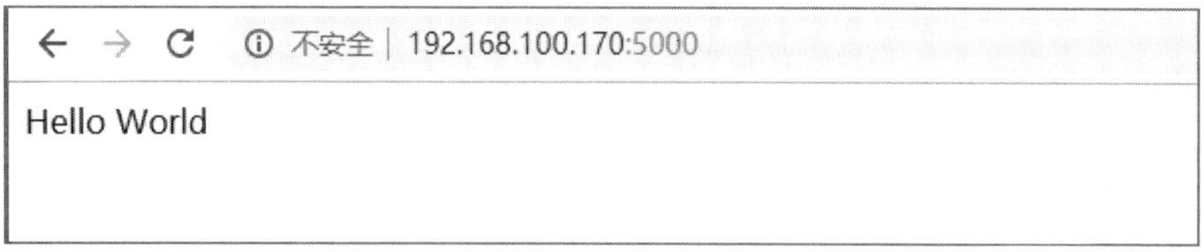

图 6.17　测试效果

2．网页版图像车牌识别

在网关的 HyperLPR 源代码目录中编写网页版图像测试程序 pic_web_test.py。参考代码见"FlaskLPR"目录下的 pic_web_test.py 文件。

```
from hyperlpr_py3 import pipline as pp
from flask   import Flask
import cv2

app = Flask(__name__)

image = cv2.imread("./images_rec/test.jpg")
image,res = pp.SimpleRecognizePlate(image)
print(res)
index = len(res)
```

```
@app.route('/')
def img_pro():
    return res[index-1]

if __name__ == '__main__':
    app.run(debug=True,host='0.0.0.0',port=5000)
```

运行测试程序的代码如下。

```
python3 pic_web_test.py
```

程序运行后,网关终端显示的信息如图 6.18 所示。

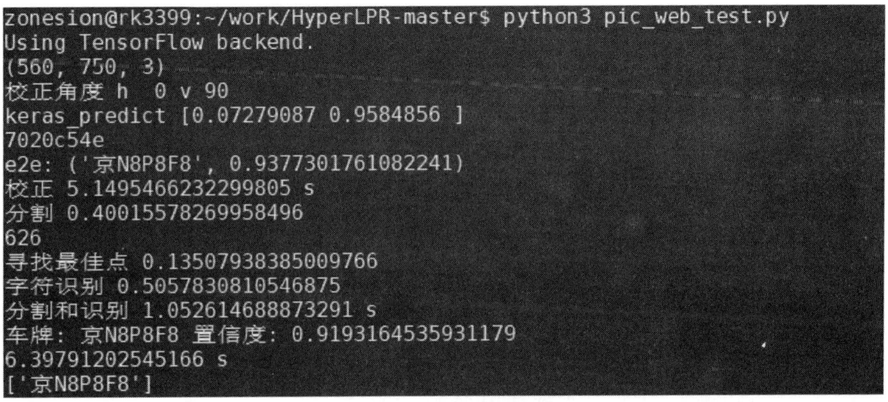

图 6.18 网关终端显示的信息

在开发电脑主机的浏览器中输入网关服务器地址与端口号 192.168.100.170:5000,网页中会显示识别出的车牌号码,测试效果如图 6.19 所示。

图 6.19 测试效果

3. 网页版视频流车牌识别

将 FlaskLPR 目录下的 plate.tgz 压缩文件通过 moba 程序复制到网关的用户主目录中,通过 sudo tar –xzvf plate.tgz 命令进行解压。程序目录如图 6.20 所示。

```
zonesion@rk3399:~/work/lpr/plate_rec$ ls
cam.py           main_web_test.py  plate_test.py  simhei.ttf
cur_camera.html  models            __pycache__
zonesion@rk3399:~/work/lpr/plate_rec$
```

图 6.20　程序目录

运行主程序 python3 main_web_test.py，程序会启动 Flask 服务器，网关终端显示的运行信息如图 6.21 所示。

```
6. 192.168.100.170 (zonesion)
zonesion@rk3399:~/work/lpr/plate_rec$ python3 main_web_test.py
 * Serving Flask app "main_web_test" (lazy loading)
 * Environment: production
   WARNING: This is a development server. Do not use it in a production deployment.
   Use a production WSGI server instead.
 * Debug mode: on
 * Running on http://0.0.0.0:5000/ (Press CTRL+C to quit)
 * Restarting with stat
 * Debugger is active!
 * Debugger PIN: 114-260-009
```

图 6.21　启动 Flask 服务器的运行信息

在主机浏览器中输入网关服务器地址与端口号 192.168.100.170:5000，单击页面刷新按钮，网页中会显示实时视频画面，把车牌对准摄像机（注意：车牌要完整、端正，光线充足），识别程序会在画面上绘制边框并显示识别到的车牌号码，测试效果如图 6.22 所示。

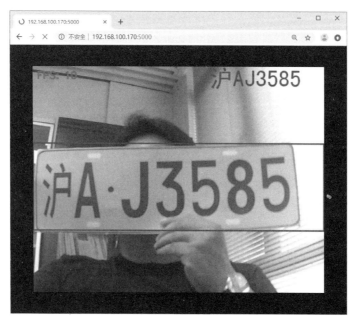

图 6.22　测试效果

网关终端显示的后台运行信息如图 6.23 所示。

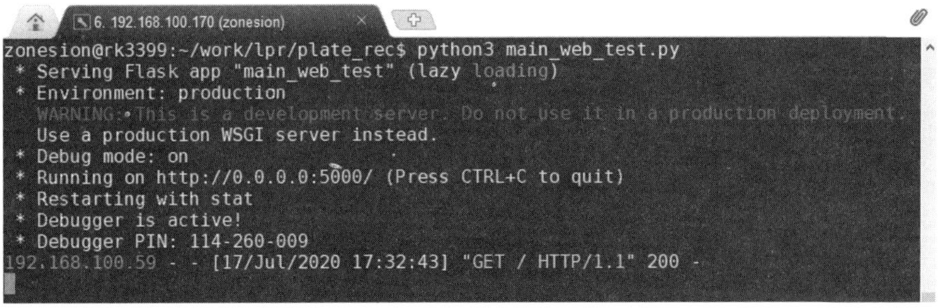

图 6.23　网关终端显示的后台运行信息

6.3.5　小结

本节介绍了 Flask 应用框架、Flask 安装与测试、基于 HypertLPR 的识别程序分析，以及 Flask 视频流显示编程开发，最后通过 Flask 视频车牌开发实践，介绍了通过网页显示视频流并进行车牌识别的流程与步骤。

6.3.6　思考与拓展

（1）Flask 是轻量级 Web 应用框架，主要特性有哪些？
（2）简述在 Flask 框架下发布一个 Web 页面的流程。

第 7 章 AI 人脸识别 Linux 开发案例

本章分析 Linux 技术在 AI 人脸识别中的应用，包含以下两部分。

（1）AI 人脸识别应用开发框架：依次介绍系统总体设计、人脸识别开发平台和 Web 应用框架——Django，并实现 AI 人脸识别应用框架的搭建。

（2）AI 人脸识别功能开发：依次介绍人脸注册与人脸识别接口、人脸注册与人脸识别功能程序分析，并实现 AI 人脸识别功能开发实践。

7.1 系统总体设计与 Linux 驱动开发

7.1.1 系统总体设计

1. 人脸识别的主要应用

人脸识别是依据人的面部特征自动进行身份识别的一种生物识别技术。人脸识别是人工智能时代比较热门的技术，应用十分广泛，如"刷脸"打卡、"刷脸"App、身份识别、人脸识别门禁等。人脸识别被广泛应用在智能楼宇、智慧零售、智慧教育、智慧旅游等领域，其主要应用场景如图 7.1 所示。

图 7.1 人脸识别的主要应用场景

人脸识别利用摄像机或摄像头采集含有人脸的图像或视频流,并自动在图像中检测和跟踪人脸,进而对检测到的人脸图像进行一系列的相关操作,包括图像采集、特征定位、身份的确认和查找,等等。人脸注册与识别过程如图 7.2 所示。

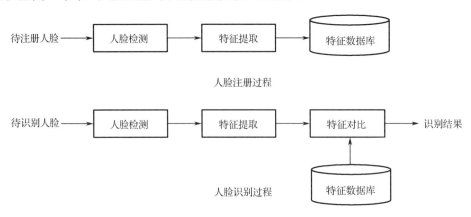

图 7.2 人脸注册与识别过程

2. 人脸识别技术

人脸识别技术基于人的面部特征,对输入的人脸图像或者视频流数据进行分析。首先判断是否存在人脸,如果存在人脸,则进一步给出每张人脸的位置、大小和主要面部器官的位置信息。依据这些信息,进一步提取每张人脸中所蕴含的身份特征,并将其与已知的人脸进行对比,从而识别每张人脸的身份。

构建一个完整的人脸识别系统主要包括三方面的技术:人脸检测、人脸跟踪和人脸比对。

(1)人脸检测。

人脸检测技术主要指在各种不同动态或静态的生活场景与复杂的环境背景中,通过判断图像中是否存在可被检测的人脸,并将其进行分离,剪裁出可以被实验所应用的面部图像,有下列几种方法:参考模板法、人脸规则法、样本学习法、特征子脸法。

(2)人脸跟踪。

人脸跟踪多指在对已检测到人脸的视频资料中进行持续的目标跟踪。人脸跟踪可以被认为是在动态的时间域上进行人脸连续检测的方法,人脸跟踪可以将单一图像的面部特征有机地结合到时间域上,使动态的人脸检测操作不仅仅依靠单一图像的模型进行判断,也加入单一特征在时间域的变化特征进行判断,从而对连续帧中每幅图像中的人脸位置进行精确估计。人脸跟踪方法分为模型跟踪法、运动信息跟踪法和人脸局部特征跟踪法等。

(3)人脸比对。

人脸比对通过对已检测的人脸图像或人脸特征与数据库中的图像或特征进行逐一对比,计算不同域下的距离,找到在数据库中最佳的匹配对象。人脸比对方法分为特征向量法与面纹模板法两种方法。

3. 系统硬件与软件结构

AI 人脸识别系统的硬件主要由边缘计算网关、高清摄像头与物联网控制节点构成。边缘计算网关连接高清摄像头，通过百度人脸识别接口进行人脸注册，并对摄像头捕捉到的人脸图片进行识别，如果识别成功则连接物联网云平台对闸机进行联动控制，在 PC 端的 Web 管理软件中可进行人脸注册、人脸库管理与显示结果，系统硬件结构如图 7.3 所示。

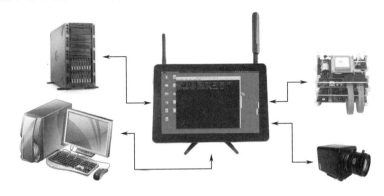

图 7.3　系统硬件结构示意图

AI 人脸识别系统，其软件模块主要由百度人脸识别应用程序、智云物联网应用程序、Django 服务软件、PC 端 Web 管理软件等构成，项目主要开发语言为 Python 语言。系统软件结构如图 7.4 所示。

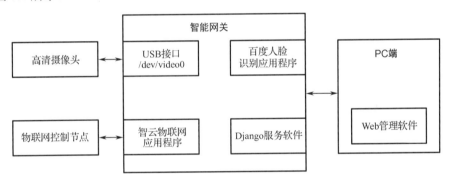

图 7.4　系统软件结构框图

7.1.2　人脸识别开发平台

当前调用人脸识别技术的方式主要有两种：API 和 SDK，API 调用需要实时联网，SDK 调用可以离线使用。下面介绍的虹软和 Face++都为 SDK 调用方式，百度人脸识别云服务采用 API 调用方式。

（1）虹软免费人脸识别 SDK，需要注册才能使用，官网上有很多教程（感兴趣的读者可以自行了解），其优点是接入简单。

（2）Face++人脸比对 SDK，可以在移动设备上离线运行 Face++人脸识别算法，实时检测视频流中的所有人脸，并进行高准确率的人脸比对，支持 iOS 和 Android 平台。

（3）百度人脸识别云服务。基于百度深度学习能力的人脸识别技术可提供人脸检测与属性分析、人脸对比、人脸搜索和活体检测等功能。

本章所介绍的开发案例采用百度人脸识别云服务作为人脸识别开发平台。

7.1.3　Web 应用框架——Django

1．Django 框架介绍

Web 应用框架大多采用 MVC 软件设计模式，MVC 即 Model-View-Controller（模型—视图—控制器），可以简便、快速地开发数据库驱动的网站。Django 是 Python 编程语言驱动的一个开源 MVC 风格的 Web 应用框架，但在 Django 框架内部，URLconf 作为控制器的角色，负责接收用户请求和转发请求。Django 更关注的是模型（Model）、模板（Template）和视图（View），故称之为 Django MVT 模式。Django MVT 结构模型如表 7.1 所示。

表 7.1　Django MVT 结构模型

层　　次	职　　责
模型（Model），数据存取层	负责和数据库交互，处理与数据相关的所有事务
视图（View），业务逻辑层	负责接收请求，业务处理，返回结果
模板（Template），表现层	负责封装构造要返回的 html

URLconf 机制通过使用正则表达式匹配 URL，然后调用合适的 Python 函数。Django 框架封装了控制层，与数据交互包括数据库表的读、写、删除和更新等操作。在开发程序时，只需要调用相应的方法，编写非常少的代码即可实现很多功能，可大大提高工作效率。

2．创建 Django 框架项目

人脸识别应用采用 Django 框架开发，可以方便、快捷地创建高品质、易维护、数据库驱动的应用程序。Django 框架项目目录如图 7.5 所示。

图 7.5　Django 框架项目目录

用于存放与 AI 相关的模型文件夹如下：

① utils 文件夹：存放相关的工具类，比如日期处理类、文件处理类等。
② views 文件夹：存放相关的定义 URL 函数。
③ static 文件夹：存放 JavaScript、css、png 等相关的静态资源文件。
④ templates 文件夹：存放 html5 等页面文件。
⑤ manage.py：是 Django 用于管理本项目的命令行工具，包括站点的运行、静态文件收集等功能。

下面介绍创建 Django 框架项目测试。

（1）进入/home/zonesion/目录，使用 django-admin startproject HelloAI 命令创建 HelloAI 项目，代码如下。

```
test@rk3399:~/work$ django-admin startproject HelloAI
test@rk3399:~/work$ cd HelloAI/
test@rk3399:~/work/HelloAI$ tree
.
├── HelloAI
│   ├── __init__.py
│   ├── settings.py
│   ├── urls.py
│   └── wsgi.py
└── manage.py

1 directory, 5 files
```

（2）进入 HelloAI 目录，输入命令 python3 manage.py runserver 0.0.0.0:8000，启动服务。

```
test@rk3399:~/work/HelloAI$ python3 manage.py runserver 0.0.0.0:8000
Performing system checks...

System check identified no issues (0 silenced).

You have 15 unapplied migration(s). Your project may not work properly until you apply the migrations for app(s): admin, auth, contenttypes, sessions.
Run 'python manage.py migrate' to apply them.

September 17, 2020 - 08:59:39
Django version 2.1.7, using settings 'HelloAI.settings'
Starting development server at http://0.0.0.0:8000/
Quit the server with CONTROL-C.
```

打开网关上的 Chromium 浏览器，在地址栏输入 127.0.0.1:8000，打开 Django 服务页面，如图 7.6 所示。

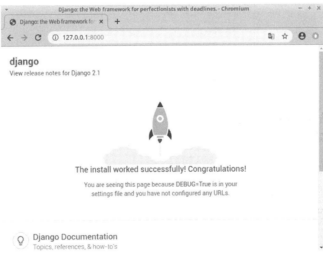

图 7.6　Django 服务页面

（3）视图和 URL 配置。

在之前创建的 HelloAI 目录下新建一个 view.py 文件，并输入代码：

```
test@rk3399:~/work/HelloAI$ ls
db.sqlite3   HelloAI   manage.py
test@rk3399:~/work/HelloAI$ cd HelloAI/
test@rk3399:~/work/HelloAI/HelloAI$ ls
__init__.py   __pycache__   settings.py   urls.py   wsgi.py
test@rk3399:~/work/HelloAI/HelloAI$ vi view.py

from django.http import HttpResponse

def hello(request):
    return HttpResponse("Hello AI!")
```

接着，绑定 URL 与视图函数。打开 urls.py 文件，删除原来的代码，复制以下代码并粘贴到 urls.py 文件中：

```
from django.conf.urls import url
from . import view

urlpatterns = [
    url(r'^$' , view.hello),
]
```

通过 tree 命令可查看当前项目的目录结构，如图 7.7 所示。

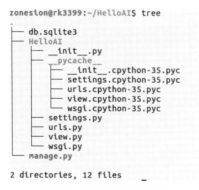

图 7.7　项目的目录结构

上述操作完成后，启动 Django 开发服务器，并在浏览器地址栏输入 127.0.0.1:8000，访问地址，页面测试效果如图 7.8 所示。

图 7.8　页面测试效果

7.1.4 开发实践：搭建 AI 人脸识别应用框架

1. 项目硬件连接与组网配置

本项目中使用到（高性能 AI 边缘计算网关）、高清摄像头、读写器模块 RFID。高清摄像头连接高性能 AI 边缘计算网关的 USB3.0 接口，硬件连接如图 7.9 所示。

图 7.9　硬件连接

如果组网设置成功，通过 ZCloudTools 工具可以查看到网络拓扑，如图 7.10 所示。

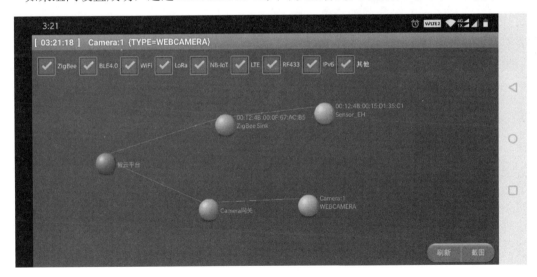

图 7.10　网络拓扑

2. 启动机器视觉服务

通过鼠标左键双击网关桌面上的"机器视觉"运行脚本，启动服务，如图 7.11 所示。

打开 Chrome 浏览器，单击浏览器书签栏的"人工智能综合应用"，进入人工智能综合应用系统，即可进行相关应用的演示，如图 7.12 所示。

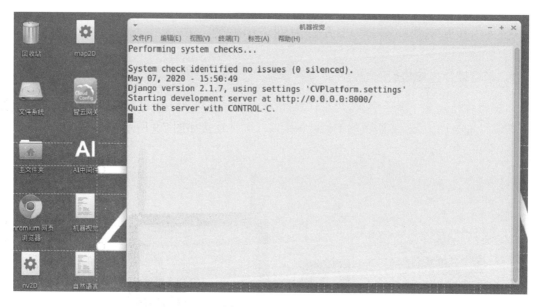

图 7.11　启动服务

图 7.12　人工智能综合应用系统

3．人工智能应用参数设置

在"人工智能综合应用系统"界面中，单击"机器视觉"按钮进入"机器视觉教学平台"界面，如图 7.13 所示。在此界面右上角单击设置图标，打开参数设置界面，对智云账号、节点 MAC 和百度账号进行设置，如图 7.14 所示。

图 7.13　机器视觉教学平台

图 7.14　参数设置界面

在 Linux 网关输入设置的智云账号、密码与传感器节点的 MAC 地址。

7.1.5　小结

本节介绍了人脸识别的应用开发技术：首先介绍了人工智能与人脸识别技术的相关概念、常用的人脸识别开发平台，以及 Django 框架；接着介绍了 Django 框架项目的创建与使用方法；最后介绍了 AI 人脸识别应用框架的开发实践。

7.1.6　思考与拓展

（1）简述人脸注册与人脸识别的过程。

（2）常见的人脸识别开发平台有哪些？各有什么特点？
（3）简述 Django 框架的特性。

7.2 AI 人脸识别功能开发

7.2.1 人脸注册与人脸识别接口

1．人脸注册接口

人脸注册接口用于从人脸库中新增用户，可以设定多个用户所在组，以及组内用户的人脸图片，典型应用场景：构建人脸库，如会员人脸注册，补全已有用户的人脸信息等。

人脸库、用户组、用户及用户下的人脸层级关系如图 7.15 所示。

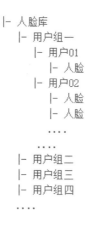

图 7.15　人脸层级关系

关于人脸库设置限制的说明如下：
① 每个开发者账号只能创建一个人脸库；
② 每个人脸库下，用户组（group）的数量没有限制；
③ 每个用户组下最多可添加 300000 张人脸，如果每个用户（uid）注册一张人脸，则最多注册 300000 个用户；
④ 每个用户所能注册的最大人脸数量没有限制。

人脸注册请求说明：

例如，要注册一个新用户，用户 ID 为 uid，加入组 ID 为 group1，注册成功后服务端会返回操作的请求标识码 log_id。

人脸注册接口的代码如下。

```
public static void FaceRegister()
{
    var client = new Baidu.Aip.Face.Face("Api Key", "Secret Key");
    var image1 = File.ReadAllBytes("图片文件路径");
```

```
        var result = client.User.Register(image1, "uid", "user info here", new []{"groupId"});
}
```

人脸注册请求参数要求：所有经 base64 编码后的图片数据文件大小总和不超过 10M。人脸注册返回数据参数及返回说明分别如表 7.2 和表 7.3 所示。

表 7.2 人脸注册返回数据参数

参 数	是否必选	类 型	说 明
uid	是	string	用户 ID（由数字、字母、下画线组成），长度上限为 128B
image	是	byte[]	图片数据
group_id	是	string	用户组 ID（由数字、字母、下画线组成），长度上限为 48B
user_info	是	string	新的 user_info 信息
action_type	否	string	如果参数为 replace，则当 uid 不存在时，不会报错，会自动注册。当不存在该参数时，如果 uid 不存在则会报错

表 7.3 返回说明

字 段	是否必选	类 型	说 明
log_id	是	number	请求标识码，随机数，唯一

返回样例：

```
//注册成功
{
    "log_id": 25145286,
}
//注册发生错误
{
  "error_code": 225841,
  "log_id": 415325252,
  "error_msg": "image exist"
}
```

2．人脸库管理相关接口

人脸库管理相关接口要完成 1∶N 或 M∶N 识别，首先需要构建一个人脸库，用于存放所有人脸特征，相关接口如下：

人脸注册：向人脸库中添加人脸。
人脸更新：更新人脸库中指定用户下的人脸信息。
人脸删除：删除指定用户的某个人脸信息。
用户信息查询：查询人脸库中某个用户的详细信息。
获取用户人脸列表：获取某个用户组中的全部人脸列表。
获取用户列表：查询指定用户组中的用户列表。
复制用户：将指定用户信息复制到另外的人脸组。
删除用户：删除指定用户。

创建用户组：创建一个新的用户组。
删除用户组：删除指定用户组。
组列表查询：查询人脸库中用户组的列表。

3．人脸识别接口

人脸识别用于计算指定组内用户与上传图像中人脸的相似度。识别的前提是用户已经创建了一个人脸库。人脸识别的典型应用场景包括人脸闸机、考勤签到、安防监控等。

人脸识别的返回值不直接判断是否为同一人，只返回用户信息及相似度分值。

建议可以设置判断为同一人的最低相似度分值为80，也可以根据业务需求选择更合适的阈值。

人脸识别请求说明：

```
public static void FaceIdentify()
{
    var client = new Baidu.Aip.Face.Face("Api Key", "Secret Key");
    var image1 = File.ReadAllBytes("图片文件路径");

    var result = client.User.Identify(image1, new []{"groupId"}, 1, 1);
}
```

人脸识别请求参数及返回说明如表7.4和表7.5所示。

表7.4 人脸识别请求参数

参　　数	是否必选	类　　型	说　　明
group_id	是	string	用户组ID（由数字、字母、下画线组成）列表，每个group_id长度上限为48B
image	是	byte[]	图片数据
ext_fields	否	string	特殊返回信息，如有多个信息则用逗号分隔，取值固定，目前支持活体检测（faceliveness）
user_top_num	否	number	返回用户top数（表示识别到的最大可能性），默认为1，最多返回5

表7.5 返回说明

字　　段	是否必选	类　　型	说　　明
log_id	是	number	请求唯一标识码，随机数
result_num	是	number	返回结果数目，即result数组中的元素个数
ext_info	否	array	对应参数中的ext_fields
+faceliveness	否	string	活体检测分数，如0.49999。活体检测参考分数为0.4494，若超过参考分类则可认为是活体（测试期间）
result	是	array	结果数组
+group_id	是	string	对应的这个用户的group_id
+uid	是	string	匹配到的用户ID
+user_info	是	string	注册时的用户信息
+scores	是	array	结果数组，数组元素为匹配得分，top n，得分[0,100.0]

7.2.2 人脸注册与人脸识别功能程序分析

1. 人脸注册功能分析

若要实现简易的人脸验证，首先需要录入使用者的人脸特征，调用百度人脸库的注册函数，将面部特征向量存储在人脸库中，代码在目录 face_get/face_gate/views/face_manage.py 中，具体代码如下：

```
def face_register(request):
    image_type = "BASE64"
    image_detail = image_process._save_image(request.FILES['avatar'].name, settings.AVATAR_PATH,
                        request.FILES['avatar'])
    image = baidu_api_utils.get_file_content(image_detail)
    image64 = str(base64.b64encode(image), 'utf-8')
    options = dict()
    options['action_type'] = 'REPLACE'
    user_id = request.POST.get("username")
    rsp = FaceManage.client.addUser(image64, image_type, FaceManage.group_id, user_id, options)
    print(rsp)
    _result = {'error_code': 200}

    if rsp['error_msg'] != 'SUCCESS':
        _result['error_code'] = 500
    rsp_json = JsonResponse(_result)

    return rsp_json
```

2. 人脸识别功能分析

通过摄像头捕捉到人脸图片，对该图片进行特征编码，再与特征库中的所有人脸特征进行对比。在对比时调用 face_recognition.compare_faces 函数，该函数返回一个布尔值的列表，根据布尔值的列表判断是否为同一个人，返回列表如图 7.16 和图 7.17 所示。

```
array([ True,  True,  True,  True,  True,  True,  True,  True,  True,
        True,  True,  True,  True,  True,  True,  True,  True,  True,
        True,  True,  True,  True,  True,  True,  True,  True,  True,
        True,  True,  True,  True,  True,  True,  True,  True,  True,
        True,  True,  True,  True,  True,  True,  True,  True,  True,
        True,  True,  True,  True,  True,  True,  True,  True,  True,
        True,  True,  True,  True,  True,  True,  True,  True,  True,
        True,  True,  True,  True,  True,  True,  True,  True,  True,
        True,  True,  True,  True,  True,  True,  True,  True,  True,
        True,  True])
```

图 7.16　返回列表（1）

```
array([[-1.13500729e-01,  5.89037761e-02, -1.58337243e-02, -4.30992246e-02,
        -3.97824124e-02, -1.46845877e-01, -2.59274505e-02, -1.58126235e-01,
         1.60830885e-01, -9.09934118e-02,  1.63631871e-01, -7.57588968e-02,
        -1.77212760e-01, -7.17291683e-02,  9.83417034e-04,  1.65784419e-01,
        -2.10174769e-01, -1.51957154e-01, -7.28706121e-02,  1.05361342e-02,
         1.04576223e-01, -3.01358644e-02, -5.51653281e-03,  5.08870184e-02,
        -9.45825949e-02, -3.08632076e-02, -8.34312066e-02, -8.08291435e-02,
         8.58867988e-02,  4.26556170e-03, -2.56239623e-02,  6.24939017e-02,
        -1.89400464e-01, -1.04501478e-01,  1.66215450e-02,  8.31103548e-02,
         4.36976552e-03, -5.64572215e-02,  2.39051953e-01, -5.51810116e-02,
```

图 7.17　返回列表（2）

调用百度人脸库的识别函数，将摄像头采集到的人脸与人脸库中的人脸进行 1:N 的比对，若匹配上则识别到目标人物，具体实现代码如下。

```python
@staticmethod
def face_recognition(request):
    image_type = "BASE64"
    group_id_list = FaceManage.group_id

    image_detail = image_process._save_image(str(int(time.time())) + '_' + request.FILES['headImg'].name,
                                              settings.TEMP_UPLOAD_PATH,
                                              request.FILES['headImg'])
    image = baidu_api_utils.get_file_content(image_detail)
    image64 = str(base64.b64encode(image), 'utf-8')
    rsp = FaceManage.client.search(image64, image_type, group_id_list)
    print(rsp)
    _result = {'error_code': 200}

    if rsp['error_msg'] != 'SUCCESS':
        _result['error_code'] = 500
    else:
        score = rsp['result']['user_list'][0]['score']
        if score < 90:
            _result['error_code'] = 500
        else:
            _result['msg'] = rsp['result']['user_list'][0]['user_id']
    rsp_json = JsonResponse(_result)
```

7.2.3　闸机控制功能分析

在程序中导入物联网设备控制接口文件：face_gate/utils/face_control.py，通过人脸验证后，调用 face_control.py 文件中的 face_control 函数来对服务器进行连接，并向服务器发送控制 ETC 闸机的请求，具体实现代码如下。

```python
from django.http import JsonResponse
from face_gate.utils.websocket_controller import WebsocketController
import time
class FaceControl(object):
    def __init__(self):
```

```python
                zhiyun_id = "" # 智云 ID
                zhiyun_key = "" # 智云 Key
                zhiyun_server = "api.zhiyun360.com:28080" # 云服务地址
                self.sensor_eh_mac = "" # sersor eh 识别类节点的 MAC 地址
                self.ws = WebsocketController(zhiyun_id, zhiyun_key, zhiyun_server)
                self.message = self.ws.connect()

        def face_control(self):
                if self.sensor_eh_mac is not None and self.sensor_eh_mac != '':
                        self.ws.send_message(self.sensor_eh_mac, "{OD1=1,D1=?}", 1)
                        time.sleep(5)
                        self.ws.send_message(self.sensor_eh_mac, "{CD1=1,D1=?}", 1)

def face_control_api(request):
        result = {'error_code': 200}
        try:
                gc = FaceControl()
                gc.face_control()
        except Exception as e:
                print("websocket is not conneted")
                result['error_code'] = 500

        return JsonResponse(result)
```

注意：每台机器视觉教学平台的智云物联网设备参数（如上述代码中的 zhiyun_id 等）都不相同，在实际操作时，要根据实际情况进行设置。

7.2.4 开发实践：人脸识别功能开发

1. 人脸注册与人脸管理功能测试

（1）修改配置信息。

在终端输入以下代码进入本节实验目录 face_register，并查看当前目录文件。

```
test@rk3399:~/work$ cd face_register/
test@rk3399:~/work/face_register$ ls
db.sqlite3  face_gate  manage.py  static  templates
```

设置百度账号信息，进入 face_register/face_gate/views 目录，使用 vi 编辑器打开 face_manage.py 文件。

```
test@rk3399:~/work/face_register$ cd face_gate/
test@rk3399:~/work/face_register/face_gate$ ls
__init__.py  __pycache__  settings.py  urls.py  utils  views  wsgi.py
test@rk3399:~/work/face_register/face_gate$ cd views/
test@rk3399:~/work/face_register/face_gate/views$ ls
face_manage.py  __init__.py  __pycache__
test@rk3399:~/work/face_register/face_gate/views$ vi face_manage.py
```

在 face_manage.py 文件中的百度账号部分填写自己注册的账号信息。

```
class FaceManage(object):
    baidu_app_id = "19381674"; # 百度 AppID
    baidu_app_key ="90GN7kis3R9wEhfvRDvcu4dd"'; # 百度 API Key
    baidu_secret_key = " 7Ina2PPZ5Z8ePBZ3t5vXv5ztNdxd3P20"; # 百度 Secret Key
    client = AipFace(baidu_app_id, baidu_app_key, baidu_secret_key)
    group_id = "incloudlab"
```

（2）启动服务器。

返回 face_register 目录，输入服务启动命令 python3 manage.py runserver 0.0.0.0:8000。

```
test@rk3399:~/work/face_register$ ls
db.sqlite3   face_gate   manage.py   static   templates
test@rk3399:~/work/face_register$ python3 manage.py runserver 0.0.0.0:8000
```

Django 服务启动成功，运行信息如下：

```
Performing system checks...

system check identified no issues (0 silenced).
You have 12 unapplied nigration(s). Your project nay not work properly until you apply the nigrations for app(s): auth，contenttypes，sessions.
Run 'python manage.py migrate' to apply then.


May 06，2020 - 17:57:40
Django version 2.1.7，using settings 'face_gate.settings'
Starting developmentserver at http://0.0.0.0:8000/
Qouit the server with CONTROL-C.
```

打开网关上的 Chromium 浏览器，在地址栏输入 127.0.0.1:8000，打开 Web 应用界面，如图 7.18 所示。

图 7.18 Web 应用界面

(3) 人脸注册功能测试。

选择"人脸注册"功能,将摄像头对准人脸,如果从视频流中检测到人脸则会在人脸周围出现方框,如图 7.19 所示。

图 7.19　人脸注册功能测试（1）

在主界面左下方的姓名文本框中输入用户姓名,单击"人脸注册"按钮,如果注册成功则会显示如图 7.20 所示信息。

图 7.20　人脸注册功能测试（2）

(4) 人脸管理功能测试。

在主页面选中"人脸管理"功能,会出现人脸管理界面,显示当前系统中已成功注册的用户名称。单击其中一个用户,用户的右下角会出现一个红色的删除按钮,如图 7.21 所示。

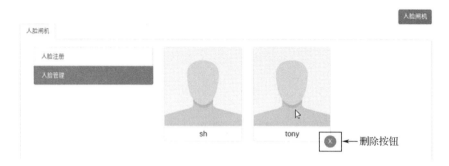

图 7.21　人脸管理功能测试（1）

单击删除按钮，在弹出的对话框中单击 OK 按钮后，用户信息就会从人脸库中删除，如图 7.22 和图 7.23 所示。

图 7.22　删除用户信息测试（1）

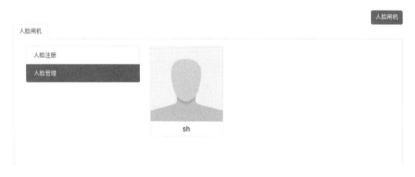

图 7.23　删除用户信息测试（2）

2．人脸识别功能测试

（1）修改配置信息。

在终端输入以下代码进入本节实验目录 face_gate，并查看当前目录文件。

```
test@rk3399:~/work$ cd face_gate/
test@rk3399:~/work/face_gate$ ls
db.sqlite3   face_gate   manage.py   static   templates
```

设置百度账号信息，进入 face_gate/face_gate/views 目录，使用 vi 编辑器打开 face_manage.py 文件。

```
test@rk3399:~/work/face_gate/face_gate$ ls
__init__.py  __pycache__  settings.py  urls.py  utils  views  wsgi.py
test@rk3399:~/work/face_gate/face_gate$ cd views/
test@rk3399:~/work/face_gate/face_gate/views$ ls
face_manage.py   __init__.py   __pycache__
test@rk3399:~/work/face_gate/face_gate/views$ vi face_manage.py
```

在文件中的百度账号部分填写自己注册的账号信息。

```
class FaceManage(object):
    baidu_app_id = "19381674"; # 百度 App ID
    baidu_app_key ="90GN7kis3R9wEhfvRDvcu4dd"'; # 百度 App Key
    baidu_secret_key = " 7Ina2PPZ5Z8ePBZ3t5vXv5ztNdxd3P20"; # 百度 Secret Key
    client = AipFace(baidu_app_id, baidu_app_key, baidu_secret_key)
    group_id = "incloudlab"
```

设置智云账号信息，进入 face_gate/face_gate/utils 目录，使用 vi 编辑器打开 face_control.py 文件。

```
test@rk3399:~/work/face_gate/face_gate$ cd utils/
baidu_api_utils.py   baidu_face.py   image_process.py   __pycache__
baidu_base.py        face_control.py  __init__.py       websocket_controller.py
test@rk3399:~/work/face_gate/face_gate/utils$ vi face_control.py
```

在文件中填写智云 ID、Key 与 SensorEH 传感器节点的 MAC 地址信息。

```
class FaceControl(object):
    def __init__(self):
        zhiyun_id = "721354371188" # 智云 ID
        zhiyun_key = "AVEDAlQGVlQEBF1aRVkCAAwNGQ" # 智云 Key
        zhiyun_server = "api.zhiyun360.com:28080" # 云服务地址
        self.sensor_eh_mac = "00:12:4B:00:15:D1:35:C1" # SersorEH 传感器节点的 MAC 地址
        self.ws = WebsocketController(zhiyun_id, zhiyun_key, zhiyun_server)
        self.message = self.ws.connect()
```

（2）启动人脸识别应用。

返回 face_register 目录，输入服务启动命令 python3 manage.py runserver 0.0.0.0:8000。

```
test@rk3399:~/work/face_register$ ls
db.sqlite3   face_gate   manage.py   static   templates
test@rk3399:~/work/face_register$ python3 manage.py runserver 0.0.0.0:8000
```

Django 服务启动成功，运行信息如下：

```
test@rk3399:~/face_gate$ python3 nanage.py runserver 0.0.0.0:8000
Perforoing systemchecks...

System check identified no issues (0 silenced).

You have 12 unapplied migration(s). Your project nay not work properly until you apply the migrations for
app(s): auth，contenttypes，sessions.
Run 'python manage.py migrate' to apply them.

May o7，2020 - 17:57:20
Django version 2.1.7，using settings 'face_gate.settings'
Starting developmentserver at http://0.0.0.0:8000/
Qouit the server with CONTROL-C.
```

打开网关上的 Chromium 浏览器，在地址栏输入 127.0.0.1:8000，打开 Web 应用。

（3）人脸识别功能测试。

在 Web 应用主界面选择"人脸识别"功能，如果识别的人脸没有被提前注册，则会出现如图 7.24 所示的提示信息。

图 7.24 人脸识别功能测试（1）

如果 Web 应用识别到当前人脸已经在人脸库中注册，则会出现如图 7.25 所示的提示信息。

图 7.25 人脸识别功能测试（2）

识别成功后,传感器节点上的闸机会进行"打开"动作,5 秒后再进行"关闭"动作,如图 7.26 所示。

图 7.26　人脸识别功能测试(3)

7.2.5　小结

本节介绍了 AI 人脸识别功能开发案例。首先介绍人脸注册接口与人脸识别接口,接着对人脸注册和人脸识别功能进行程序分析,最终实现了人脸识别功能开发实践。

7.2.6　思考与拓展

1．简述人脸注册接口的使用流程。
2．简述人脸识别接口的使用流程。

参考文献

[1] 郝玉胜. uC/OS-Ⅱ嵌入式操作系统内核移植研究及其实现[D]. 兰州：兰州交通大学，2014.

[2] 王福刚，杨文君，葛良全. 嵌入式系统的发展与展望[J]. 计算机测量与控制，2014，22(12):3843-3847+3863.

[3] 廖建尚，郑建红，杜恒. 基于STM32嵌入式接口与传感器应用开发[M]. 北京：电子工业出版社，2018.

[4] 廖建尚. 面向物联网的CC2530与传感器应用开发[M]. 北京：电子工业出版社，2018.

[5] 鸟哥. 鸟哥的LINUX私房菜基础学习篇[M]. 北京：人民邮电出版社，2018.

[6] 华清远见嵌入式学院赵苍明，穆煜. 嵌入式Linux应用开发教程[M]. 北京：人民邮电出版社，2010.

[7] 博韦，西斯特. 深入理解LINUX内核[M]. 陈莉君，张琼声，张宏伟，译. 3版. 北京：中国电力出版社，2007.

[8] 宋宝华. Linux设备驱动开发详解：基于最新的Linux4.0内核[M]. 北京：机械工业出版社，2015.

[9] 王军. Linux系统命令及Shell脚本实践指南[M]. 北京：机械工业出版社，2013.

[10] 理查德·布卢姆，克里斯蒂娜·布雷斯纳汉. Linux命令行与shell脚本编程大全：第3版.[M]·门佳，译. 北京：人民邮电出版社，2016.

[11] 谢希仁. 计算机网络[M]. 7版. 北京：电子工业出版社，2017.

[12] 韦东山. 嵌入式Linux应用开发完全手册[M]. 北京：人民邮电出版社，2021.

[13] 科比特，鲁比尼，哈特曼. Linux设备驱动程序[M]. 魏永明，耿岳，钟书毅，译. 3版.北京：中国电力出版社，2006.

[14] 李亭亭. 影响OLED寿命因素的研究[D]. 西安：陕西科技大学，2018.

[15] 袁进. 双发光层白光OLED器件制备及性能研究[D]. 西安：西安理工大学，2014.

[16] 金海红. 基于ZigBee的无线传感器网络节点的设计及其通信的研究[D]. 合肥：合肥工业大学，2007.

[17] 彭瑜. 低功耗、低成本、高可靠性、低复杂度的无线电通信协议——ZigBee[J].自动化仪表，2005，26(05):1-4.

[18] 樊明如. 基于ZigBee的无人值守的酒店门锁系统研究[D]. 淮南：安徽理工大学，2014.

[19] 陈明燕. 基于ZigBee温室环境监测系统的研究[D]. 西安：西安科技大学，2012.

[20] 陈俊羽. 基于MQTT协议的广告推送系统的设计与实现[D]. 长沙：湖南大学，2019.

[21] 彭松. 基于MQTT的物联网安全技术研究与应用[D]. 北京：北京邮电大学，2019.

[22] 葛晓凤. 嵌入式车牌识别系统的研究与实现[D]. 苏州：苏州大学，2015.

[23] 付源梓. 自然场景下基于深度学习的车牌识别方法研究[D]. 合肥：合肥工业大学，2020.

[24] 赵红伟，陈仲新，刘佳. 深度学习方法在作物遥感分类中的应用和挑战[J]. 中国农业资源与区划，2020，41(02):35-49.

[25] 李金羽. 多姿态人脸识别算法研究[D]. 北京：北京建筑大学，2020.

其他线上参考文献，请访问华信教育资源网，搜索《Linux 人工智能开发案例》，下载本书提供的"参考资料.pdf"文件查阅。